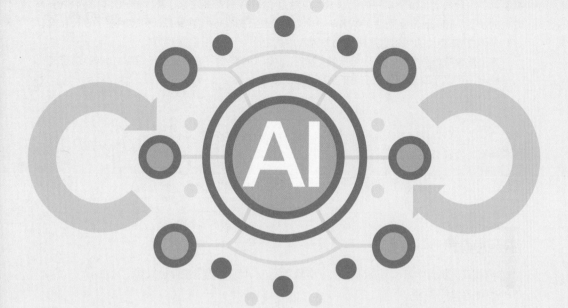

MLOps实践

机器学习从开发到生产

李攀登 著

电子工业出版社·
Publishing House of Electronics Industry
北京·BEIJING

内 容 简 介

在大数据时代，机器学习（ML）在互联网领域取得了巨大的成功，数据应用也逐渐从"数据驱动"阶段向"模型驱动"阶段跃升，但这也给ML项目落地带来了更大的困难，为了适应时代的发展，MLOps应运而生。本书从多个方面介绍了MLOps实践路径，内容涵盖了设计、构建和部署由ML驱动的应用程序所需的各种实用技能。

本书适合数据科学家、软件工程师、ML工程师及希望学习如何更好地组织ML实验的研究人员阅读，可以帮助他们建立实用的MLOps实践框架。

图书在版编目（CIP）数据

MLOps 实践：机器学习从开发到生产 / 李攀登著. —北京：电子工业出版社，2022.4
ISBN 978-7-121-43156-2

Ⅰ. ①M… Ⅱ. ①李… Ⅲ. ①机器学习 Ⅳ.①TP181

中国版本图书馆 CIP 数据核字（2022）第 047099 号

责任编辑：付 睿
印　　刷：北京东方宝隆印刷有限公司
装　　订：北京东方宝隆印刷有限公司
出版发行：电子工业出版社
　　　　　北京市海淀区万寿路 173 信箱　　邮编：100036
开　　本：720×1000　　1/16　　印张：18.25　　字数：327 千字
版　　次：2022 年 4 月第 1 版
印　　次：2022 年 4 月第 1 次印刷
定　　价：106.00 元

凡所购买电子工业出版社图书有缺损问题，请向购买书店调换。若书店售缺，请与本社发行部联系，联系及邮购电话：(010) 88254888，88258888。

质量投诉请发邮件至 zlts@phei.com.cn，盗版侵权举报请发邮件至 dbqq@phei.com.cn。

本书咨询联系方式：(010) 51260888-819，faq@phei.com.cn。

推荐序

在始于 18 世纪 60 年代的工业革命期间,物理机器的兴起要求组织系统化,形成了工厂、装配线及我们所知道的关于自动化制造的一切,最后实现了以大规模工厂化生产取代个体手工生产的一场生产与科技革命。

类似地,伴随着互联网、移动互联网的浪潮,软件工程也经历了从传统的手工开发运维向敏捷开发的过渡,敏捷系统帮助企业实现了产品生命周期的可运维性,通过减少资源浪费和开发过程的自动化,为持续创新铺平了道路,DevOps 也进一步优化了软件生产的生命周期。

这波互联网、移动互联网的浪潮同时催生了人工智能的应用,在全球范围内,人工智能正在作为全新的生产要素加速助力产业转型升级,具体的表现形式为,机器学习(ML)从学术研究领域逐渐移步现实世界中真正的应用领域。这种变化给软件工程带来了更大的挑战,因为相对于传统的软件工程,它引入了新的要素,即数据。而且,ML 在学术环境中的工作方式与实际场景生产环境配置的要求之间存在差距和差异。具体的挑战体现在以下两个层面。

(1)依赖层面

通常,我们开发的 ML 模型依赖于几个要素,如数据、算法和/或参数。在实验过程中,这些要素会随着时间的推移而改变,从而生成不同的版本。不同的版本会导致不同的模型行为,通过特定版本的数据、算法和参数会生成特定的模型。ML 项目中拥有多个版本的数据、算法、参数,但没有特定的策略来处理不同的版本,这可能会使我们失去对 ML 系统的控制。创建数据和参数的版本镜像可以帮助我们跟踪不同的版本,但是版本控制有其自身的成本,例如,随着时间的推移而需要维护多个版本。

传统的软件系统采用模块化设计来维护整个系统,你可以改变一个部分而不干扰其他部分。与传统的软件系统相比,ML 系统的组件之间没有如此清晰的界限。ML 管道使用数据版本、算法版本和/或不同的参数，前面提到的这些要素的任何更改都会触发新的模型版本的生成。

（2）管理层面

通常生产环境中的 ML 系统的目标是同时运行和维护数十个或数百个模型，而这会带来管理上的挑战。例如，如何监控模型的整个生产管道？如何更新或分配模型的资源配置？

为了自动化和加速 ML 生命周期管理，我们需要一个策略或工作流来帮助我们持续跟踪数据、参数、超参数及实验结果等。在某种程度上，它有助于实现更好的管理和协作，因为手动记录实验过程的效率不高且容易出错。

庆幸的是，近几年 MLOps 开始走进数据科学家的视野，我们也越来越频繁地听到 MLOps 这个词，这是一个将类似 DevOps 的实践带入 ML 领域的概念，是专注于高效且可靠地进行 ML 模型的规模化开发、部署、管理和运维的过程，以优化和扩展工业环境中的 ML 生命周期，同时保证 ML 项目的可重复性和可追溯性。MLOps 的实践弥合了开发（学术环境）和运维（生产环境）之间的差距，使运行 ML 系统的不同团队之间能够更好地协作和沟通。MLOps 正在成为企业在现实世界中利用 ML 优势的必要技能或必经实践。

令人遗憾的是，现在并没有很多资源可以告诉工程师和科学家如何构建可投产的 ML 模型。市面上的很多书和课程会介绍如何训练 ML 模型或如何构建软件项目，但很少有书和课程将这两个世界融合起来，介绍如何构建由 ML 驱动的实际应用。而本书讲解了 ML 驱动实际应用时所经历的每一步，旨在通过分享笔者和其他有经验的从业者的方法、代码实例和建议，帮助读者完成 ML 项目的投产（这也是 MLOps 的核心目标）。本书中的内容将涵盖由 ML 驱动的应用程序（业务）所需的设计、构建、部署和运维等实用技能，读者可以通过学习本书的内容来践行符合自己业务的 MLOps 实践，以加快 ML 项目的交付，减少 ML 项目所需的劳动力，例如一些人工工作，如手动训练和重新训练模型、跟踪实验结果、手动发布和部署模型等。

如果我们把 MLOps 集成到 ML 的开发过程中，那么无须在数据科学家和运维团队之间来回折腾就可以实现更快的模型部署和优化周期，而且在向生产环境添加新模型或更新现有模型时也无须付出巨大的努力。

MLOps 可以分为多种实践：自动化基础架构构建，数据科学实验，模型重要部分的版本控制、部署（打包、持续集成和持续部署）、安全和监控。

将 MLOps 方式带入 ML 模型开发中，可以确保将模型真正投入生产，使模型部署周期更快、更可靠，减少手动工作和不必要的错误，并将数据科学家的时间从不能体现他们核心能力的工程任务中解放出来。

如果你的 ML 之旅仍处于早期阶段（如概念验证阶段），那么可以将 ML 模型的开发方式转变为 MLOps 方式，MLOps 方式能够避免繁重的流程。在 MLOps 方式或框架下工作，通过将开发工作转移到版本控制上，可以自动执行重新训练和部署的步骤。虽然在这个阶段中强大的开发框架和管道基础设施可能不是最高优先级的，但是早期阶段在自动化开发过程中付出的任何努力都将在以后得到回报，并从长远来看可以有效地减少 ML "技术债"。这也是本书希望传达给读者的实践 MLOps 的有效方式。

刘中华

哈佛大学统计学博士，香港大学博士生导师

前　言

毫无疑问，在过去的几年里，机器学习（ML）[1]正在逐渐发展成为当今商业和软件工程领域的热门名词，由 ML 驱动的应用呈爆发式增长，如推荐系统、精准营销、广告系统等。市面上 ML 方面的图书和文章也越来越多，细心的读者会发现 ML 相关图书多集中在不同机器学习算法的原理、算法是如何工作的及如何通过数据进行模型训练等方面的理论和实践上，而对于如何构建由 ML 驱动实际应用的项目工程方面，如数据收集、存储，模型部署、管理及监控运维等方面的书却很少见，这些方面没有得到足够的重视。在企业应用中，除了一线科技巨头公司，也很少看到针对商业问题部署和管理 ML 的解决方案，而这部分正是本书试图去介绍和实践的内容——MLOps（机器学习运维的简称）。

为了成功地给用户提供 ML 产品，数据科学家需要做的不仅是简单地训练一个模型，还需要将产品需求转化为 ML 的问题来思考，并为此不断地收集数据，在模型之间进行有效迭代，在生产中验证模型，并以稳健的方式部署和管理它们。有过 ML 生产经验的读者能够体会到，学术环境中工作的算法及模型和现实生产系统所需的条件之间存在着显著的差异。在生产过程中，除了需要关注建模时基于的模型假设在现实中的真实表现，还需要关注性能瓶颈及后期模型更新迭代等一系列问题。本书中介绍的概念、技术、工具、框架和方法论都将告诉我们如何面向生产来思考、设计、构建和执行 ML 项目，进而实现整个 ML 生产化流水线的最佳实践。

如果你是一名数据科学家或 ML 工程师，在阅读本书时可能会质疑："我为什么要关心 MLOps？我已经把模型做出来了，线下测试效果都很好，把它们带到生产中不是 IT 团队的工作吗？"这对于拥有独立 IT/数据科学或算法部门的一、二线科技公司来说，你的质疑是没错的，但对于大多数刚开始接触数据科学和 ML

1　ML，Machine Learning 的简称，如无特殊说明，本书中的 ML 均代指机器学习。

的公司来说，实际情况是设计算法、训练模型的人也将是部署模型和管理模型的人，而这两部分工作的关注点、知识结构及使用的工具都很不同，数据科学家需要关注数据质量、特征工程、模型的设计与训练等，而部署模型的人更多关注的是工程问题，如服务化、并发、低延时、监控、模型零停机更新、可扩展性等，其中困难之一在于人才的稀缺。即使这些公司能够聘请有才华的 ML 工程师和数据科学家，在 2020 年，大多数企业仍然需要花费 31~90 天的时间来部署一个模型，而 18%的公司花费的时间超过了 90 天，有些公司甚至花费了一年多的时间来实现生产化。

企业在开发 ML 项目时面临的主要挑战，如模型版本控制、可重复性和扩展性，与其说是工程性的，不如说是科学性的，这使得具备良好 MLOps 知识和工程化经验变得非常重要和宝贵。

值得庆幸的是，我们可以借鉴软件工程领域 DevOps 已有的成熟的实践经验和教训。在添加数据和模型元素后，MLOps 也将成为 ML 领域的关键突破。这是一种"机器学习"与"运维"相结合的解决方案，简单地说，就是数据科学家、研发人员和平台工程师之间的协作和沟通实践，可以优化和加速 ML 项目的生产生命周期。

实践 MLOps 意味着遵循标准化和流程化路径来自动化运行和监控 ML 部署工作流程的所有步骤，包括数据和基础设施管理、模型学习、测试、集成、部署、发布和实时监控。与软件开发一样，MLOps 需要一套工具和框架生态系统，将 ML 项目过程标准化，为数据科学家与其他项目成员创建一个协作环境，这是一种缩短将模型全面投入生产所需时间的解决方案。

虽然越来越多的 ML 从业者开始意识到 MLOps 的必要性，但出于多种原因，MLOps 可能很难在业内迅速普及和应用。

- 这仍然是一个相对较新的领域，市面上还没有大量的学习资源和实践案例。
- 不同于 DevOps，这一领域的技术非常复杂且应用广泛，涵盖了 ML 模型的整个生命周期，从数据到实验、训练、模型管理、服务和监控等，这意味着从何处开始及如何将各个部分组成一个连贯的整体成为一个巨大的挑战。

- 这一领域所需的技能和经验范围同样广泛，这意味着需要对各个领域都有实战经验的"全栈工程师"来推进 MLOps 的实践，这类人才在一线科技巨头公司之外的公司内并不常见。

笔者在算法领域工作有十多个年头，经历过算法模型在生产化时遇到的各种让人头痛的工程问题，也曾经自行研发和带领团队开发过多个不同侧重点的算法平台来试图解决这些问题。近几年，笔者也在更具覆盖性和迭代性的 MLOps 领域获得了丰富的实践和落地经验。笔者期望能把自己的实践经验分享给同样在经历"ML 生产化痛苦"的同行，这也是写作本书的初衷。

读者对象

本书的读者对象包括那些希望生产化 ML 项目，为企业提升生产力并改善业务状况的数据科学家、ML 算法工程师、分析师、ML 软件架构师、ML 产品负责人或 ML 项目经理，以及希望使用 MLOps 原则和技术在生产中构建、部署和维护 ML 系统的商业和技术领导者。本书假设读者对 ML 的基本概念和编程比较熟悉，笔者将主要使用 Python 语言进行技术举例，并假设读者熟悉其语法和编程。如果你具备一定的编程经验和一些基础的 ML 知识，并想构建由 ML 驱动的产品，那么本书将会为你提供从产品创意到生产的整个过程的实战参考；如果你是一名 ML 产品经理，不懂代码，建议你与数据科学家合作，这样可以跳过一些代码示例，从而理解 ML 从开发到生产化的过程。

本书特色

本书的重点聚焦在工程化阶段，不会使用编程语言从零开始实现算法，而是通过使用更高层次抽象的库和工具来保持 ML 项目生命周期的实用性和技术性。笔者将首先构建一个简单的端到端的 ML 应用实例，以 ML 项目生命周期为主线，通过逐步增加 MLOps 功能（组件）的方法，最终呈现 MLOps 的全貌。

在本书中，为体现实践性和实用性，笔者会使用代码片段来说明一些关键概念和流程。学习 ML 最好的方法是通过实践来学习，所以笔者也鼓励读者通过本书中的例子，领会实践思路，来构建你自己的用 ML 驱动的应用程序。

此外，本书是对 ML 工程实践和设计的全面回顾，对于 ML 工程经验丰富的读者，你可以按照任何顺序阅读本书各章节，因为它们涵盖了 MLOps 框架中涉及的不同方面，而且没有直接的依赖关系。对于刚入行的读者，建议按照本书章节顺序阅读，这可以帮助你理解 MLOps 框架的搭建思路。

本书的整体结构

本书的整体结构可以分为三个部分，其中第一部分是第 1~3 章，为 MLOps 框架的实现做了前期准备，该部分主要介绍 MLOps 框架下 ML 项目涉及的基础内容及实现 MLOps 时需要准备的事项。第二部分是第 4~8 章，是 MLOps 框架实现的主体部分，该部分通过将实验环境下创建的模型逐步升级至投产所需的功能和能力来展现 MLOps 从 0 到 1 的搭建过程。最后一部分是第 9 章，该部分对市面上一些相对成熟的 MLOps 产品进行了对比和总结，并给出了 MLOps 的一些设计原则与成熟度评估标准以供参考。

第1章　MLOps 概述

本章介绍 MLOps 涉及的基础概念，希望在后续章节用到这些概念的时候大家能拥有共同的理解。另外，本章也简单提到了 MLOps 框架下的工程化实践所涉及的内容，及其对 ML 模型真正投入生产时应起到的关键作用。

第2章　在 MLOps 框架下开展 ML 项目

本章介绍在 MLOps 框架下开展 ML 项目需要了解的基础知识，包括业务范围的界定、研究与探索阶段需要达成的目标、模型开发阶段需要注意的细节，以及在 ML 项目中，团队需要哪些角色及团队的分工等。

第3章　MLOps 的基础准备：模型开发

本章以流失模型为例，展示了常规的业务目标的定义、ML 目标的确定、数据处理、特征工程及模型创建的过程。这也是我们常见的在研究阶段做的事情。后面章节从生产的视角，在此基础上逐步增加功能模块，这个逐步升级的过程也可以看成 MLOps 的搭建过程。

第 4 章　ML 与 Ops 之间的信息存储与传递机制

本章介绍在 ML 模型开发与生产之间创建信息传递的机制，该机制将使得 ML 项目的生命周期更加完整和可管理。在 MLOps 框架里，ML（模型开发）与 Ops（生产）是相对独立的两个过程，这也导致这两个过程之间缺乏传递信息的机制。信息存储与传递机制的建立主要是通过中心化的 ML 实验跟踪、A/B 在线实验、ML 模型注册、特征存储等组件来实现的，本章主要围绕这几个组件的设计和实现来搭建 MLOps 底层的信息"地基"。

第 5 章　模型统一接口设计及模型打包

本章介绍将实验阶段创建的模型、模型代码及依赖的数据进行标准接口创建的方案。在创建软件时，编写抽象类来帮助定义类可以实现和继承不同接口，这通常是很有用的。通过创建一个基类（接口），可以定义一个标准，简化整个系统的设计，明确每个方法的功能和边界。这样做有利于推理服务的快速生成，方便客户端的调用和使用方的理解，对于后期模型的运维也是有益的。此外，模型的打包是从实验环境向其他环境迁移的必要步骤，也是本章介绍的内容之一。

第 6 章　在 MLOps 框架下规模化部署模型

本章介绍如何将实验阶段的 ML 模型规模化部署到 MLOps 框架内，通过模型即服务的设计来实现 ML 模型和将代码自动部署为 Docker 镜像，自动生成统一的推理服务，并将模型工件提交至中央存储。每个模型都遵循同样的操作方式，进而实现部署的规模化，并在第 4 章实现的模型注册和中心化存储的基础上实现规模化的管理。

第 7 章　MLOps 框架下的模型发布及零停机模型更新

本章介绍模型部署和发布的关系，从风险控制的角度考虑，将模型部署到生产环境时不会立即接收用户流量，而是要在选择发布策略并进行局部测试后，没有发现问题的情况下，再逐步替换旧版本的模型，以接收全部用户产生的流量。此外，对于模型需要频繁更新的场景，如新闻、电商类的线上推荐，需要实现零停机模型更新机制，避免手动操作影响系统的稳定性。

第 8 章　MLOps 框架下的模型监控与运维

本章介绍 ML 项目生命周期的最后一个环节，即模型的监控和运维，主要是为解决模型衰退、模型持续训练的触发问题而设立的。通过设计实时识别数据漂移、概念漂移、模型错误、推理服务性能和推理服务健康度等指标，以及记录相关日志信息，来监控模型的性能和服务的健康度，以保证模型在生产中是安全的、健康的和"新鲜的"。

第 9 章　对 MLOps 的一些实践经验总结

本章介绍市面上一些成熟的 MLOps 产品与开源框架的功能，以及各自聚焦的领域，并给出 MLOps 架构成熟度评估标准，方便开发者依据自己的业务场景进行相应的判断与扩充，并分享了一些笔者在 MLOps 实践中总结的经验和搭建原则，供读者参考。

读者服务

微信扫码回复：43156

- 获取本书参考文献
- 加入本书读者群，与作者互动交流
- 获取【百场业界大咖直播合集】（持续更新），仅需 1 元

目　录

## 第 1 章

MLOps 概述

在深入探讨机器学习（ML）的工程化及管理问题之前，我们需要先探讨 MLOps 及其工作流程的基础，以描述实际项目中的 ML 问题，为构建完整和可扩展的 ML 管道提供清晰的路线图。

本章首先从 ML 的定义开始介绍，对一些术语概念进行统一，以确保在后续章节中用到这些概念的时候大家能拥有共同的理解。

读完这些内容后，我们就能以同样的方式理解监督学习和无监督学习等概念。我们也会对数据术语达成共识，比如原始数据、输入数据、特征、训练样本和预留样本等。我们还可以进一步了解在 MLOps 框架下，ML 的应用场景及 ML 的工程实践。

1.1 ML 涉及的概念

通常认为 ML 是计算机科学叠加数学学科的一个子领域，它关注的是建立一些有用的算法，关于它的起源可以追溯到 20 世纪 50 年代，当时一些研究人员开始探索计算机是否可以学习、思考和推理，并将 ML 定义为通过以下方式解决实际问题的过程。

- 将任务目标转化成一个统计模型。
- 通过某种方式从实际应用交互中收集数据，并根据模型目标进行一定的处理。
- 在数据集的基础上，通过算法训练这个统计模型，假定该统计模型用于以某种方式解决实际问题。

用一句话总结，ML 是一门通过算法和统计模型从数据中学习知识的学科。

为了叙述方便，本书中的"学习"和"机器学习"（即 ML）可以互换使用。出于同样的原因，"模型"也指的是"统计模型"。其中，ML 可以是监督的、半监督的、无监督的和强化的。

当我们遇到的问题可以用一套可管理的确定性规则来解决时，这类问题便不需要使用 ML。所谓"可管理"是指有可以显式表达的规则，且随着数据的变化并不需要变更规则。那么问题来了，哪些任务可以且应该由 ML 来解决呢？在我们的实际业务中，首先考虑从具体的业务角度确定是否需要 ML，然后努力寻找可能可以解决该类问题的 ML 方法并进行快速迭代。我们将在本节中介绍这个过程，首先介绍哪些任务能够通过 ML 解决，哪些 ML 方法适合哪些产品目标，以及如何处理数据需求。

在 ML 的工作模式里，一切皆是概率，它在不需要人类给予手把手指导的情况下处理任务，这意味着 ML 可以比人类专家更适合处理一些复杂任务，比如将数百万篇文章推荐给数千万人，从实操角度，我们可以通过以下两个步骤来实现上述任务。

（1）将业务目标框定在一个 ML 范式中。

（2）评估该 ML 任务的可行性，根据评估结果，重新调整 ML 框架和算法，直到获取满意的结果为止。

ML 中有很多常用模型，我们在此不对所有模型进行概述。为了界定不同类别模型及判断适用的实际问题，我们提出了一个简单的模型分类判别作为选择处理特定 ML 问题的方法指南。ML 可以根据是否需要标签来分类，标签指的是可以收集到的数据中存在的一个期望输出，从这个维度出发，我们可以把 ML 划分为监督学习和无监督学习。监督学习从包含输入及标签的数据集中学习由输入到标签的映射关系；相对应地，无监督学习则不需要标签；弱监督学习使用的数据集中只有部分数据集含有标签。对于大多数应用来说，监督学习由于可以获取到实际发生的标签，使得其预测性能更容易验证。具体地，需要先确定业务系统可以产生哪些数据，目标输出是什么，然后界定哪些模型适合加工这类输入和输出，这将有助于大大缩小检索 ML 方法的范围。

1.1.1　监督学习

在监督学习中，数据科学家建模时使用的主要"素材"是一组含有标签的实例 $\{(x_1, y_1), (x_2, y_2), \cdots, (x_N, y_N)\}$。$N$ 个实例中的每个元素 x_i 被称为一个特征向量。在计算机科学中，向量是一个一维数组。一维数组又是一个有序的、有索引的值序列。假设每个特征向量的长度为 D，即向量的维度，而 y_i 表示上面说的输出标签。

每个特征向量都是向量，长度（维度）为 D 的特征向量中从 1 到 D 的每个维度 j 都包含一个值，我们将每个这样的值称为一个特征，并记为 $x^{(j)}$。例如，如果我们收集的数据中 x 代表特征向量（假设收集的是某网站上用户的数据），特征向量的第一个维度 $x^{(1)}$ 可以是以 cm 为单位的身高信息，特征向量的第二个维度 $x^{(2)}$ 可以是以 kg 为单位的体重信息，特征向量的第三个维度 $x^{(3)}$ 可以是性别信息，以此类推。需要注意的是，对于数据集中的所有实例，特征向量中位置 j 的特征对应的类型是相同的。这意味着，如果第 i 个实例 x_i 的第二个维度 $x_i^{(2)}$ 是以 kg 为单位的体重特征，则对于 1 到 N 个实例中的任意一个实例 x_k 的第二个维度 $x_k^{(2)}$ 也是以 kg 为单位的体重特征。

在监督学习中，预测输出标签为有限的离散值的问题叫作分类；而预测输出标签为连续实数的问题叫作回归。其中，由监督学习预测的标签值又被称为目标。在分类中，学习算法寻找的是一条线（或者更一般的说法，是寻找一个超平面），将不同类的实例彼此分开。在回归中，学习算法寻找的是一条线或一个拟合训练实例的超平面，如图 1-1 所示。

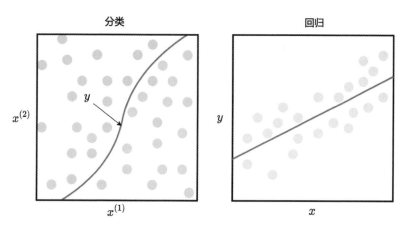

图 1-1　分类和回归之间的区别

分类和回归相似的原因之一是，大多数分类模型并不是直接预测输入实例归属的类别，而是预测输入实例归属某一类别的概率值。然后，最终的分类则归结为根据所属概率值排序及根据相关阈值来决定如何将一个实例归入一个类别。因此，在一个高层次概念上，分类模型可以被看作对概率值的回归。例如，如果你的业务问题是用户流失预警，那么期望标签会有两个类：正常用户和流失用户。该示例通常被归为分类问题，而实际模型的处理上通常是预估给定用户及特征的流失概率。

模型的设计一般会将问题抽象映射到典型的数学函数，而在思考模型对输入特征的作用时，也可以方便地认为模型"看"到了输入中一些特征的值，并根据类似实例的经验来输出一个值。这个输出值是一个数字或一个类，与过去在特征值相似的实例中看到的标签"最相似"。统计上，我们把这种最相似称为极大似然，典型的如决策树和 k-最近邻模型的工作原理也是如此。

1.1.2 无监督学习

在无监督学习中，数据集是一组未标记的实例 $\{x_1, x_2, \cdots, x_N\}$ 的集合。同样，x_i 是一个特征向量，无监督学习算法的目标是创建一个模型，将特征向量 x_i 作为输入，并将其映射为一个向量或可用于解决实际问题的数值。例如，在聚类中，模型会返回数据集中每个特征向量的聚类 ID。聚类对于在图像或文本文档等大型对象集合中寻找相似对象的群体或者从大量样本中寻找异常群体非常有用。

无监督学习还有一个典型的应用场景，即降维，该类方法通常处于一个 ML 项目的中间环节，比如当一个 ML 项目中涉及的特征维度非常大时，基于模型训练和生产应用性能的考虑，通常会在特征侧先进行降维，这个过程的结果会以一个子模型呈现，此时模型的输出是一个比输入维度更小的特征向量。该降维模型的输出会保留输入的关键信息，但维度会小很多。

1.1.3 半监督学习

在半监督学习中，数据集同时包含有标签和无标签的实例。通常情况下，未标注实例的数量远远多于已标注实例的数量。半监督学习的目标和监督学习的目标是一样的。半监督学习的目标是，通过使用若干未标注实例和已标注实例，找到（这个过程也叫拟合或训练）一个更佳的模型。

1.1.4　强化学习

强化学习（Reinforcement Learning，RL），又称再励学习、评价学习或增强学习，是机器学习的范式和方法论之一，用于描述和解决智能体（Agent）在与环境交互的过程中通过学习策略达成回报最大化或实现特定目标的问题。

强化学习的常见模型是标准的马尔可夫决策过程（Markov Decision Process，MDP）。按给定条件进行分类，强化学习可分为基于模型的强化学习（Model-Based RL）和无模型强化学习（Model-Free RL），以及主动强化学习（Active RL）和被动强化学习（Passive RL）。强化学习的变体包括逆向强化学习、阶层强化学习和部分可观测系统的强化学习。求解强化学习问题所使用的算法可分为策略搜索算法和值函数（Value Function）算法两类。此外，深度学习模型可以在强化学习中使用，形成深度强化学习。

强化学习的目标是，学习一个最优策略，这个最优策略是一个函数（类似于监督学习算法中的目标函数），它将一个状态的特征向量作为输入，并输出一个该状态下执行的决策，该决策是连续的，目标是长期的，如游戏流程、机器人行为、资源管理或物流管理。

1.1.5　何时使用 ML

近年来，随着 ML 技术和算力的发展，几乎可以肯定的是，无论在哪个领域，ML 都在为现有业务带来新的机会，ML 也正在被用于推动如下这些看似不相关领域的突破。

- 图像处理，如人脸识别、智能安检等。
- 语音处理，如自动字幕、智能外呼等。
- 文本处理，如翻译、智能客服等。
- 信息处理，如信息推荐、搜索引擎等。

这些领域中的每一个领域都可以扩展更多的子领域（例如，用相同的算法可以推荐更多类别的商品，提高消费者的体验）。更重要的是，不同领域的业务场景和数据虽有差异，但适用的算法是相通的，这意味着一种算法的进步可以促进许多领域的进步。这几乎适用于所有领域，包括医学、农业、营销、金融及安全等。随着人们对数据的关注度越来越高，ML 模型也会进一步改进，从而形成良性循环。

看得出，ML 正在逐渐成为解决业务问题的强大工具。然而，像任何工具一样，它应该在正确的场景下使用，而不是任何场景中的任何问题都用 ML 技术来解决。比如，当实际场景所涉及的问题可以通过确定性规则及预先设定的步骤来满足需求时，就不需要使用 ML 技术了。所以，在使用 ML 技术之前，需要首先对当前场景做一些初步的判断，下面给出几类 ML 技术可能适用的场景。

- **无法通过经验给出规则**。在业务问题非常复杂的情况下，无法枚举所有的规则来解决它，而局部的解决方案是可行和有效的，这个时候可以尝试用 ML 来解决这个问题。举例来说，人类几乎不可能根据像素值编写出一套确定的规则来自动检测图像中的动物及其所属类别，但通过向卷积神经网络（CNN）输入数万张经过标注的不同动物的图像，就可以构建一个比人类能更准确地执行这种分类任务的模型。类似这种场景就比较适合使用 ML 技术。

- **已经拥有很多干净的、结构良好的数据，而且当前业务已依赖这些数据来做决策**。对数据的依赖是一个很好的迹象，表明业务可以从 ML 技术中获得价值。例如，在信用卡授信业务中，数据分析师手动探索消费者的行为和违约数据，试图从数据中获取规律，然后对新的申请者进行授信。

- **目标问题不断发生变化**。在某些场景下，目标值会随着时间的推移不断发生变化，必须定期更新代码来重构规则，这样会增加错误的概率，因为人类通常很难通过记忆将"历史"与"现在"充分结合，类似这种场景就比较适合使用 ML 技术。

- **无法扩展**。对于互联网营销领域，在业务发展初期，业务人员可以根据商品属性及个人经验来定义业务规则，实现对符合条件的用户进行运营。但当业务不断发展壮大，积累了大量的用户群和互联网日志时，业务人员根据经验对当前的业务进行分析和运营，就会显得很吃力。类似这种场景就可以让机器去学习日志中的隐藏模式，对用户行为进行总结和推断。

进一步地，这里有一个判断 ML 适用场景的简单流程图，如图 1-2 所示，该流程图可以帮助从业者弄清楚当前遇到的业务场景是否属于 ML 的使用范畴。

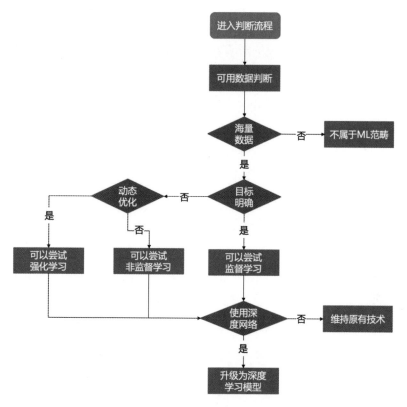

图 1-2　判断 ML 适用场景的流程图

1.2　ML 相关符号及术语定义

由于 ML 从业者的背景和专业领域不尽相同，不同背景的从业者在术语的使用上可能存在细微的差异。接下来，我们对常用的数据术语进行定义，以方便后面内容的介绍，如原始数据、输入数据、特征和特征工程，以及与 ML 相关的术语，如参数、超参数、管道（Pipeline）等。

1.2.1　原始数据、输入数据、特征与特征工程

数据是任何 ML 项目的核心"源材料"，原始数据指的是从业务系统直接或间接获取的信息，数值属性的原始数据通常可以直接输入 ML 模型，但很多时候原始数据在输入模型之前需要进行某种数据预处理，比如原始数据为图片、文本等时。这里的数据预处理属于特征工程的范畴，特征工程是对原始数据或中间特征

进行一系列工程化的处理，目标是找到将原始数据或中间数据（已被预处理过的数据）映射为一个更适合建模的新的表示形式，以降低原始数据的噪声和冗余，在提炼出原始数据中，尽可能多信息的同时还能更高效地刻画原始数据与目标的关系。

最终用于模型训练的数据被称为输入数据，输入数据的集合被称为输入空间，通常每个具体的输入称为一个实例，称实例的表示为特征向量，所有特征向量的集合存在于一个空间，即特征空间，特征空间的每一维就是一个特征。

在本书中，我们将使用输入数据来表示输入模型中的真实数据，比如，从业务系统收集到的时间戳，用特征来表示模型实际操作的转化数据（比如，一周中的某一天或者一周发生某件事的次数）。针对中间特征的特征工程的目标则是，进一步提高模型训练的性能，这里的性能可以是准确性。考虑到生产应用场景，有时候为了降低中间计算的复杂度，也需要使用特征工程的方法对中间数据进行处理，以满足部署后业务方调用的工程性能要求，比如降维。

1.2.2　训练样本及预留样本

我们谈论的样本集，通常是指在进行监督学习模型构建时用于训练、验证和测试 ML 模型的数据。其中用于训练模型的样本被称作训练样本，用于验证和测试模型的样本被统称为预留样本。在实际操作中，通常会将大部分数据随机地分配给训练样本：在训练过程中输入模型数据，用于在训练过程中生成模型参数。验证数据用于评估模型在该数据上的表现，根据模型在验证数据上的性能来决定何时停止训练运行，以及选择合适的超参数。测试数据是完全没有在训练过程中使用过的数据，用于评估训练后模型的泛化能力。

原则上，ML 模型性能的离线评估必须在独立的测试数据上计算，而不是在训练或验证集上。同样重要的是，三个样本集（训练集、验证集和测试集）都需要是同分布的，且使用相同的特征及特征工程逻辑。

1.2.3　参数与超参数

参数通常表示为学习算法所训练的模型各变量的权重。参数是由学习算法根据训练数据直接拟合而成的。学习的目标是找到这样的参数值，使模型在一定意义上达到最优。比如，线性回归方程 $y = wx + b$ 中的 w 和 b，在这个方程中，x 是模型的输入，y是输出（预测），模型是否具有固定或可变数量的参数决定了它是"参数化"还是"非参数化"的。模型参数的一些示例如下。

- 人工神经网络中的权重。
- 支持向量机中的支持向量。
- 线性回归或逻辑回归中的系数。

超参数则是学习算法或管道的输入，会影响模型的性能，但不属于训练数据，不能从训练数据中学习。例如，决策树学习算法中的树的最大深度，支持向量机中的误分类的惩罚系数，k-最近邻算法中的k，以及降维算法中的目标维度等都属于超参数的范畴。模型的超参数通常又被称为模型的外部参数，模型超参数的一些示例如下。

- 训练神经网络的学习率。
- 支持向量机的 C 和 sigma 超参数。
- k-最近邻算法中的 k。

对于初学者来说，经常会将模型超参数与模型参数混淆，这里提供一个简单的判断方法：如果一个参数是从业者必须手动指定的，那么它可能就是模型超参数。

1.2.4　参数模型、非参数模型、极大似然估计

前面定义的数据、特征、参数等概念都是学习的组成部分，学习的本质是找到一个输入到输出之间的映射，这里的映射通常用模型来表示，学习就是要训练出最优模型，训练的过程通常被称为拟合，模型拟合本身是一个优化问题，所以我们需要指定一个要优化的目标函数（也被称作损失函数）。在定义目标函数之前，需要设计模型框架，设计模型框架要考虑的因素之一是选择参数化或非参数化的方法。

参数化方法，即参数模型的假设是，数据分布具有一定的函数形式，数据由固定数量的参数的分布生成。此时模型的拟合即为分布的估计，也就是指定或选择模型的参数θ，使得该分布模型可以最佳地拟合观测到的数据。

非参数化方法，即非参数模型的假设是参数的数量可以动态变化。在一些方法中，每一个数据点都可以看作一个参数，最常用的非参数化方法之一是 k-最近

邻（*k*-Nearest Neighbors，KNN）算法，其思想是，根据特征空间中距离$\vec{x}$最近的数据样本所对应的响应值来估计特征向量$\vec{x}$的响应变量的值。*k*-最近邻算法是最基础的监督学习方法之一，在互联网行业中被广泛应用于推荐系统。非参数化方法的缺点是，数据维度越大数据空间就越稀疏，每次预测的时候都需要对局部观测值进行计算，不能像参数模型那样通过训练集来概括观测到的模式，接下来介绍的极大似然估计主要针对的是参数模型。

在统计学领域，包含概率论和数理统计两大主题，极大似然估计是数理统计的核心环节，也是 ML 的核心概念。在图 1-3 中，我们假设观测到的数据独立同分布于数据分布$p_{\text{data}}(\boldsymbol{x},\boldsymbol{y})$，每个数据样本$(x_i,y_i)$都可以被解释为因素$x_i$导致输出$y_i$的产生，目标函数则可以被定义为给定参数向量时的概率密度函数，观测到的响应变量的概率是已知的：$L(\theta) = p_{\text{model}}(\boldsymbol{y}|\boldsymbol{x},\theta)$。

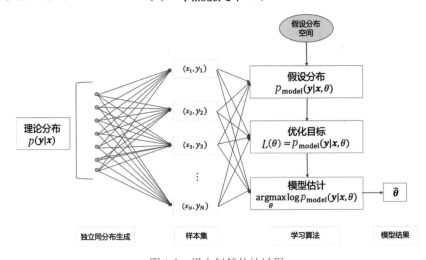

图 1-3　极大似然估计过程

$L(\theta)$函数被称为似然函数，它是在假设数据来自参数为θ的模型所指定的分布的情况下观察到数据的概率。在实际应用中，通常为了方便分析和计算，会对似然函数取对数，记作对数似然（Log-Likehood）估计，简称$\text{LL}(\theta)$。具体的公式如（式 1-1）所示。

$$\text{LL}(\theta) = \log p_{\text{model}}(\boldsymbol{y}|\boldsymbol{x},\theta) \tag{式 1-1}$$

极大似然估计的目标是找到能使（式 1-1）最大化的参数向量，如（式 1-2）所示。

$$\hat{\boldsymbol{\theta}} = \underset{\theta}{\mathrm{argmax}}\, \log p_{\mathrm{model}}(\boldsymbol{y}|\boldsymbol{x},\theta)$$ （式 1-2）

1.2.5　ML 管道

首先，让我们明确管道的概念，本书后续章节中会多次使用管道来定义不同的工作流程。在软件开发领域，"管道"一词源于 CI/CD 的 DevOps 原则，它是一组自动化流程，允许开发人员和 DevOps 专业人员将他们的代码可靠、高效地编译和部署到生产计算平台。可以认为这些流程是模块化和可组合的代码块，在整个预制的序列中执行特定的任务。

数据工程的核心概念之一是数据管道，数据管道是应用于其输入和目标之间的一系列数据转换。它们通常被定义为一个图，其中每个节点都是一个转换，边代表依赖关系和执行顺序。有许多专门的工具可以帮助创建、管理和运行这些管道。有时候，也可以称数据管道为 ETL（提取、转换和加载）管道。

ML 模型通常需要进行一系列不同类型的数据转换，这些转换一般是通过脚本甚至 Jupyter 中的单元来实现的，这使得它们难以进行可靠的管理和运行。而适当的数据管道方案在代码复用、运行时可见性、可管理性及可扩展性等方面都表现出了优势。

同样，ML 管道是一种对 ML 的工作流程进行编码和自动化的技术，以生成用于生产的 ML 模型，本质上 ML 管道涉及的内容也属于数据转换的范畴。很多数据管道中也会使用 ML 模型进行转换，但最终都服务于 ML 任务。大多数 ML 模型都需要两个版本的管道：一个用于训练，另一个用于服务。这是因为用于训练和用于服务的数据格式、访问方式及运行时都有差别，特别是对于实时请求中提供服务的模型。

ML 管道是一个纯代码的工件或脚本，独立于特定的数据实例。这意味着可以在源代码控制中跟踪其版本并使用常规的 CI/CD 进行管道的自动部署，这也是 MLOps 的核心实践，这让我们能够以结构化和自动化的方式连接代码和数据平面，具体如图 1-4 所示。

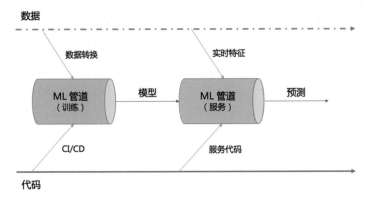

图 1-4 使用 ML 管道连接数据、模型和代码以生成模型与预测

需要注意的是,这里把 ML 管道分成了训练和服务两个相对独立的管道。它们的共同点是,需要使用相同的逻辑执行数据转换以生成可用特征,但它们的具体实现方式可能是非常不同的。例如,训练管道通常运行在包含所有特征的批处理文件上或从数据库中导出的数据框上,而服务管道通常是在线运行的并接收实时请求的特征,其余的离线特征从数据库中检索。

在实际应用中,不同模型的 ML 管道所涉及的节点具有相似性,因此应尽可能对管道中涉及的节点进行抽象,尝试复用代码和数据。例如:

- **特征存储**:统一提供用于训练管道的历史特征和用于服务管道的实时特征。
- **训练过程各节点模块化**:将模型训练过程中涉及的节点进行模块化,有利于训练管道的快速组合。
- **模型即服务**:将服务管道封装成通用的模型服务接口,并能够一键生成模型服务。

ML 管道的概念给 ML 工作带来的转变是,建模团队不再只负责构建和维护 ML 模型,而是要将整个管道作为产品进行集中化开发和维护,这确保了迭代周期的完成效率并提供了更高的扩展性。

1.2.6 模型选择与性能权衡

ML 创建的模型本身可以视为一个程序,模型创建的过程会涉及以下常用概念。

　　模型选择：我们可以将配置和训练模型视为模型选择的过程，甚至 ML 算法的选择也是模型选择过程的一部分，每次迭代都会产生一个新模型，对于迭代出来的这些模型，我们可以选择使用或继续迭代。当选择了要使用的模型时，该模型相对应的训练样本和算法配置也随之确定。

　　归纳偏差：偏差是对所选模型施加的限制，所有模型都会有偏差，偏差会在模型中引入错误，并且根据定义，所有模型都可能有错误（因为模型是对观测值的概括）。ML 方法可以创建具有低偏差或高偏差的模型，并且可以使用策略来降低模型的偏差。

　　模型方差：方差体现了模型对训练数据的敏感程度，在数据集上创建模型时，ML 方法可以具有高方差或低方差。降低模型方差的一种策略是，在具有不同初始条件的数据集上多次运行模型训练过程，并将平均准确率作为模型性能。

　　偏差与方差权衡：模型选择本质上可以被认为是对偏差和方差进行权衡的过程。低偏差模型将具有高方差，需要经过长时间或多次训练才能获得可用模型。高偏差模型将具有低方差并且可以快速训练，但模型性能通常不佳。

1.3　ML 的工程挑战与 MLOps 解决方案

　　在实际 ML 工程实践场景中，我们发现大量的工作停留在数据科学家 / ML 工程师的个人电脑中，自动化程度几乎为零，团队协作也是一团糟，生产涉及的管道是用自制的及脆弱的脚本组合起来的。当需要将模型从开发环节通过部署和中心化处理过渡到生产环节时，可视化操作和模型的运维管理几乎不存在，持续集成和持续部署在很多从业者的技术栈中也极少涉及，模型版本化、数据版本化及服务版本化对许多企业来说甚至难以定义，严格的模型健康和性能监测也极为罕见，这样的例子还有很多。

　　在传统软件工程领域，软件工程团队的所有最佳实践都集中在代码上。同样，ML 工程师也需要处理大型代码库，但除此之外，他们还需要处理数据和模型。ML 团队面临着类似的问题，在 Jupyter Notebook 中运行的概念验证（Proof of Concept，PoC）脚本与在生产环境中运行的解决方案之间存在巨大的差异。具体来说，他们必须考虑：

- **存储和跟踪模型**：跟踪模型的训练过程和输出用于比较的模型参数，对训练好的模型来说需要进行持久化存储，这些都属于 ML 工程的范畴，而在标准的软件开发中通常不会涉及。
- **大型且快速变化的数据集**：虽然大多数软件通过数据库或其他来源与数据集成，但 ML 解决方案通常需要做更多的数据清洗和预处理，而且是在经常更新的"实时"数据集上。ML 工程师需要一个系统或模块来监控和执行一系列相互关联的处理步骤，并通知相关人员进行相应的迭代工作。

这正是 MLOps 擅长的地方，研究团队倾向于关注 ML 代码而不是周围的基础设施。随着协作、共享结果和在大型数据集上完成工作的需求不断增加，研究团队很快就遇到了瓶颈。MLOps 解决了这些问题，并为研究团队实现他们的目标提供了必要的基础设施支持，尽管处理大型数据集、代码和 ML 模型很复杂。

ML 是一个全新的且令人兴奋的学科，其工具和实践正在快速发展。随着 ML 从研究到应用业务方案的成熟，我们也需要提高 ML 运维流程的成熟度，以实现 ML 应用的闭环及快速迭代。

1.3.1 MLOps 的定义

MLOps 是一种 ML 工程文化和实践，旨在于生产中统一 ML 模型开发（Dev）和 ML 模型运维（Ops）。

DevOps 是一组有助于可靠地构建、集成、测试和部署软件的实践。它可用于在开发领域以最小的部署开销实现持续集成和交付。DevOps 的成功实践可以应用于 ML，以构建强大的 ML 系统。不同的是，MLOps 还需要数据工程，因为数据是构建 ML 的基石。数据采集、验证和特征工程等都是数据工程的关键组成部分。

通过借鉴 DevOps 的成功实践经验并将其应用于 ML 系统，MLOps 的理念和方法可优化整个 ML 生命周期的管理，减少 ML 价值流中的摩擦和延迟，以缩短将业务需求转化为 ML 服务所需的时间，确保 ML 算法和系统在生产中运行良好。

MLOps 倡导数据科学家、数据工程团队、软件工程团队和运维团队之间更好地合作。有了成熟的 MLOps，团队就能更好地支持整个 ML 生命周期，涉及从业务需求和目标可行性到模型实验和生产的方方面面。一个 MLOps 流程有助于消除手动的、容易出错的节点，并打破团队之间的"流程壁垒"，确保所部署的模型及数据在随时间演变的过程中保持准确。随着 MLOps 实践在企业中的应用逐渐成熟，其自动化程度也越来越高，比如，建立机制来自动执行流水线，并以此持续构建、测试和部署 ML 管道。此外，ML 模型的性能监测不仅可以触发新的部署管道，而且还可以产生新的实验。

MLOps 的核心理念在于，促进模型在生产中的快速迭代，完整的反馈回路是其基本要求，以根据从部署的模型中捕获的行为来及时调整系统。由于所有活动都联系在了一起，MLOps 还为人工智能的透明度和可解释性提供了基础。

需要注意的是，MLOps 是一种文化和实践，类似于我们都知道的 DevOps 实践，而不是具体的工具。一个常见的错误是，直接进入 MLOps 工具领域，这是一个很容易迷失方向的领域。总之，工具应该支持实践，反之则不成立。

1.3.2　MLOps 与其他 Ops 的区别

在传统软件开发的世界里，一套被称为 DevOps 的工程实践使得在几分钟内将软件部署到生产中并保持其可靠运行成为可能。DevOps 依靠工具、自动化和工作流程来抽象出软件工程的复杂性，让开发人员专注于需要解决的实际问题。这种方法如今已经非常成熟，在软件开发领域已经基本成为"标配"，那么为什么这套方法论或经验不能直接应用到 ML 领域？

其原因在于，ML 的跨领域特性延伸出了新的维度，比如，增加了一个额外的数据维度，而这个维度区分了 ML 和传统软件，也给开发和运维过程带来了全新的挑战。对于传统软件，几乎可以即时体现代码变化对结果的影响；但在 ML 中，想要看到代码变化对结果的影响需要重新训练模型。若考虑额外数据维度的影响，情况会变得更复杂，数据维度的引入不仅改变了代码在开发过程中的工作方式，而且数据本身也是在时刻变化的。

在传统软件开发中，一个版本的代码产生一个版本的软件，代码的版本决定了软件的版本。在版本控制系统的辅助下，我们可以在任何时候创建应用程序的任意变体。而 ML 则不是这样的，在 ML 中，开发的结果不是代码而是模型，而这个模型又是由创建和训练模型的代码版本及其所使用的数据产生的。一个版本的代码和一个版本的数据结合在一起产生了一个版本的 ML 模型。代码和数据分别处在两个平行的平面上，它们之间共享时间维度，但在所有的其他方面都是独立的。这种处在不同平面的关系也给具体的开发和应用带来了挑战，任何试图将 ML 模型成功投入生产的从业者都会面临这些挑战。

- 在 ML 项目中，除了要保存不同版本的代码，还需要一个地方来保存不同版本的数据和模型工件。ML 涉及大量的实验。数据科学家使用各种数据集训练模型，并生成不同的输出。因此，除了借鉴 DevOps 的代码版本控制方案，MLOps 还需要特定的工具来保存不同版本数据、模型工件和涉及的元数据信息，以方便后续的管理和运维。
- 与代码不同，模型性能会随着时间的推移而衰退，这就需要监控。在将训练好的模型部署到生产环境后，便开始从真实数据中产生预测。在一个稳定的环境中，模型的性能不会下降。但是，真实世界时刻在变化，我们的模型接收的实时数据也在变化，这导致的直接后果就是所谓的"模型衰退"（有时候也被称作训练服务偏移）。换句话说，它的预测的准确率可能会随着时间的推移而下降。为了防止模型性能动态衰退，我们需要持续地监测模型，这在 DevOps 实践中很少见。
- 训练永远不会结束。一旦发现模型性能下降，就需要用新的数据重新训练模型，并在再次投入生产前进行验证。在 MLOps 实践中，这种持续的训练和验证在一定程度上可以看作 DevOps 实践中的持续测试。

为了应对这些挑战，我们可以借鉴来自 DevOps 和数据工程的经验，增加一些 MLOps 特有的方案，以一种可控的方式在代码和数据平面之间建立一座桥梁。

MLOps 与 DataOps

DataOps（数据运维）与 MLOps 的概念几乎是同时出现的，并且 DataOps 也从 DevOps 实践中借鉴了很多经验，但 DataOps 的核心应用对象是数据应用。DataOps 涵盖了数据生命周期内的所有步骤，从数据收集、处理到分析和报告，并尽可能地将其过程自动化。它的目标是提高数据的质量和可靠性，同时尽量缩短提供数据应用所需的时间。

这种方法对处理大型数据集和复杂数据工程管道的业务场景特别有帮助。DataOps 也可以在一定程度上辅助 ML 项目，但只是在辅助的层面上，因为它不提供管理模型生命周期的解决方案，所以可以认为 MLOps 是 DataOps 的延伸。

MLOps 与 AIOps

作为 Ops 中比较另类的一个，从字面上理解，AIOps 与 MLOps 很相似，这其实是误解。2017 年 Gartner 首次提出了该术语，AIOps 被定义为结合大数据和 ML 技术实现 IT 运维流程的自动化方案。

从本质上讲，AIOps 的目标是自动发现日常 IT 运维中的问题，并利用 AI 主动做出智能反应和预警。简单地说，AIOps 是 AI 在 Ops 领域中的应用，应用的主体是 Ops；而 MLOps 则是 Ops 在 ML 领域中的应用，应用的主体是 ML。

最后，表 1-1 总结了 MLOps 的主要实践及与 DevOps 和 DataOps 实践的关系，由于 AIOps 是将 AI 技术应用于运维领域的方案，不属于严格意义上的 Ops，所以表 1-1 中的对比仅涉及 MLOps 与 DevOps 和 DataOps 实践的关系。

表 1-1　MLOps 与 DevOps 和 DataOps 实践的对比

实践	DevOps	DataOps	MLOps
版本控制	代码版本化	数据版本化	代码版本化 数据版本化 模型版本化
管道	n/a	数据处理管道 ETL	训练管道 服务管道
行为验证	单元测试	单元测试	模型验证和测试
数据验证	n/a	数据格式及业务逻辑验证	统计验证
CI/CD	将代码部署至生产环境	将数据处理管道部署到生产环境	部署代码及训练管道至生产环境
监控	SLO （服务等级目标）	SLO	SLO 异常监控 统计监控

接下来的内容将回到我们的核心主题，将更详细地探讨 MLOps 的基础概念。

1.3.3　谁在关注 MLOps

在笔者与许多从业者交流时，发现对 MLOps 感兴趣的人员来自非常不同的群体。

第一类是传统企业的中高层管理人员。通常情况下，他们几乎没有 ML 经验，因为在许多公司内 ML（甚至是大数据）仍然是相对较新的概念。他们并不完全了解什么是 ML 模型，以及数据科学家要做什么。但他们有着丰富的管理经验且精通业务，积极思考和应对当前的业务瓶颈，对数字化转型有着浓厚的兴趣，同时又对数字化转型是否能够帮助企业走出困境抱有疑问。他们希望能够快速 PoC，以尽可能少的成本进行快速验证。

第二类对 MLOps 感兴趣的群体是 IT 技术人员和运维人员。他们的工作职责本身就属于 Ops 的范畴：ML 模型的生产化和运维管理。IT 技术人员日常工作的 KPI 是以他们支持的业务和在确定的预算内顺利运行系统的能力来衡量的。ML 模型是一种新型的 IT 资产，需要特定的部署和监控程序。由于 IT 技术人员和运维团队还没有适当的管理和监控 ML 模型的经验，因此他们正在积极寻找新的和强大的方法论来解决 ML 模型的管理和监控问题。

最后一类群体，也是 MLOps 的直接受益群体，是由数据科学家、ML 工程师和数据工程师组成的。当他们开发创新模型时，他们希望确保他们的工作成果能成为有价值的商业资产。数据科学家是人工智能和算法方面的专家，但他们的软件开发能力通常不太深厚，他们希望利用一种方法或工具来促进从构思到部署阶段的迭代进程。不过，随着企业对 ML 生产化越来越重视，数据科学家也开始被要求精通基本的软件工程技能，如代码模块化、复用、测试和版本管理等。仅让模型在本地离线的建模环境中正常运行是不够的，这也是为什么许多互联网公司在招聘时会强调工程技能，并且务实的公司更倾向于聘用 ML 工程师。在许多情况下，ML 工程师的工作实际上也是 MLOps 要实现并尽量自动化的内容。

近年来，MLOps 方法在行业中越来越受到重视，笔者也看到很多不同行业的公司都在积极研究和布局 MLOps。虽然不同行业在实践 MLOps 时关注点不同，但共同点是，他们都面临着某种 ML 运维的挑战，他们都希望从可复制的流程中受益，以支持他们的 ML 项目。

在 ML 社区中，人们对 MLOps 的兴趣也越来越大。一方面，ML 从业者正在寻找一个可复制的流程来自动化他们的工作。另一方面，业务线管理者和决策者希望从人工智能获益，并迅速将 ML 用于业务用例。在开源社区日益流行的今天，有很多开源的工具可以帮助团队快速搭建 MLOps，但在考虑使用任何技术之前，重要的是退一步，先充分了解团队试图解决的问题。

1.3.4　为什么需要 MLOps

在传统意义上，ML 是从单个科学实验的角度来处理的，这些实验主要是由数据科学家独立执行的。然而，随着 ML 模型成为现实业务场景中解决方案的一部分，并对业务产生价值，我们将不得不转变视角，在强调科学原理重要性的同时，使 ML 模型更容易落地（投产），并支持可重复性和多方协作。

2020 年 5 月，Valohai 公司调研了 330 名来自业内不同公司的数据科学家、ML 工程师和管理人员，了解了他们未来 3 个月对 ML 领域的关注点及面临的主要障碍。虽然 20%的受访者表示他们仍然更关注 ML 实验和学习阶段，但 50%的受访者表示他们专注于开发生产用的模型，超过 40%的受访者表示他们将部署生产可用的 ML 模型。

对于大多数受访者来说，他们在生产中还没有实现模型的自动化持续训练、部署和模型在生产中的持续监控，这说明生产中的 ML 对大多数人来说相对较新。然而，从搜索引擎的搜索量和新闻报道可以看出，近年来 MLOps 的热度在稳步上升，说明 MLOps 在实践中变得越来越重要。生产模型带来了新的挑战，不仅对数据科学家，还对工程师、产品经理和运维人员组成的扩展团队提出了新的挑战，这些挑战需要这些不同团队的协作来应对，而 MLOps 给这种协作提供了可行的方案。

在实际应用中，底层数据不断变化，需要重新训练模型，甚至需要重建整个ML 管道以解决数据变化带来的模型漂移问题，数据变化可能是业务或用户行为的变化导致的。对于 ML 模型的搭建，以实现根据输入数据输出预测结果，做到这一点很容易。但是，搭建一个可靠、快速、可迭代且可供大量用户使用的 ML模型却很困难。而这恰恰是 MLOps 擅长的，MLOps 是关于模型产品化的，帮助从业者将模型从研究环境部署到生产环境。进一步地，我们把搭建 MLOps（平台/框架）的必要性总结如下。

- 对于一个典型的 ML 项目，其开发过程是从数据工程开始的，包括数据采集、清洗、预处理，紧接着需要进行特征提取，这是一个迭代过程，为了高效和安全地完成这个过程，需要有可重复使用的管道和断点检查。
- 下一步是建立模型，这需要进行实验。随着实验的进行，有必要跟踪实验中模型的参数、评估指标和超参数，这有助于我们进一步调整参数。
- 一旦模型开发完成，就需要被部署到某个环境（如开发环境）中，在其中可以进行模型验证。

- 如果验证成功,模型将会被部署到生产环境中,在其中需要监控模型性能,以及数据漂移、模型漂移等情况。

1.3.5 MLOps 给企业带来的增益

MLOps 对企业能提供什么帮助呢?在 20 世纪 90 年代初期,软件工程是孤立的和低效的。在那个年代,软件的发布需要几个月的时间,且主要由手动完成。而现在,随着 DevOps 技术的不断发展和实践,软件可以在分钟级(甚至秒级)内发布,这是因为涉及的步骤是模块化和自动化的。当前,对于很多企业,尤其是传统企业来说,他们使用 ML 的情况与 20 世纪 90 年代的软件类似:模型的创建是孤立的、低效的,需要几个月的时间才能投入生产,并且涉及大量人工参与的步骤。最近几年,随着业界对人工智能关注度逐步提高(尤其是大量传统企业开始在数字化转型上大举投资),软件工程的 DevOps 所带来的便利也开始被借鉴到 ML 的应用中,MLOps 有助于为那些希望从数字化转型中获得更多价值的企业降低转型的门槛。

- **为数据科学家节省更多的时间来开发新模型**。对于很多企业,为了实现 ML 模型的落地,通常需要 ML 工程师或数据科学家配合其他团队来实现模型的生产化。而有了 MLOps 后,ML 模型的生产化过程更像流水线,数据科学家在使用 MLOps 工具开发模型后会自动流转到下一个环节,然后像车间流水线一样一个环节扣着一个环节,直至模型进入生产环境。MLOps 辅助实现 ML 工程化的环节,而数据科学家可以专注于他们的核心算法任务。
- **缩短 ML 模型的上市时间**。MLOps 方案会将模型训练和持续训练过程自动化,将持续集成和持续部署功能模块化,用于部署和更新 ML 流水线。因此,基于 MLOps 的解决方案可以将 ML 模型更快地投入生产。
- **更好的用户体验**。由于 MLOps 实践,如持续训练和模型监控,由 ML 驱动的应用可得到及时更新,加快策略的迭代优化,可以有效提高客户满意度。
- **预测的质量更高**。MLOps 的模型监控功能负责数据和模型的验证,评估模型在生产中的性能,并为持续训练及时发送信号。这将有助于消除建模时的错误理解和模型衰退产生的风险,并确保可以充分信任迭代后的模型所产生的结果。

　　MLOps 可以成功应用于商业，由于数据科学家一般不具备工程师的专业知识来实现模型投产过程中的工程部分，使用 MLOps 可以降低数据科学家的工作难度，这在实际项目中会有很大的意义，为数据科学家节省大量的时间。在科研领域 MLOps 也可以同样发挥价值，如实现学术上的结果可重复性便是一个痛点。举个例子，某学者在期刊杂志上发表的文章的实证部分公开了数据和算法细节，但在使用文章中的信息自行实现时，读者会发现，结果与文章中给出的结果相差甚远，这种情况可能是作者在运算时做了大量的实验但并未记录每次实验的信息，提交到文章中的结果可能是这些实验中表现较好的那次实验的结果。如果使用 MLOps 的实验跟踪功能，这个问题便可迎刃而解。

1.3.6　MLOps 的工作流程

　　如图 1-5 所示，MLOps 的工作流程是由一系列 ML 管道（有时候也叫流水线）组成的，ML 管道是处理数据集时所涉及步骤的序列。管道由步骤组成，每个步骤都是一个独立的实体，每个实体都会接收输入并在进行相应的处理后产生输出，该输出由执行顺序决定是否作为下一个步骤的输入。

　　第一步，ML 管道的工作通常从数据准备开始，然后将准备好的数据存储到相应的存储设备上。

　　第二步，在接下来的特征工程步骤中，将会从数据存储设备中获取准备好的数据，进行缺失数据填补、特征提取、特征转换、降维、样本分割等工程操作。

　　第三步，特征工程完成后会流转到模型开发步骤，即将特征工程步骤输出的特征"喂给"模型来进行开发和训练。

　　第四步，进行模型部署，向业务系统或第三方提供推理服务（通常以 REST API 的形式提供）。这里的服务指的是通过将模型部署为在线服务来接收实时请求并返回预测结果，模型投产从这一步骤开始。

　　第五步，这也是 ML 项目周期的最后一步，在模型部署并上线发布后，将进入模型监控步骤，该步骤会对生产中的模型性能进行评估，在模型衰退到性能的预设阈值时，会触发模型重新训练作业，然后开始新的周期。

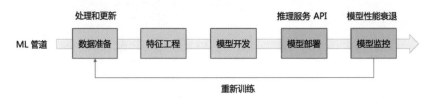

图 1-5　MLOps 的工作流程

在实践中，通常会将模型的训练和部署过程分开操作，在 MLOps 工作流程里，模型开发训练及之前的步骤属于 "ML" 的范畴，模型部署及之后的步骤属于 "Ops" 的范畴。

当我们在生产中部署一个模型时，通常会部署训练阶段产生的结果。比如，特征工程沉淀下来的规则及训练好的模型，有时候还需要对实时特征与存量特征进行合并和计算。当数据分布发生偏移或生产中的模型性能下降到一定程度时，我们还需要收集最新数据来进行模型的更新，生产中通常的做法是对训练管道进行离线更新，在模型部署环节则需要热部署，即需要在工程上实现不停机的情况下更新模型服务。模型投产后还需要对数据分布、模型性能及服务状态等方面进行监控，具体细节在后面的章节中会详细介绍。

1.3.7　MLOps 工程师需要具备的技能

与传统软件开发工程师的技能要求相比，MLOps 工程师除了需要具备坚实的编程能力，还需要具备 ML 专业知识，包括使用 Scikit-Learn、TensorFlow、Keras 等 ML 框架的经验。

此外，MLOps 工程师也要有 ML 管道的创建、扩展及将 ML 模型生产化的经验，还要有帮助企业落实架构、系统等的能力，以确保 ML 模型的顺利部署。

要成功部署 ML 模型，很大程度上取决于代码和数据这两个关键因素。MLOps 工程师需要了解这两者的关系。数据是来自真实世界的信息，会不断变化；代码则是在受控的环境中开发出来的架构与系统，而融合数据和代码生产出对业务有价值的模型是 ML 流程的重要挑战。

另外，企业的 ML 应用是为了满足业务需求，因此 MLOps 工程师也需要注意业务相关的 KPI，需要密切跟踪这类 KPI，并优化 ML 模型，确保对 ML 的投资能带来足够高的回报。

接下来，从职责描述和技能要求的角度给出一些参考。

（1）职责描述

- 为 ML 模型的开发、训练、部署、监控、测试和评估提供基础设施和平台。
- 设计和研发 ML 实验跟踪、模型注册、模型一键部署等功能模块。
- 为模型性能跟踪提供监控、预警、仪表盘和日志等功能。
- ML 基础设施的管理、监控及故障排查。

（2）技能要求

- 有架构、部署和维护生产型 ML 系统的经验。
- 有云平台上的 ML 开发经验。
- 了解现代软件开发技术，如敏捷方法论和 DevOps。
- 有现代深度学习架构模型的设计和开发经验。
- 对 API 架构和容器编排（如 Kubernetes）有深刻的理解。
- 有自动扩展 ML 系统和大数据系统的经验。

1.3.8　什么时候真正需要 MLOps

MLOps 在模型开发和生产部署之间搭起了重要的桥梁，但这并不意味着数字化企业必须大量投资来将所有步骤拼接在一起并使其每项任务自动化。谷歌给出了 MLOps 建设三个级别的标准参考，不同级别对应不同的建设要求，投资策略的选择取决于企业数字化规模和需要运行 ML 模型的数量。企业可以根据当前的 ML 应用阶段进行决策和投资。

- **初级**，该阶段表明公司已经开始使用 ML，甚至已经雇用了能构建和部署模型的内部数据科学家，但是 ML 的工作流程还是手动的。该阶段适合企业数字化转型初期或对模型构建和模型迭代非常谨慎的金融类公司，这类公司的 ML 应用特点是用于验证可行性或不需要频繁迭代模型。
- **中级**，该阶段开始使用持续训练的 ML 管道，数据和模型会自动验证，每当模型性能下降或新样本到位时都会自动触发重新训练信号。该阶段适合企业数字化已经进展到稳定时期，会不间断地推出新 ML 项目，但 ML 项目的新增频率不会很高。
- **高级**，当 ML 模型的自动训练和自动部署开始叠加 CI/CD 能力时，MLOps

的高级阶段就出现了。该阶段适合营销科技类公司，他们必须每天（甚至每小时或在更小的时间粒度内）重新训练模型，需要在分钟级的时间内更新模型，并同时管理数百甚至更多的模型及服务。处在该阶段的公司将会重度依赖端到端的 MLOps，该阶段的 MLOps 功能更全面、自动化程度也更高。

综上所述，只有适合公司需求和发展阶段的 MLOps 策略才能产生预期的成果。

1.4 MLOps 框架下的工程实践

本节主要介绍 ML 算法和架构在 MLOps 框架下的工程实践。当从业者具备了足够丰富的知识储备时，就可以开始尝试 ML 了。通常情况下，ML 实践会涉及研究和生产两个主要环境。研究环境可以在本地计算机或工作站上，这通常是为了进行小规模的模型分析和探索。生产环境是模型投产的环境，ML 在生产环境中通常需要相对长期的持续运行，生产环境中的任务一般需要自动化和持续迭代。

下面举个仅需要在研究环境中进行数据分析或建模即可满足需求的例子，即在文章标题中找到与较高点击率相关的关键词。数据分析师的交付方式可能是将探索出的规律和结论报告给一个运营团队，这样运营人员就可以在新的标题中尝试使用探索出的规律和结论来提高点击率。再举一个数据分析和建模需要在研究环境中完成而建模结果需要在生产环境中发布的例子，该情况下的模型需要不断迭代，比如在电商网站上运行的推荐模型。在生产环境中运行的模型会涉及后续的管理和运维，当运行中出现异常或模型衰退时，需要通过监控机制发出预警信号。

这两类环境对从业者的要求很不相同。大多数初级 ML 图书讲述的是研究环境中的 ML，很少会涉及生产环境中的 ML。本书的重点将放在生产环境中。

一般来说，一个完备的 ML 项目的工作流程是，先在研究环境中探索和开发 ML 模型，制作一个 ML 应用程序的原型，然后符合预期的模型会被推送到生产环境，进行自动化部署和监控。开发一个用于生产环境的 ML 应用程序的工作比分析、探索的工作要复杂得多，需要把在研究环境中运行的 ML 作业转换成能在生产环境中自动运行的作业，我们通常把这一过程称为 ML 的生产化或工程化。

1.4.1　ML 工程及生产化模块

回顾前面 ML 的定义，从广义上讲，ML 是一门通过算法和统计模型从数据中学习知识的学科，ML 工程顾名思义就是构建基于 ML 的应用程序的计算实践。ML 工程是建立在 ML 的工作基础上并将研究环境中开发的 ML 模型应用于生产环境的技术。ML 工程与 ML 的区别在于侧重点不同，ML 更关心算法的优化和模型的训练，ML 工程则更关心从不同业务系统采集数据，并训练一个兼顾模型性能和计算性能的模型，使其能在生产环境中稳定运行，保证模型的可监控、可维护、可更新、可被业务系统使用，为模型生产化提供工程保障。

ML 工程包括从数据收集、特征工程、模型训练到模型投入应用、管理和运维的所有阶段。这个过程与高中时期考试的不同阶段类似，ML 开发过程相当于平时的模考，关心的是对知识点的消化和总结，ML 工程相当于高考，在兼顾平时模考习得的知识点的同时，还需要综合考察实考环境下的心理压力、时间分配、考题内容等因素。

事实上，数据科学团队通常专注于研究新颖的算法或训练高精准的模型，但与实际 ML 项目中需要的全流程（如特征工程、部署、监控等）相比，ML 算法只是 ML 项目非常小的一部分，一个真正要投产的 ML 项目通常需要大量的工程工作和基础设施的配合，以实现 ML 模型在生产环境中顺利运行。

2015 年，谷歌发布的论文指出，为了避免无休止的"技术债"缠身，应该强调将 ML 生产化视为一门学科的重要性（在当前的 ML 技术主流中确实如此），通过加强工程技术的投入来顺利实现 ML 的生产化。如图 1-6 所示，ML 模型的生产化是由多个模块组成的，在实际场景中需要在这些模块间建立沟通机制来配合完成 ML 模型的生产化。

图 1-6　ML 生产化模块

1.4.2 ML 工程模块的设计原则

关注点分离（SoC）是一个可行的设计原则，指的是计算机科学中对应用程序、代码块和其他对象系统进行划分的方式，关注点被"分离"的程度因系统而异。比如，一个存在相互依存关系的系统一般是关注点的弱分离，简称弱分离；而一个可以完全独立负责自己工作的系统或模块，一般认为是关注点的强分离，简称强分离。

ML 工程模块的设计既可以使用弱分离的设计原则，也可以使用强分离的设计原则。在弱分离的设计原则下，训练和预测必须在同一台服务器上运行，训练步骤和预测步骤被捆绑在同一个模块中。比如，在输入数据上调用一个名为 train 的函数，该函数返回一个模型，该模型会作为 predict 函数的输入，在运行时会按顺序依次执行 train 和 predict 函数。而在强分离的设计原则下，训练和预测可以在两个不同的服务器或进程中运行。在这种情况下，训练和预测是相互独立发生的，训练步骤和预测步骤分别归属不同的模块。

一般来说，面向服务的架构（SOA）是符合强分离设计原则的，我们认为在生产场景下使用 SOA 来设计和开发 ML 系统是可行的。

此外，无论是设计 MLOps 平台还是传统的 ML 系统，建议在设计时考虑以下几项关键原则。

- **从一开始就为可重复性而构建**：保留所有模型的输入和输出，以及所有相关元数据，如配置信息、依赖项、操作时间戳等。注意版本控制，包括所用的训练数据。
- **将 ML 过程中的不同管道视为系统的一部分**：如特征工程、自动化训练、模型部署和发布等。
- **提前考虑可扩展性**：如果系统需要定期更新模型，则需要在设计系统的时候就仔细考虑如何做到这一点。
- **模块化**：尽可能地对 ML 生命周期的各个环节进行模块化，这会极大地提高系统的复用性。
- **测试**：需要预留一定的时间来测试 ML 的应用程序，包括模型、数据及代码等不同类型实例的测试。

1.4.3　进行 ML 工程的模块设计时需要注意的细节

设计架构和模块的出发点应该是满足业务需求和公司更长远的目标。在开始设计和使用最新技术之前，需要了解现有条件的限制、预期会创造的价值及在为谁创造价值等，需要考虑当前公司的业务场景及未来可能会新增的场景。比如，在现有的业务场景下是否需要提供实时预测？如果需要实时预测，那么业务侧允许的延迟是毫秒级的还是秒级的，又或者只需在接收输入数据后的 30 分钟或一天内交付预测结果就能满足需求。具体地，以下几个细节值得考虑。

- 针对公司业务，希望多久更新一次模型？
- 预测的需求（流量）是什么？
- 需要处理多大量级的数据？
- 希望使用哪些算法？比如，是否会使用深度网络类的算法（需要评估是否真的需要）？
- 是否处在一个对系统审计要求非常高的监管环境中？
- 当前要设计的 ML 系统是在之前的基础上升级的还是重构的？
- 当前的工程团队有多大？是否包含了数据科学家、ML 工程师及 DevOps 工程师等？当前团队是否有开发 ML 系统的经验？

一旦团队对这些基础问题进行了评估，便可以在此基础上考虑 ML 系统的一些高级体系结构选项，比如，打造独立的模型训练系统、模型服务系统，抑或全流程的 MLOps 平台。

需要注意的是，为了避免从业者在使用上混淆"系统"和"平台"，这里对二者的定义进行说明。系统通常指的是一个具体的软件，而平台则是指进行某项工作所需的信息化环境或条件，是一个相对抽象的生态环境。系统强调的是功能，平台侧重的是场景。系统有明确的输入、处理过程和输出，而平台则是基于同一套规则和体系，由多个主体共同参与的生态圈，这套规则和体系往往是由系统组成的。

1.4.4　编码环境与模型探索

如果数据科学家在研究环境中使用的编程语言与生产环境中的一致，那么整个工作流程的处理会轻松一些，这里涉及的编程语言通常是 Python 语言，因为它拥有丰富的关于数据科学和数据处理的开源代码和包。然而，如果运行速度是一个要考虑的选项，那么 Python 语言可能是不可行的（尽管有很多种方法可以帮助其进一步优化运行速度）。出于性能的考虑，何时进行语言的转换变得格外重要，因为研究团队和生产团队之间的额外沟通成本将会成为一个很大的负担。当然，如果你周围所有的数据科学家都精通 Scala、Java 或 C++语言，那么这个问题就变得简单多了。

当然，不同的角色可能会使用不同的工具或编程语言，没有一个工具可以涵盖所有任务，更重要的是，单个任务通常需要多个角色和多个工具来协作实现。以分析工程师、数据科学家和数据工程师为例，如图 1-7 所示，数据工程师可能会使用 IntelliJ 中的 Scala 创建包含数亿个事件的数据集的聚合，分析工程师可能会在相关业务的分析报告中使用 SQL 和 Tableau 对该聚合进行分析和可视化，而数据科学家可能会使用 Python 处理该聚合并参考分析工程师的分析结果进行线上营销模型的构建。

图 1-7　工具和编程语言偏好因角色而异的示例

从表面上看，这三种角色的工作流程看似不同，但其实他们的工作内容通常是互补的，不同角色所负责的工作流程中的任务也会有重叠，为了进一步促进团队间合作，我们希望尽可能减少平台需要支持的工具的数量，在这些工具和语言的上层添加一层抽象，以提供跨工具和编程语言的通用模式，这也是 MLOps 的理念。幸运的是，有一个开源项目 Jupyter（该项目也是当前数据科学家最常用的开源项目之一）的设计做到了这一点。当前市面上很多专攻 MLOps 领域的公司都是使用 Jupyter 来提供建模或分析环境的，如 cnvrg.io、Domino Data Lab、InfuseAI等。其中 InfuseAI 公司旗下的 PrimeHub 平台最初就是从提供在线 Jupyter 建模坏境开始的，后来才慢慢增加了模型部署和管理等功能，并逐步扩展成为 MLOps平台。

Jupyter 提供了一个标准的消息传递 API 协议与充当计算引擎的内核进行通信，该协议启用了一个可组合的架构，将编写代码内容的位置（UI）和执行代码的位置（内核）分开。通过将运行时与 UI 界面隔离（实际上 MLOps 的设计也借鉴了类似的思路），Jupyter 可以跨越多种编程语言，同时保持执行环境配置方式的灵活性。

具体地，随着新的 ML 开发框架不断兴起并取代传统工具，不建议对 MLOps 平台支持的语言或框架制定限制性的标准。MLOps 平台的设计应该足够灵活并模块化，以支持添加新框架，比如，需要能够随意加载 TensorFlow、PyTorch 和 Scikit-Learn 这些数据科学家必备的工具或框架。不过在 MLOps 框架内搭建 Jupyter 环境时要注意一点，需要按用户或项目生成隔离空间，比如，将新增的 Jupyter 服务创建在 Python 的虚拟环境中，或者使用容器进行创建，因为不同的项目或不同的用户可能会使用不同版本的 ML 工具或框架。

当我们准备开发一个可能在生产中运行的 ML 原型时，我们喜欢使用一些可视化的开发工具，如 Jupyter。从业者可以在 Jupyter 中编写代码的同时撰写模型说明和数据探索的结论。与使用开发工具或老式的文本编辑器和 Shell 终端相比，Jupyter 的关键优势在于，它提供了数据可视化的功能，可以在线显示分析图，为待打印的数据框架提供良好的显示格式，如图 1-8 所示。这使得开发者在写脚本的时候可以很容易地检查中间结果，这种方式比把输出内容打印到终端或在断点处检查变量更直观、高效。

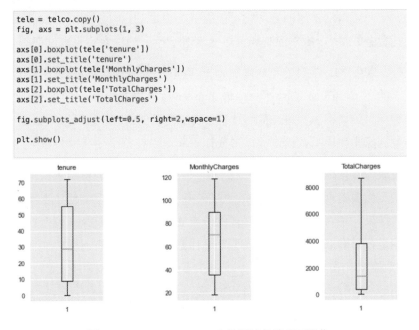

```python
tele = telco.copy()
fig, axs = plt.subplots(1, 3)

axs[0].boxplot(tele['tenure'])
axs[0].set_title('tenure')
axs[1].boxplot(tele['MonthlyCharges'])
axs[1].set_title('MonthlyCharges')
axs[2].boxplot(tele['TotalCharges'])
axs[2].set_title('TotalCharges')

fig.subplots_adjust(left=0.5, right=2,wspace=1)

plt.show()
```

图 1-8　Jupyter Notebook 中数据帧的基础可视化

数据探索是任何 ML 项目的第一个具体的、手动的步骤，通常也是从业者最熟悉的步骤。但当将一个 ML 项目推进到产品化阶段时，往往会产生认知偏差，因为这两个阶段需要不同的工具和思维方式。

没有数据就没有模型，所以数据探索很自然地应先于模型探索。数据探索的目的是理解数据。准备数据的时候使用的原始数据通常是以表格的形式保存的，这时无法直接对数据进行探索，因为一个可能有百万行数据的表格并不是人类可以理解数据的最佳界面。我们擅长的是用形状、尺寸和颜色等来理解事物。为了理解单个变量的属性及多个变量间的关系，人们需要借助工具。理解数据时可以使用特征工程技术将数据转换和处理为更高层次的特征，这些特征在模型探索步骤中将会起到关键作用。

模型探索可以与数据探索重叠，但也可以认为它是一个独立的步骤。在模型探索步骤中，数据科学家会分析和评估不同模型的可行性，如评估使用回归、决策树或随机森林等算法在现有数据上的表现。

在技术层面，模型探索比数据探索有更高的要求。模型探索时经常使用 Jupyter，数据探索通常可以在本地 Jupyter 环境中完成，而模型探索步骤一般有更高的计算要求。用一组参数和数据测试一个模型的表现，有时需要几个小时，甚至几天，一个可自动扩展的云环境可能会成为合理的选择。模型探索既要花费时间又要花费金钱，所以版本控制和可重复性对于所有的探索实验来说都是必要的。

此外，随着 ML 项目的不断增加，撰写模型文档也成为数据科学家开发模型不可或缺的环节，在 MLOps 平台内嵌 Jupyter 后，数据科学家不但可以使用相关功能进行模型的训练和部署，而不必关心底层资源的管理，还可以在 Jupyter 内轻松撰写数据探索和模型建模过程，形成知识库，以在整个团队内共享。

在完成了数据探索和模型探索后，如果需要将模型或分析结果生产化，那么还有很多工作要梳理和实现。比如，生产中的数据在哪里？如何在现实场景中使用模型的结果？是否需要将模型部署到分布式的机器上来扩大规模？模型服务的预测延迟是否足够低？如何更新模型？如何知道模型是否有问题？如何处理边缘案例，如数据缺失和异常值的情况？本书接下来的章节将试图回答所有这些问题。

1.4.5　特征存储

在 ML 项目中，通常需要与许多类型的数据源打交道，这是因为没有一个数据源适合所有的应用。数据库对于存储大量的数据是极方便的，但在返回结果时相对比较慢，因为它们是从磁盘中读取数据的，而读取时间或磁盘的 I/O 通常会限制网络应用的性能。一些对延迟时间有要求的应用可能需要寻求方案来解决这个瓶颈问题，一种常用的方法是使用缓存，即将常用的数据存储起来，使其保存于内存中并随时可用，而不是从磁盘中"分页"提取。

具体来说，数据存储的方式有多种，如数据湖、数据仓库、数据集市及最近几年在 ML 领域比较火的特征存储等。它们代表了不同级别的数据管理方式。

- **数据湖**：非结构化原始数据的通用存储装置，如日志、图像、电子邮件及结构化的数据字典等数据适合使用数据湖。原始数据到数据湖的输入过程不需要过滤任何东西，因此数据湖的大小会不断增长。
- **数据仓库**：处理过的数据、建模和结构化数据的存储装置，企业通常使用数据仓库来存储和检索运营指标、业务指标等。数据仓库通常是企业级的，能为整个企业各个部门的运作提供数据决策支持。
- **数据集市**：一个简单的数据仓库，数据集市通常是部门级的，用来满足特定部门和用户的需求，按照多维的方式进行数据存储，包括定义维度、需要计算的指标及维度的层次等，从而生成面向决策分析需求的数据立方体。
- **特征存储**：数据仓库的一种特殊形式，帮助数据科学家访问数据和管理 ML 的特征。它包含的特征是经过处理的数据，可以被 ML 模型直接消费。与数据仓库不同的是，特征存储提供了检索稳健性更高和延迟更低的访问渠道，以实现快速推理（预测），以及为模型持续训练过程提供训练数据。

特征存储好比数据科学的数据仓库，它的主要目标是使数据科学家能够缩短从数据摄取到 ML 模型训练和推理的时间，填补了 MLOps 生命周期中的一个重要空白。在特征存储模式下，收集数据并将其转化为特征的过程是一次性完成的，并可以被重复使用。特征存储是将特征工程的过程与特征的消费（例如，在模型的开发或在线推理时使用）过程解耦，在特征存储中，特征在模型训练和在线推理服务之间的消费也使用了不同的技术进行分离，并通过一个通用的 SDK 来保持这两种消费模式的一致性。这种共享方式加快了 ML 的工作进程，因为数据工程师不必像传统方式那样每次建模的时候都重新收集数据和进行相应的转换，而重复性的工作会造成浪费，也不利于特征的充分利用和管理。此外，通过特征存储还可以选择历史沉淀下来的特征来快速生成训练数据以训练不同的模型。

特征存储的作用是双重的，它是对特征工程产生的特征进行存储的设施，也是开发者可以复用特征的存储设施。本质上，特征存储是人们共享、注释、发现和使用处理过的数据的地方。具体地，特征存储涉及两个不同的存储方式，一个是低延迟的在线存储，通常以 Redis 缓存的形式为模型服务提供最新、实时的特征，另一个是成本优化的离线存储，用于存储支持模型训练的历史数据。

当前市场上流行的特征存储有 Michelangelo Pallete（Uber）、Feast（Gojek 和 Google）、Zipline（Airbnb）和 Hopsworks（LogicalClocks）。

1.4.6　实验管理和模型管理

实验管理和模型管理都与 ML 模型的迭代、版本化及评估等关键事件息息相关，应确保可重复性，并提供模型和结果的可视化管理界面。

对模型训练期间产生的特定信息，如变量、特征、属性、评分、性能指标、历史版本及位置信息的管理属于实验管理的范畴。

而对训练、创建、部署、重新评估、重新训练、发布到生产环境及模型版本、标签和描述之类的事件的管理都属于模型管理的范畴。这些事件的标签可以是注释，如项目、用户、时间戳和有关原始值与更新值的详细信息。

实验管理与模型管理的实现通常需要将与数据科学家工作流程相关联的元数据进行记录和保存。这里的记录和保存可以通过 API 的封装来实现。除了通过 API 与元数据集进行编程交互，还需要有前端界面的功能来实现可视化管理，在前端界面上进行操作时所产生和检索的数据也是通过上述 API 来实现与后端数据库交互的。

1.4.7　服务

服务是一个更大系统中的独立单元，提供一些特定的功能。服务可以被认为是构成一个系统的黑盒子。举个例子，一个大型媒体网站的后端系统可能是由若干个共同为媒体网站的用户提供文章推荐的服务组成的。其中，一个服务提供一组关于一篇文章的统计数据，另一个服务可能会启动 ML 训练作业，并将训练好的模型提供给一个对 ML 结果进行后处理的服务，记为 ML 推荐服务，最终网站的前端调用推荐服务获取推荐结果。

这些工作通常被称为服务，每个独立的服务都是强分离的。虽然不同企业定义的服务标准各不相同，但还是有共性的，如下所述。

- 服务是黑盒子，它们的实现逻辑对用户是隐藏的。
- 服务是自主的，它们要对它们所服务的功能负责。
- 服务是无状态的，要么返回预期的值，要么返回一个错误信息。当返回错误信息时，需要能够在不影响系统的情况下重新启动一个可用的新服务。

服务应该是可以复用的，这对 MLOps 平台来说特别有用，比如，特征存储的在线服务就是可复用的，可以满足不同团队和不同模型的使用要求。

1.4.8　模型服务规模化

在生产环境中，在模型服务化（服务化后产生的服务被称为模型推理服务或预测服务）阶段，其对应的 API 通常需要处理大量的请求负载，很多时候单机很难满足需求。有许多种方法可以扩展一个生产系统。第一种方法是垂直扩展，指的是增加网络中单个节点容量的过程。如果模型服务已经在多个节点上运行，它指的是增加一部分网络或整个网络的容量。垂直扩展的主要问题是，随着单个节点容量的增加，与增加第二个类似规格的节点相比，它的成本会非线性地增加。垂直扩展通常是首选的方法。一般来说，这种方法在扩展时不需要修改代码。

第二种方法是水平扩展，即添加更多的节点到网络中，在节点之间分配容量。这种方法通常需要引入负载均衡器，该负载均衡器将一个给定的请求分流到一个（可能）当前不忙的节点。同样，这种方法在扩展时也不需要改变应用程序的代码。不过，与垂直扩展相比，它会带来更多的复杂性，因为要引入负载均衡器和增加网络规模。

除了这两种扩展方式，还有其他很多方式可以优化生产系统的性能。最常见的方式是，优化应用程序代码本身的性能，比如，寻找方法使代码片段处理得更快、分批进行数据库的调用、避免不必要的循环和嵌套，以及将网络调用做成异步的等。有时，我们还需要在低延迟和准确性之间找到一个折中的方案。在使用这些方法调整模型服务之后，模型服务的响应会变得更快。

此外，为了优化模型服务组件（模块）的成本，托管技术的选择至关重要，比如，在容器中运行多个模型可以最大限度地利用资源（CPU/GPU 的内存）来处理推理请求。模型服务组件本身应具有模型生命周期管理的功能，以支持版本的推出。自动扩展是 MLOps 底层基础设施的一个重要特性，用于满足高峰时段的需求及降低非高峰时段的成本。比如，对长时间没有接收到流量的模型，可以灵活降低对该模型服务的资源分配。

1.4.9　模型监控

生产环境中的模型可以在正常运维范围内运行，通过监控组件的可视化指标进行观察。当模型的运行行为发生变化时，需要引入持续训练机制来解决模型的漂移问题。

前面讨论过，ML 管道包括传入数据的验证、模型评估、推理请求的监控和日志管理等任务，这些任务中的每一个都是管道中的独立组件。管道中每个组件产生的结果需要存储在中央存储中，以确保模型生命周期的可观察性。

通过验证和评估的开发环境中的模型，在推送到生产环境后，其实时性能需要由专门的监控模块进行跟踪，以确保对业务的影响正向。可以通过多种方法来监控运行中的模型服务和预测行为。理想的方法是，记录模型服务被请求时所做的预测，然后将它们与后续业务系统运行过程中观测到的用户反馈结果结合起来，最后评估运行中的模型性能是否满足预期。

1.5　本章总结

本章主要介绍了 MLOps 涉及的基本概念，以统一我们对相关术语的理解。同时，简要地介绍了符合 ML 应用场景的判断逻辑。最后从工程的角度介绍了 ML 模型实验阶段与生产阶段的不同特点，并简要阐述了从实验到生产可能面临的问题和挑战。

此外，需要注意的是，在不同的条件下，MLOps 使用的工具、基础设施的方案可能会有所不同，甚至侧重点也会有所不同，比如，在重风控的金融领域，模型部署和发布环节相对谨慎，很多时候要将训练好的模型脱离 MLOps 来进行独立部署，但对 ML 建模环节的细节要求更高；对于重营销的互联网公司，可能更侧重模型投产和实时监控环节。因此，在这里，笔者主要描述 MLOps 各环节的信息和需要具备的功能，并建议读者或企业在搭建 MLOps 的时候根据自己的业务场景进行决策。

第 2 章

在 MLOps 框架下开展 ML 项目

由于 ML 项目和传统软件开发项目之间存在差异，加之参与 ML 项目的不同团队在知识维度和结构方面通常是不同的，因此如果没有明确的说明和解释，团队间对这些基本的差异很容易会产生误解和沟通摩擦，这在 ML 领域是一个普遍的问题。它对于数据科学工作者进入初创企业或数字化转型企业来说是不小的挑战。他们很快会发现，将新的输入类型（如产品、业务需求、更严格的基础设施和计算限制，以及用户反馈）纳入原开发流程会是棘手的。

因此本章的目标是在 MLOps 框架下为 ML 项目提供一个反映其独特性的通用流程，供刚入行的从业者、初创企业及数字化转型企业参考，也为非建模者（如业务分析师、开发工程师）提供指南，介绍常见的 ML 项目的工作流程，以促进他们与 ML 建模人员之间更好地合作。

这个过程可以分为产品（业务）、数据科学和数据工程等三个并行维度。在很多情况下，尤其是对于初创企业或数字化转型企业，可能没有专门的数据工程师来履行数据工程的职责。在这种情况下，数据科学家通常负责与开发人员合作，辅助完成这些方面的工作。当然，如果幸运，碰到全栈式数据科学家，数据科学家可能会做数据相关的准备工作。

尽管 ML 模型主要是由数据科学家完成的，但如果认为只有数据科学家可以从强大的 MLOps 流程和系统中受益是不对的，至少是不全面的。事实上，MLOps 是企业人工智能战略的重要组成部分，它影响着每个在 ML 模型生命周期内工作或受益的人，而这些不同角色的团队成员可以在 MLOps 框架下共同协作和推进项目的进展，以获得 ML 工作的最佳结果。

本章将重点讨论作为一次性执行 ML 任务的工作流程与升级为生产环境中 MLOps 框架的迭代任务，在本章结束时，读者可以了解到通过 ML 驱动业务来推动创新的企业需要注意和准备的事项，包括需要什么样的团队结构来实现这种创新。在时间轴上，笔者把开展 ML 项目的过程分成如下四个不同的阶段。

（1）界定业务范围阶段。

（2）研究与探索阶段。

（3）模型开发阶段。

（4）模型生产化阶段。

笔者将按顺序介绍完成这些阶段涉及的信息和需要具备的条件。最后介绍在 MLOps 框架下完成 ML 项目的生命周期设计和团队搭建。

2.1　界定业务范围阶段

确定 ML 项目的业务范围比其他类型的项目更关键。在这一阶段，在我们深入了解数据之前，重要的是要为系统统筹做好准备。因此，首先我们需要与业务专家一起，仔细界定模型要解决的业务问题的范围，即定义业务问题和目标。

2.1.1　在项目规划时考虑生产化

在规划 ML 项目时，最重要的事情之一是，在规划时就应考虑生产化。如果读者的目标是概念验证（Proof of Concept，PoC），那么可以优先考虑是否能跑通项目流程。

PoC 和生产化之间的一个很好的中间阶段是实验阶段。实验阶段看起来几乎完全像一个生产化的解决方案，但它可能在范围、推出的用户数量或使用的数据量方面与真正的生产化还有很大的差距。

为了控制项目的进度并不让项目的预期大打折扣，从一开始就应该仔细安排研究和实验阶段的结构和时间。同样重要的是，每个项目成员都需要知道项目的目标是"我们在 x 天内可以获得的最佳模型是什么？"而不是"我们能得到的最好的模型是什么？"否则，将永远陷入"再做一个实验"的循环中。

梳理清楚 ML 解决方案将影响企业的哪些内部和外部团队也很重要。如果即将启动的项目是要替换另一个团队开发的非 ML 解决方案，这种尝试在业界很常见，也很棘手。团队沟通与利益均衡是很难跨越的障碍。

在开始构建模型之前，需要确保待创建的模型可以灵活扩展，因为 ML 解决方案具有密集且独特的资源需求。通常，一个解决方案在 PoC 阶段可以正常工作，但由于没有提前考虑生产化和具体安排，很容易在投产时使基础设施不堪重负，以至于最终模型无法正常投产。例如，不管是在项目规划阶段还是在后期的执行阶段，都要始终确保制定的解决方案足够有效，可以扩展到对完整数据集的训练，并牢记上线后预期会接收到的请求数量。

2.1.2　业务需求

一个项目通常是从业务需求开始的（即使最初的设想是技术性的或理论性的），这个业务需求在某种程度上需要被产品、业务及运营人员认同和支持。比如，某家公司的当前线上业务流程已经走通，并且实现了高层的设想，在业务稳定后，高级决策人员很快就意识到可以使用 ML 方法对现有业务进行改进，目标是提高存量用户或新用户的付费意愿（或者防止用户流失，促进订阅，促进其他商品的销售等）。

业务需求不应该是一个完整的项目定义，而应该是一个问题或痛点。例如，我们的用户需要一种方法来优化当前的预算分配，或者当前存在存量用户的复购乏力的问题。这些情况持续运营下去将会导致预算浪费或用户流失率的升高。在定义具体的业务问题和业务目标时，我们通常还需要回答一些重要的问题，以便我们后期能够做出有关模型设计和生产管道的训练与服务的决策，例如：

- 理想的结果是什么？
- 评估标准是什么？如何定义投资回报率？
- 成功与失败的标准是什么？
- 在模型投产时，延迟的要求是什么？

2.1.3　确定衡量指标和项目范围

根据前面的介绍，我们需要确定如何使用指标来跟踪项目进度，并比较不同的 ML 实现的性能，好的度量方式（评估指标）是 ML 项目迭代的"灯塔"，可以为模型的优化指明方向。

关于度量方式和项目范围的制定方法，下面给出一些示例进行介绍。

（1）有时候需要通过会议讨论的方式来发掘不同团队成员的认知和对当前问题的预设，最后统一认知以形成解决方案。

ML 项目的评估指标主要体现在业务表现和模型表现上，二者虽独立设计但相互联系，设计指标时需要确保每个团队成员了解项目背后的逻辑及项目可能会带来的预期收益，以确定共同度量指标。业务表现主要通过度量模型对业务的提升来体现项目的成功，比如，业务相关成员看到的是他们可理解的点击率或转化率。而模型表现指的是模型侧用于逼近业务要求的代理指标的表现，这意味着数据科学家看到的是将其对业务目标的理解翻译后的模型侧的指标，如准确率或召回率等。

模型目标和业务目标在 ML 生命周期上分别对应模型开发（模型表现）和部署（业务表现），其评估策略则分别对应离线评估和在线评估，最终通过将模型部署上线并开始接收流量后用户的实际反馈来统一模型目标和业务目标，以及判断 ML 项目是否成功。当然模型不是一次性完成的，需要通过不断尝试和迭代来达成这两个指标的收敛。

（2）ML 项目通常是跨团队合作的，除了业务团队和数据科学团队，可能还需要其他不同团队的共同配合，并且需要各团队明确自己团队的责任和提交物，以及衡量标准。

ML 通常是通过建立虚拟团队来实现项目的推进的，项目中每个步骤会涉及相应的角色和责任人。

为了顺利推进项目进展，在项目启动时可能需要确定每个责任人的提交物范围和时间节点等，并将其作为团队合作的衡量标准。通过确定好的提交物范围和时间节点，每个团队可以提前制订自己的工作计划。比如，数据科学家根据数据工程师准备数据的预估工时倒推时间节点，给出第一版模型上线的时间节点和提交物。模型迭代时可能需要新增或修改输入数据，也需要数据工程师预测生成数据的可行性并预估工时。

在项目推进过程中，通常需要阶段性地复盘项目进展，比如，目前模型的推进与最初业务问题的理解是否吻合，各团队责任人应将项目推进过程中各自的经验教训记录在案，以供其他团队查阅，这些经验教训对未来项目的迭代或确定新项目的目标和改进衡量标准也会起到非常积极的作用。

最后，项目负责人需要拍板确定所定义的项目范围和衡量指标，数据科学家需要辅助项目负责人决策，以确保每个人都理解范围的含义，同时需要在模型开发过程中平衡业务指标和模型评估指标之间的关系。提前明确这些内容，可以防止出现在模型开发过程中或之后才发现优化了错误的指标。

我们经常会碰到这样一种情况，即数据科学家急于开始挖掘数据和探索可能的解决方案，直接跳过了多方参与项目范围界定的阶段。根据笔者的经验，这种情况通常会造成不好的结果。如果跳过这个阶段，可能会导致花费数周或数月的时间来开发很酷的模型，但最终没有满足真正的需求。

需要补充说明的一点是，在定义 ML 项目的目标时，数据科学家要确保对模型的理解和对目标的设定是正确的。举个例子，假设业务方想在宠物店里安装一套家禽识别系统，目标是猫可以进屋但鸡要被挡在门外，数据科学家初步理解目标后，可能会训练一个二分类模型来区分猫和鸡。这个模型目标的设定不是很合理，因为这个模型会让任何猫都进屋，而不仅是自己的猫。另外，由于客户只有两只动物，数据科学家将训练一个区分这两只动物的模型。在这种情况下，如果将要进门的是一只狗，因为模型是二分类的，所以狗可能会被归类为鸡或猫。如果它被归类为猫，它将被允许进屋。从这个例子可以看出，为 ML 项目定义一个单一的目标可能会出现问题，而正确的目标设定应该是多目标或多阶段的。比如，在第一个阶段判断进屋的动物是否为猫，在第二个阶段识别这只猫是否为房主人所拥有。

2.1.4 设计初步解决方案

在这一阶段，我们需要对第一个 ML 模型进行原型设计，或者换句话说，需要先进行可行性研究。我们使用前面定义的度量指标来验证 ML 的商业价值，并遵循 ML 工程规则的最佳实践，即"保持第一个模型的简单性，并使其在基础设施上运行正确"。第一个模型为我们的产品或业务提供了最大的推动力和信心，开始时通常不需要最华丽的模型。

具体地，数据科学家、产品负责人、数据工程师和任何其他利益相关者一起，探讨可行的方案，初步确定一般的方法（例如，使用逻辑回归分类或概率推理等）和要使用的数据（例如，数据库中现有的数据，或一些我们可以通过埋点获取的用户行为数据，或购买的外部数据）。这个过程经常还涉及一定程度的数据探索，数据科学家可以通过数据探索对项目目标产生一个初步的认识。当然，这个过程通常不会很深入，但可以帮助启发构思。

此外，通常需要作为解决方案中模型侧的主要贡献者数据科学家主导方案的设计和讨论过程，而所有参与这个过程的成员可以帮助数据科学家进行解决方案的构思，额外的思路和观点可能会提供有价值的启发。

2.1.5　制定共同语言

在进行具体的解决方案构建时，数据科学家与业务方、团队其他角色的有效沟通是必要的，这就需要各团队成员沟通时使用共同语言。如果不同团队成员对同一件事情的认知没有达成一致，就很容易在项目推进过程中出现分歧。

数据科学家与业务人员需要在沟通语言上达成一致。比如，对模型评估指标的理解，虽然模型评估指标在模型开发过程中是必不可少的，但并不是业务语言，一堆带有 F1 分数、假阳性率、混淆矩阵的报告很难打动业务方或客户，他们更关心模型是否能够解决业务问题，而不关心高大上的模型内部结构，如果把这些模型评估指标换个表达方式，比如，改成模型能在接下来提高多少转化率、复购率，业务方对此应该会更感兴趣。

通常情况下，会有多个利益相关者的 KPI 绑定在同一个 ML 项目上，但他们关心的点可能不是同一个。比如，一个直接的利益相关者是产品或具体业务的所有者，他们的目标是将用户在一个在线平台上花费的时间至少增加 X%；市场部负责人希望增加 Y% 的广告收入；财务总监希望将每月的成本减少 Z%。在确定 ML 项目的目标时，应该在这些可能冲突的需求之间找到合适的平衡点，并将其转化为模型的输入和输出、损失函数和性能指标的选择，并尽量统一到共同的语言（利益）上。

同样，数据科学家与开发团队也需要在沟通语言上达成一致。充分了解传统软件工程和 ML 软件工程之间的差异对于他们之间构建共同语言是有用的。2017年，特斯拉的人工智能总监 Andrej Karpathy 首次提出了 Software 2.0 一词，用其定义 ML 软件，并将其与传统软件（Software 1.0）进行了对比。具体地，从图 2-1 可以看出，传统软件由开发者编写规则或模式逻辑，从而产生预期的输出或行为。而对于 ML 软件来说，由开发者（数据科学家或 ML 工程师）设计并训练算法产出模型，由模型来"编写"规则或模式逻辑，进而产生预期的输出或行为。

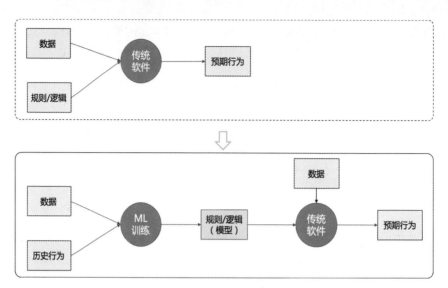

图 2-1　传统软件与 ML 软件的流程对比

也就是说，ML 软件可以看作在传统软件的基础上进行的扩展，传统软件使用的规则或逻辑是确定的，在软件开发时由开发者通过代码写到软件中，而 ML 软件的规则或逻辑是不确定的，并且是动态变化的，是采用指定的 ML 算法、模型框架与数据训练出来的。

进一步地，从表 2-1 可以看出，传统软件和 ML 软件有五个关键维度上的差异。

表 2-1　传统软件与 ML 软件关键维度上的差异

维度	传统软件	ML 软件
输出	确定	不确定
决策空间	静态	动态
推理（预测）	通过代码进行制定	从数据中归纳
开发过程	敏捷（线性和迭代）	实验（学习和测试）
思维模式	工程思维	科学思维

从输出维度看，传统软件的输出结果通常是确定的。例如，考虑一种对数组进行排序的算法（如冒泡排序算法），冒泡排序算法将一个数组作为输入，并通过一系列步骤迭代后生成一个按升序或降序排列的输出数组。如果程序经过测试是正确的，该算法将始终产生 100%正确的结果。相比之下，ML 软件的输出结果通常是不确定的。例如，采用大量标注过的图片训练出能够识别不同猫品种的深度

学习模型，当使用新的图片输入模型并预测猫的品种时，模型给出的答案的准确率不是 100%，这时模型输出的结果可能是含有多个猫品种名称的 JSON 字符串，并且每个猫品种都有对应的概率值。比如，预测结果可能是这样的：{"虎斑猫"：0.58，"埃及猫"：0.32，"俄罗斯蓝猫"：0.10}。换句话说，模型的预测通常是不确定的，这种预测的不确定性对于企业来说是具有挑战性的。

从决策空间维度看，传统软件的决策空间是静态的，而 ML 软件的决策空间是动态的，这里所说的决策空间是指软件或模型用于做出决策的上下文。当我们构建传统软件时，通常有一个被编码为算法的规范或确定的用户需求，软件经过全面测试后即可使用，然后执行该软件以产生结果。这个决策空间是固定且静态的，只有当用户的需求或规范发生变化时，才需要修改、重建或测试算法，而这种变化通常是非常低频的。对于 ML 软件来说，决策空间是动态的，比如，一个基于 ML 的电商推荐引擎，该推荐引擎后端部署的 ML 模型是已经训练过的，在训练模型时，会使用不同域的历史数据，一旦部署模型后，该推荐引擎可以向应用端提供实时的推荐商品。当历史数据与生产中的数据分布不再一致时，需要使用更新的数据进行模型迭代，这种变化通常是高频的。这意味着模型是动态的，模型的预测（即决策空间）也是动态的。

从推理维度看，传统软件通常使用演绎推理机制，而 ML 软件是基于归纳推理机制的。在软件开发领域，软件规范可以看作开发代码的理论，代码可以看作一种假设，需要用基于软件的输出结果来证实。ML 模型是使用观测到的数据构建的模式，初始模型可以看作一种假设，需要反复细化和训练以确保模型与观测的数据最匹配，经过验证的模型可以看作拟合了数据背后的理论。可以说，通过软件完成从理论到观测的转变比通过模型完成从观测到理论的转变更容易。这也进一步说明了 ML 模型输出结果的不确定性具有挑战性。

从开发过程维度看，传统软件的开发过程与 ML 软件的开发过程也有着显著的不同。传统软件开发通常遵循瀑布方法或敏捷方法。瀑布方法要经历从规范、设计、编码到测试和部署的一系列步骤。使用敏捷方法开发软件的过程是迭代式的，通常是先向用户发布最小可行产品，然后进行连续的迭代，每次迭代都会对附加功能进行编码。而 ML 软件的开发过程使用稍微不同的方法，开发 ML 模型通常需要采用组合的方法，因为 ML 模型经常被数据的可行性、质量、标注及模型性能等多个因素约束。模型的开发过程需要遵循一个更科学的实验和测试过程，从一系列实验中学习，通过"假设—测试—学习"的过程实现模型的开发与验证。ML 模型开发的这个过程并不能很好地适应敏捷软件开发的生命周期。在随后的章节中，笔者也将通过 MLOps 的设计重新定义模型开发的过程，以构建符合 ML 独特属性的敏捷方法。

最后，从思维模式维度看，传统软件开发人员通常具有工程思维，他们致力于构建蓝图、实现不同组件间的连接，并且负责生产软件。软件工程师通常具有计算机科学、信息技术或自动化等专业的教育背景。而模型开发人员通常具有科学思维，他们从事数据科学实验的工作，更擅长处理数据和挖掘数据背后的规律，他们通常对创新更感兴趣，而不是生产模型。

综上所述，在同一个 ML 项目中，不同团队成员互相了解各自关注的利益点和使用的"语言"对有效沟通和推进项目至关重要。

2.1.6 数据权限及准备

ML 团队在项目启动期应该对有望用于探索可能的解决方案的数据有一个初步的想法（梳理已有的数据源及需要额外增加的数据源）。然后，数据团队为数据科学家提供数据访问权限和可用的数据。

在实际场景中，很少会在生产数据库上直接操作，通常需要将数据集从生产数据库中抽取出来送到测试数据库中，或者将生产数据"脱敏"后转移到本地存储（如对象存储或文件存储）中 。这一步是 ML 项目进入开发阶段的起始点，而且最终花费的时间经常比预期的要多，所以在项目启动期需要对这部分加以重视，避免后续出现返工。

2.2 研究与探索阶段

2.2.1 数据探索

MLOps 在这一阶段开始正式介入 ML 项目的开发流程中，数据科学家在 MLOps 框架提供的编码环境中正式启动 ML 项目。这一阶段在业务范围界定阶段之后开始的主要好处是，数据探索是有目标和方向的。需要注意的是，在探索和利用之间要取得平衡。即使心中有明确的 KPI，在一定程度上探索一些看似无关的途径也是有价值的。

在这一阶段，数据工程师应该已经提供了项目所需的初始数据集。但是，在这一阶段的数据探索过程中，经常会遇到现有数据无法覆盖项目需求的情况，达不到最初项目规划时的预期。可行的做法是，新增埋点或添加新的数据源，这种情况在实际的项目中是很常见的，数据工程师应该随时为此做好准备。

2.2.2　技术有效性检查

需要注意的是，在后续研究 ML 算法的过程中，缺乏工程经验的数据科学家或算法研究员会痴迷于在训练数据上获取极限离线精度。为了一点离线精度的提升，研究人员经常会采用一些集成技术，将多个算法集成起来以获取比单一算法更高的预测性能。虽然这种做法可以给模型带来几个百分点的性能提升，但这种集成会使模型变得过于复杂，以至于无法落地，并且所需的成本也是巨大的。这种现象在著名的 Kaggle 竞赛中尤为明显。当模型部署到生产环境中时，从用户的角度来看，增加几个百分点的离线精度对应用性能的提升可能并不显著。

更好的方式是，在前期提出的可能的解决方案的基础上，数据工程师和任何参与项目开发的人员在数据科学家的帮助下，评估这个解决方案在生产环境中的可能落地形式和复杂性，即进行技术有效性检查。项目需求和解决方案的结构与特性都应该有助于对数据存储、数据处理方式（流与批处理）、扩展能力（横向和纵向）和成本进行粗略估计。

此外，生产环境中对模型的要求通常包括以下指标。

- 需要优化达到的精度。
- 期望的请求吞吐量（如每分钟 2000 个请求）。
- 上线时加载模型占用的内存限制，如不超过 1GB 的内存。
- 模型收敛阈值，如模型置信度超过预设阈值时，可认为模型有效。

技术有效性检查是在这一阶段进行的重要检查。为了项目效率，一些数据工程和软件工程可以与模型开发同时开始。此外，随着项目的推进，前期确定的解决方案可能会被论证为是不合适的，或者在工程方面付出的成本太高。在这种情况下，应该尽快调整和处理。如果在开始开发模型前就能考虑到技术问题，研究与探索阶段获得的知识就可以用来建议一个可能更符合当前技术限制的替代方案。这也是在研究与探索阶段通常需要准备多个解决方案，而不仅仅准备单一的解决方案的原因。

2.3 模型开发阶段

2.3.1 模型开发的必要准备

模型开发所需的子模型的数量和复杂性在很大程度上取决于可用的基础设施和提供技术支持的程度。在规模较小或尚未习惯用 ML 驱动业务的公司内，启动工作可能只需要数据科学家启动本地的 Jupyter Notebook 服务并加载一些代码库，或者请求一个更强大的云机器来进行模型开发或数据分析的工作。

而在 ML 已经成为业务核心推动力的公司，就需要类似 MLOps 的平台或基础设施来支持规模化的 ML 应用。当投产的模型越来越多的时候，需要进行数据和模型的版本管理，实验的跟踪和管理，模型的部署、发布和监控等来保障 ML 模型的健康运行。当这些功能由一些外部产品或服务提供时，一些连接数据源、分配资源和自定义包的设置等操作也会成为必不可少的环节。

2.3.2 模型开发

随着所需基础设施的到位，实际的模型开发可以随时开始。模型的开发程度和复杂度也因公司而异，并取决于数据科学家要交付的模型与要在生产环境中部署的服务或特征之间的关系和分界。

模型从开发到生产的流程包括：数据准备、特征工程、模型训练（可能是定期的）、模型部署、服务（可能有扩展）和持续监控。

模型的开发过程涉及许多因素，如数据科学家偏爱的研究语言，相关的库和开放源码的可用性，公司支持的生产语言，公司是否有科班的数据工程人员和专门编写数据科学相关代码的开发人员，以及数据科学家的技术能力和工作方法。

2.3.3 模型验证

在开发模型的过程中，对于不同版本的模型（以及与之配套的数据处理管道）应该针对预先确定的衡量指标进行持续验证。这可以提供一个粗略的进展估计，数据科学家可以根据模型评估指标的变化来判断什么时候模型已优化得足够好，以保证迭代出来的模型指标符合预期。数据科学家需要注意的是，模型的优化方向重于方法，方法验证失败了可以换一种方法，但如果方向错了，使用再好的方法也是徒劳，最终还是得回到研究与探索阶段来重新确定方向。

此外，数据科学家可能认为只要增加迭代次数就能持续提升模型的准确率，但实际情况并非如此，准确率的提升通常不是线性的。例如，在许多情况下，要将准确率从 50% 提升到 70% 比从 70% 提升到 90% 容易得多。

在验证模型的过程中，当我们发现模型的评估指标不符合要求时，通常会检查并调整模型的输入，比如，增加输入的特征数量或改变特征生成的方法，这时训练出来的模型可能就合格了。然而，有时候模型性能离预期差距非常大，当这种情况发生时，需要我们检查研究方向是不是合理。如果是研究方向错了，就需要返回研究与探索阶段并调整研究方向。如果数据科学家确定所有的研究方向都已经探索过了，但仍然不能达到预期，那么可能是时候转到其他项目了。

2.4　模型生产化阶段

模型生产化阶段对数据（特征）的使用方式与研究与探索阶段有所不同，在研究与探索阶段可以使用批量数据进行模型的探索和训练，而在模型生产化阶段，对数据的使用通常是实时的，由于延迟的限制，批量数据通常无法在模型生产化阶段使用。

如前面所述，模型生产化阶段会将验证合格的模型部署到生产环境，ML 生命周期中涉及的工程技术也主要体现在这一阶段。在研究与探索阶段，如果使用的编程语言可以直接用于生产化，情况会简单一些，但可能仍然需要调整模型代码，比如，按照应用时的延迟限制优化现有代码，以使其符合应用的要求。当研究与探索阶段使用的编程语言与模型生产化阶段不同时，就可能需要重构模型代码了，即采用模型生产化阶段使用的编程语言来实现相同的逻辑。当然，还有一种简单的方式可以解决研究与探索阶段和模型生产化阶段的编程语言兼容性问题，比如，可以使用 REST API 或 RPC 在这两个阶段之间建立通信桥梁。

在完成 ML 模型的生产化部署后，还需要一个持续监控模型性能的方案。因为在大多数情况下，实际场景中产生的数据的分布是不稳定的，很容易产生模型漂移问题。模型性能监控不仅可以帮助我们发现模型开发过程中未被发现的问题，还可以及时发现模型运行时所依赖的数据的分布变化和预期之外的错误。

2.5　ML 项目生命周期

本章前面讲述了创建一个 ML 项目需要经历的四个阶段，读者可以通过这四个阶段的描述对 ML 项目的流程和细节产生初步的认识。在本节中，笔者将介绍 MLOps 框架下 ML 生命周期的完整概况。

回顾一下 ML 项目的界定业务范围阶段，在我们深入了解数据之前，重要的是要为项目的成功做好准备。要先了解业务诉求和目标，运营人员或业务分析师会与数据科学家一起探讨，评估当前的业务目标是否可以转化为 ML 目标，当确定可以用 ML 来解决业务问题时，就需要项目组成员逐步完成 ML 项目生命周期内的各个环节。

与传统软件类项目一样，已经部署上线的 ML 模型也需要监控、维护和更新。ML 模型上线（完成生产化）才是项目真正开始产生价值的时候。

如图 2-2 所示，ML 项目生命周期通常可以细分为以下八个步骤。

（1）**业务目标**，用商业术语定义当前的业务目标，探讨该业务目标的覆盖范围及潜在的解决方案。

（2）**数据准备**，根据业务目标和相应的 ML 目标为 ML 任务准备数据。数据准备的工作包括数据清洗、特征工程和样本拆分等事项。

（3）**模型实验**，使用上一步骤准备好的数据进行模型的训练，在训练过程中会生成模型的参数和超参数，迭代过程中每次对超参数的调整都会产生不同的模型，所以模型是探索性的，可以通过离线评估进行最佳模型的选择。

（4）**模型工程**，对上一步的模型实验过程进行脚本封装并生成 ML 管道代码，该管道可以实现模型的自动化训练、验证和测试。该过程一般需要将训练过程产生的参数和模型的性能指标进行记录，以方便知识分享和管理。

（5）**模型评估**，通常分为离线评估和在线评估。模型离线评估需要根据不同的模型类型设计相应的评估指标，然后根据评估指标的反馈进行模型调整。模型在线评估由于需要与真实的生产环境打交道，通常会被划分到模型监控的模型性能监控环节，如常见的 A/B 在线实验。

（6）**模型部署**，该步骤负责将训练好的模型及依赖进行打包、模型注册和中心化处理。

（7）**模型预测**，该步骤需要连接模型与业务系统，通常的做法是将模型发布为 REST API，用于提供在线实时预测。

（8）**模型监控**，生产环境中的模型通常需要对模型服务的状态、数据分布、模型性能等进行监控，以及时发现问题，避免对业务造成损失。

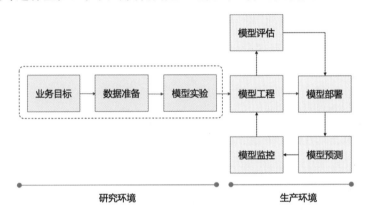

图 2-2　ML 项目生命周期

上面提到的每一个步骤都会在后续章节进行详细讲解。接下来让我们来讨论一下如何构建一个 ML 团队。

2.6　团队建设及分工

对于大多数企业来说，ML 是一个创新领域，对每一项创新都需要进行深入的思考。然而，并不是所有的想法都能对业务产生价值，也不是所有的想法都具备必要的资源来实施。将现代 ML 算法与业务领域的专业知识融合在一起是每一个 ML 项目成功的必要步骤，一个理想的 ML 团队对相关领域人才的要求通常也会比一般的项目更高些。在本节中，我们将定义、探索和理解不同的团队角色，以及每个角色的关键技能和责任，具体会涉及以下主题。

- 企业数字化程度。
- 界定 ML 团队的角色。
- 探讨 ML 项目的团队建设与分工。
- 项目外包还是自建 ML 团队。

2.6.1 企业数字化程度

当企业刚进入数字化转型轨道时，因为没有足够多的经验和人员，这个时候通常需要通才，帮助企业快速完成可行性研究，这就要求这个角色具备数据科学的背景知识、编码能力、业务知识，甚至工程能力，这个角色通常需要服务多个产品和部门，处在数据化转型初期的团队成员往往也扮演着较多的角色，充当ML 工程师、数据分析师、定量研究员，甚至产品经理和项目经理。随着数字化的进展，企业开始雇用更多的人充当这些角色，团队结构会变得更加精细化和专业化。这时数据科学家开始更多地服务一个产品或少数相关产品，这有一个明显的好处，即他们可以对一个复杂的产品有更深入的了解，有助于数据科学家将有限的精力集中在其熟悉的产品上，发挥更大的价值。

2.6.2 界定 ML 团队的角色

本书介绍的 MLOps 主要面向在中小型自主团队中工作的数据科学家，而MLOps 工程化的部分大致遵循如下的敏捷宣言强调的敏捷开发的四大核心价值。

- **个人和互动**高于流程和工具。
- **工作的软件**高于详尽的文档。
- **客户合作**高于合同谈判。
- **应对变化**高于遵循计划。

敏捷宣言是在软件工程的敏捷开发背景下提出的，可以很好地延伸到执行ML 的领域。宣言中加粗字体的内容表明了优先事项。当然，加粗字体右侧的内容也很重要。这意味着团队结构需要是扁平的，让更有经验的人与初级人员一起工作。他们通过互动分享技能，如结对编码和相互审查代码。这样做的一大好处是，每个人都能从与更资深的队友的直接互动中快速学习。

具体地，一个普通的 ML 团队一般包括业务分析师、系统分析师、系统开发工程师（后续内容中将其称为开发工程师）、数据科学家、ML 工程师、数据工程师、数据科学团队经理等角色，更高端点的项目可能需要软件或系统架构师、前端开发人员的参与。

业务分析师在 ML 团队中扮演的通常是业务专家的角色。他们的职责是帮助团队理解和整理业务需求、业务细节和痛点，将业务目标转化为 ML 项目目标。很多公司的业务分析师也会充当项目经理角色。

数据工程师主要负责数据的前期准备和模型上线后的 ETL 工作，ETL 是数据管道的关键组成部分。在 ML 项目中，数据工程师为数据科学家提供数据支持，按照数据科学家要求的数据更新频率创建自动化数据管道，这些数据可能是从各种不同资源中整合而来的统一数据集。通常情况下，数据工程师不需要精通 ML 算法，在简单的项目中，具备数据工程技能的数据科学家也可以兼任该角色。在大多数一线互联网公司中，数据工程师、数据科学家或 ML 工程师通常是独立工作的，只有在组建虚拟团队攻坚具体的项目时才会有交互。

数据科学家是数据需求的提出者，在拿到数据后会进行统计和探索性分析工作。数据科学家除了负责探索性工作还要负责特征工程、模型构建等工作。数据科学家通常在研究环境下使用 Python 或 R 语言进行工作，是 ML 模型的发起和初始创建者，并在早期通过 PoC 的形式验证项目的可行性。在偏工程的团队中，还会有一个叫 ML 工程师的角色，ML 工程师主要负责将数据科学家开发的模型进行工程化，包括开发模型训练管道和实现模型部署及后期的模型运维。当然，很多时候 ML 工程师也会参与模型的开发。

在数字化程度高的公司中，通常还会有一个叫算法研究员的角色，他们专注于研究和开发新的算法，大部分时间花在新算法的数学推导、架构设计、原型设计和实证评估等事项上。

开发工程师则负责开发生产系统，使终端用户能够顺利访问 ML 模型。他们参与设计和开发模型服务的 API，并将该 API 集成到业务系统中，以便将预测结果返回给业务系统。

2.6.3　探讨 ML 项目的团队建设与分工

下面先介绍一个不太成功的 ML 团队建设方式。该方式按照项目生命周期涉及的不同阶段将团队分成几个小组，每个小组中技术最强的专家任组长，团队总负责人将任务分解成若干个子任务，每个子任务由相应的组长负责，每个组长负责将子任务进一步拆解并分配给其他团队成员，除了这些组长，其他团队成员通常看不到项目全局。这种团队组建方式会让组长独享项目的核心成果，这种方式可能会非常高效，但是也很脆弱，对组长的技术把控能力及业务理解能力的要求都是极高的，因为如果组长理解业务的方向错了，严重的话可能会导致项目失败，而且如果项目在推进过程中缺少了组长的参与，可能会无法正常运作。此外，由于团队成员长期扮演"螺丝钉"式的角色，也限制了他们的成长。

一个成功的 ML 团队结构应该是平衡的，组长可以处于团队的核心位置，但不应该是信息的终结者，而是作为项目推进过程中的"润滑剂"，帮助团队成员之间更有效的沟通和协作，确保每个团队成员都能参与到项目中，共同分享项目成果，并及时识别项目风险。一名合格的团队组长需要具备足够丰富的专业知识，有能力替代和支持团队中的大部分成员角色，确保可以毫不费力地在团队中传播信息。

在团队的建设方面，笔者会提供一种可行的方案，建立一个平衡的以目标导向的 ML／数据科学团队。首先构建良好的内部分工流程，清楚地定义团队和项目目标，确保所有团队成员都能理解这些目标，每个团队成员对项目成功的理解是一致的，就像设计深度学习网络时需要定义损失函数和评估指标一样，需要确保"梯度"可以传递给团队的每一层及项目迭代的每一轮，通过项目的反馈不断训练和优化全局的团队目标和个人目标。团队成员间相互补充和增强，每个成员都知道什么时候参与进来，以产生最优的结果。较佳的状态是，团队成员可以在没有组长直接干预的情况下有效地沟通和执行任务。

团队可以按照前面定义的团队角色和 ML 项目生命周期中每个阶段的技能要求进行分工。

- 前期准备阶段的定义业务需求和业务目标：业务分析师。
- 前期准备阶段的定义功能需求：开发工程师。
- 模型开发阶段的数据准备，创建数据集市和 ETL 操作：数据工程师。
- 模型开发阶段的数据分析探索和特征工程：数据分析师／数据科学家／ML 工程师。
- 模型开发阶段的算法设计、模型训练、模型持久化：数据科学家／ML 工程师。

- 模型部署阶段的模型注册和线上 A/B 测试设置：ML 工程师。
- 模型部署阶段的模型服务化：开发工程师。
- 模型监控：运维工程师。

ML 项目具体的角色安排与协作分工如图 2-3 所示。

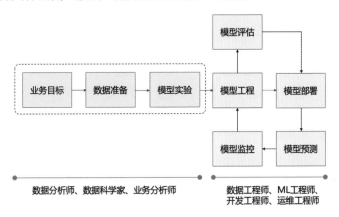

图 2-3　ML 项目具体的角色安排与协作分工

2.6.4　项目外包还是自建 ML 团队

这个问题对于一个数字化转型中的企业是避不开的，很多企业的 IT 工作都存在外包的情况，自己的员工只做管理，这种现象在传统企业里很常见。有的企业则是全部自己做，也就是自建 ML 团队，如很多互联网公司。自建 ML 团队需要更长的时间周期，从长远看，自建 ML 团队是与竞争对手产生关键差异化的关键因素，也是唯一正确的选择。但是，这种选择在短期内可能很难看到预期的效果。

如果选择自建 ML 团队，笔者建议招聘一个有丰富工程经验的数据科学家作为团队负责人，该负责人最好具备从零搭建 ML 团队和管理的经验，并具备完整的用 ML 驱动业务的成功经验。团队成员则优先考虑从现有员工中筛选，而不是全部雇用新员工。具体来说，团队负责人需要具备生产经验，在业务、ML 架构、算法、ML 生产化等方面都应有所涉足。关于现有团队成员的筛选和培养，通常有两种情况，一是向有数学或统计背景的员工教授工程技能，二是向有业务经验的工程师教授数学和统计应用技能。

当然，无论选择哪种方式，对被筛选出的员工来说都算是一种转型，需要实现艰难的飞跃。对于一个优秀的工程师来说，通常可以在 2 年左右的时间内掌握足够多的数学和统计学知识（特别是如果他们已经有一些基础背景的话），并转型成为一名优秀的 ML 工程师。而数学或统计学背景的人通常需要更长的时间才能获得所需的全部工程技能和掌握相关工具集（通常需要 5 年左右）。对于自建 ML 团队常见的组成结构及相关技能示例如图 2-4 所示。

图 2-4　自建 ML 团队常见的组成结构及相关技能示例

如果管理者认为 ML 是帮助企业领先竞争对手的主要因素，那么自建 ML 团队是有意义的。如果引入 ML 只是简单的尝试或可有可无，那么采用项目外包的方式可能会更合适。

不过，自建 ML 团队和项目外包都有各自的风险。对于自建 ML 团队，尤其是从外部高价招聘相关人员，新成立团队，很可能会因触碰到有竞争关系的团队的利益或短期见不到效果而导致团队被边缘化，最后付出巨额资金却没有对业务产生正向提升，这种情况在业内屡见不鲜。同样，项目外包的方式也会有风险，因为外包公司通常以自身盈利为目的，他们招聘上的报价在市场上通常没有较强的竞争力，聘用的员工水平参差不齐，而且流动性也通常比较高，笔者曾经就遇到过一个外包项目组的项目经理半年内换了三个，工程师换了个遍的情况，这对于甲方来说风险还是比较大的。

2.7　本章总结

对于许多公司来说，用 ML 驱动业务是一项相对较新的工作方式，ML 相关的工具和框架也在日益发展变化，新的最佳实践每天都在产生。如果公司准备进行数字化转型，希望打造数据智能产品，团队建设和循序渐进的推进很关键，切记不要急于求成。笔者见过一些公司在没有进行任何可行性验证的情况下直接投入巨资组建了数十人的数据和算法团队，而且该团队是独立于业务部门的，运行了一年却没有落地一个 ML 项目，最后团队负责人引咎辞职。这既浪费了宝贵的转型时间，也造成了金钱上的损失。一个建议是，先考虑最小可行性，帮助企业解决现有的业务瓶颈问题，分阶段验证用 ML 驱动业务的价值，在现有团队中建立信心。从小处着手将帮助公司在实现用 ML 提升业务价值的过程中反复迭代，这可以帮助公司节省不必要的成本支出。

此外，可以根据用 ML 驱动业务的进展阶段决定是自建 ML 团队还是将项目外包，若是选择自建 ML 团队，笔者建议如果现有内部员工中存在可培养的人员，尽量从内部培养，因为内部员工对当前的企业文化和业务了解得更深入，这样会省去大量适应的时间。

第 3 章

MLOps 的基础准备：模型开发

随着开源技术的发展及业界对算法研究的持续投入和实践，建模阶段已经不存在大问题，甚至刚毕业的研究生都可以通过从网上搜索一些教程来实现基本的建模工作。

但对于大多数企业而言，创建 ML 应用程序、管理 ML 模型并将其应用于生产中的实际业务非常具有挑战性。在本章和接下来的章节中，笔者将分享一些 MLOps 的最佳实践和技巧，以帮助从业者将 ML 模型引入实际业务。

MLOps 是目前数据科学界的热门话题和实践，MLOps 涉及将 ML 的工程部分高度抽象化，生成相互联系的多个模块的组合，模块间是无缝连接的，需要对 ML 项目的生命周期进行管理，可以看出 MLOps 的具体实操可能不是一件轻松的事情。笔者将结合自己对 MLOps 的理解和实践经验，并通过实际场景中 ML 的工程化过程介绍 MLOps 实践，希望能给读者带来一些启发。具体地，笔者将通过虚构一个公司的"案例研究"来实现一个端到端的 ML 项目 Demo，然后从工程化角度对该 Demo 进行改进，将可抽象的部分进行说明和编码，逐步搭建成可用的 MLOps 框架。

关于案例研究中采用的方法，有一个简要的说明：在 MLOps 框架（理念）下创建 ML 项目的任务可以先从引入新的流程和新的工具开始。流程应该总是为工具的选择提供依据，而不是相反的，所以本章案例研究的重点是工作流程。笔者希望以小而易消化的方式引入新的流程，并尽量解决其在投产路径上可能会遇到的障碍。所以，在每个阶段，笔者都会解释将创建的 Demo 投产时会遇到的问题，逐步提供基于 MLOps 的解决方案，并提供足够多的工具（或自研方案）来支持这一变化。

在 ML 领域，没有哪一种解决方案是万能的，每种方案都可能会有其他更好的替代方案，所以笔者选择使用具体的例子来说明遇到的问题与应对的方案，希望读者能够认识到问题和获得相对通用的解决办法。

具体地，对于大多数 ML 问题来说，通常都至少包含两个独立的管道，即训练和预测（有时候也被称作推理或泛化）。训练管道通常涵盖以下基础步骤。

- 定义 ML 目标。
- 收集数据。
- 准备数据。
- 特征工程。
- 构建和评估模型。
- 持久化模型。

另一个是推理（预测）管道，这是一个生产管道，它将训练好的模型的结果提供给终端用户，通常涵盖以下基础步骤。

- 构建 REST API。
- 模型投产。

ML 的每个管道都是一组操作，通过执行这些操作来产生一个模型。ML 模型可以被粗略地定义为对现实世界某一过程的数学表示。我们可以认为 ML 模型是一个函数，它接收一些输入数据并产生一个输出（分类、情感、推荐或评分）。

3.1　背景概要

假设某一通信运营商，刚刚开始在其业务运营中使用数据科学，在小范围内做了一些手动测试，进行了初步的 PoC，认为部署 ML 模型具备商业价值，所以他们希望扩大 ML 业务。该企业的业务以微服务架构构建，服务在 Kubernetes 集群上运行，将 Python 作为主要模型的开发语言。

他们的数据科学家开发的模型之一是，通过结合用户行为数据和分类算法来创建的用户流失模型，对当前用户进行流失预测，以提供有效的用户留存建议。

3.2　定义 ML 目标

用户流失指的是用户不再使用企业提供的服务或迁移到行业内的竞争对手那

里。对于任何企业来说，留住存量用户和吸引新用户都是企业运营核心，在通信行业获取一个新用户的成本是留住一个存量用户的 5~10 倍，可见留住用户已经变得比获取用户更加重要了。

该项目的业务目标是分析用户相关数据，开发一个 ML 用户流失预测模型，识别出高流失风险的用户，并找出影响用户流失的主要指标，以辅助运营决策，制定降低用户流失率的策略。

3.2.1 业务问题概述

在通信行业，用户可以从电信、移动、联通等多个运营商处选择服务，并可以自由地从一个运营商转到另一个运营商。在这个竞争激烈的市场中，通信运营商每年都有较高的用户流失率。

3.2.2 业务目标

业务目标是利用前 3 个月的特征数据预估第 4 个月的用户流失倾向。为了做好这项工作，了解用户流失前的典型行为将很有帮助。

3.2.3 ML 目标

ML 目标列举如下。

- **探索用户流失前可能会表现出的异常行为：** 用户通常不会立即决定转向其他竞争对手，而是经过一段时间后才决定转向，这一点尤其适用于高价值用户。捕捉用户流失前的行为变化对特征和模型的构建至关重要。
- **建立回归 / 分类模型以预测用户流失：** 基于用户的历史行为数据构建用户流失预测模型。

3.3 数据收集

本节采用的数据来自 Kaggle 托管的通信运营商的用户流失数据集。在实际场景中，在生产建模之前，数据科学家通常需要获取数据库的访问权限，数据科学家自己或在数据工程师的帮助下从数据库的不同表中按需抽取、整合样本数据，进行一些基础的数据探索和特征工程工作，以及后续的建模工作。

3.3.1　数据获取

该数据集包含用户流失数据、用户人口统计数据、互联网合约数据和元数据（数据字典）等四个 csv 文件。

3.3.2　加载数据

建模的第一步是分别加载获取到的数据，该步骤可以在公司提供的建模环境（如 Jupyter Notebook）中进行。然后使用 Python 的 Pandas 包加载用户流失数据，代码如下所示，加载结果如图 3-1 所示。

```
import pandas as pd
# 控制 Pandas 在 Jupyter Notebook 中的显示
pd.options.display.max_columns = None
pd.options.display.max_rows = 10

# 流失数据主表，包含主要信息
df = pd.read_csv("./data/churn_data.csv")
print("数据维度信息: {}".format(df.shape))
df.head()
```

数据维度信息: (7043, 9)

	customerID	tenure	PhoneService	Contract	PaperlessBilling	PaymentMethod	MonthlyCharges	TotalCharges	Churn
0	7590-VHVEG	1	No	Month-to-month	Yes	Electronic check	29.85	29.85	No
1	5575-GNVDE	34	Yes	One year	No	Mailed check	56.95	1889.5	No
2	3668-QPYBK	2	Yes	Month-to-month	Yes	Mailed check	53.85	108.15	Yes
3	7795-CFOCW	45	No	One year	No	Bank transfer (automatic)	42.30	1840.75	No
4	9237-HQITU	2	Yes	Month-to-month	Yes	Electronic check	70.70	151.65	Yes

图 3-1　加载用户流失数据的结果

加载用户人口统计数据，代码如下所示，加载结果如图 3-2 所示。

```
# 用户人口统计信息
customer = pd.read_csv("./data/customer_data.csv")
print("数据维度信息: {}".format(customer.shape))
customer.head()
```

数据维度信息：(7043, 5)

	customerID	gender	SeniorCitizen	Partner	Dependents
0	7590-VHVEG	Female	0	Yes	No
1	5575-GNVDE	Male	0	No	No
2	3668-QPYBK	Male	0	No	No
3	7795-CFOCW	Male	0	No	No
4	9237-HQITU	Female	0	No	No

图 3-2　加载用户人口统计数据的结果

加载互联网合约数据，代码如下所示，加载结果如图 3-3 所示。

```
# 互联网合约信息
contract = pd.read_csv("./data/internet_data.csv")
print("数据维度信息: {}".format(contract.shape))
contract.head()
```

数据维度信息：(7043, 9)

	customerID	MultipleLines	InternetService	OnlineSecurity	OnlineBackup	DeviceProtection	TechSupport	StreamingTV	StreamingMovies
0	7590-VHVEG	No phone service	DSL	No	Yes	No	No	No	No
1	5575-GNVDE	No	DSL	Yes	No	Yes	No	No	No
2	3668-QPYBK	No	DSL	Yes	Yes	No	No	No	No
3	7795-CFOCW	No phone service	DSL	Yes	No	Yes	Yes	No	No
4	9237-HQITU	No	Fiber optic	No	No	No	No	No	No

图 3-3　加载互联网合约数据的结果

加载元数据，代码如下所示，加载结果如图 3-4 所示。

```
# 数据字典
meta = pd.read_csv("./data/Telecom Churn Data Dictionary.csv")
meta.head()
```

S.No.	VariableName	Meaning
1	CustomerID	The unique ID of each customer
2	Gender	The gender of a person
3	SeniorCitizen	Whether a customer can be classified as a seni...
4	Partner	If a customer is married/ in a live-in relatio...
5	Dependents	If a customer has dependents (children/ retire...

图 3-4　加载元数据的结果

将以上加载的用户数据整合为一个数据宽表，整合数据的目的是将所有需要的列（特征）合并到一个数据宽表中。我们有三个用户数据文件，加载后生成三个独立的数据宽表，需要将它们合并到一个数据宽表中。每个数据宽表都有一个用户标识列可以作为索引，即 customerID 列，可以通过左连接将三个数据宽表整合到一起，相关代码如下所示，连接结果如图 3-5 所示。

```
# 设置索引
for i in [df, customer, contract]:
    i.set_index("customerID",inplace=True)

# 连接所有三个数据文件（一个接一个），以 customerID 为索引
df = df.join(customer).join(contract)

# 确保没有 1：N 的关系，即没有重复，再次打印数据维度（与上面输入的行数进行对比）
print("整合后的数据维度信息：{}".format(df.shape))
df.head()
```

整合后的数据维度信息：(7043, 20)

customerID	tenure	PhoneService	Contract	PaperlessBilling	PaymentMethod	MonthlyCharges	TotalCharges	Churn	gender	SeniorCitizen	Partner	Dependents	Mul
7590-VHVEG	1	No	Month-to-month	Yes	Electronic check	29.85	29.85	No	Female	0	Yes	No	
5575-GNVDE	34	Yes	One year	No	Mailed check	56.95	1889.5	No	Male	0	No	No	
3668-QPYBK	2	Yes	Month-to-month	Yes	Mailed check	53.85	108.15	Yes	Male	0	No	No	
7795-CFOCW	45	No	One year	No	Bank transfer (automatic)	42.30	1840.75	No	Male	0	No	No	
9237-HQITU	2	Yes	Month-to-month	Yes	Electronic check	70.70	151.65	Yes	Female	0	No	No	

图 3-5　各数据文件的连接结果

3.3.3　关于数据集

最终整合得到的数据宽表中每一行代表一个用户，每一列包含用户的属性。原始数据中包含 7043 行（用户）和 21 列（特征），其中 Churn 列是本演示的建模目标。具体可以分为以下几个部分。

（1）用户流失标识

- Churn：是否流失（0，1）。

（2）用户的人口统计属性

- gender：用户性别（男性，女性）。
- SeniorCitizen：是否为老年公民（1，0）。
- Partner：是否有合作伙伴（是，否）。
- Dependents：是否有受抚养人（是，否）。
- tenure：在网时长（月）。

（3）用户开通的增值服务

- PhoneService：是否开通电话服务（是，否）。

- MultipleLines：是否有多个线路（是，否，无电话服务）。
- InternetService：互联网服务提供商（DSL，光纤，无）。
- OnlineSecurity：账户是否在线安全（有，无，无网络服务）。
- OnlineBackup：是否有在线备份（有，无，无网络服务）。
- DeviceProtection：是否有设备保护（有，无，无网络服务）。
- TechSupport：是否有技术支持（有，无，无网络服务）。
- StreamingTV：是否有流媒体电视（有，无，无网络服务）。
- StreamingMovies：是否有流媒体电影（有，无，无网络服务）。

（4）用户的账户信息

- Contract：用户的合同期限（月，一年，两年）。
- PaperlessBilling：是否有无纸化账单（是，否）。
- PaymentMethod：付款方式［电子支票，邮寄支票，银行转账（自动），信用卡（自动）］。
- MonthlyCharges：月消费额。
- TotalCharges：总消费额。

3.4 数据预处理

在从源头采集原始数据后，通常需要对其做一些预处理，这好比从菜市场买来各种菜后，需要再对其进行去泥、去除黄叶及洗菜等处理后才能更好地配菜和炒菜。本节主要介绍数据预处理。

3.4.1 缺失值处理

检查是否有任何缺失数据（见下述代码中创建的 isna 列），当对数据集中的字段进行缺失值检测时，发现只有 TotalCharges 字段存在缺失值，共 11 个缺失值。统计结果如图 3-6 所示。

```
def check_stats(df):
    """
    返回一个显示主要统计数据和附加指标的表格（数据框）
    """
    # 把数据类型存储在一个独立的数据框架中
```

```
df_info = pd.DataFrame(df.dtypes,columns=["dtypes"])
# 计算缺失记录总和
df_info = df_info.join((df.replace({'':None,' ':None}) if "('O')"
in str(df.dtypes.values) else df).isna().sum().rename("isna"))
# 在最后一步添加统计数据（仅对数值列进行计算）
return df_info.T.append(df.describe(),sort=False)
```

```
check_stats(df).T.query("isna != 0")
```

	dtypes	isna	count	mean	std	min	25%	50%	75%	max
TotalCharges	float64	11	7032	2283.3	2266.77	18.8	401.45	1397.47	3794.74	8684.8

图 3-6　缺失值统计结果

接下来，需要对缺失值进行简单的处理，比如使用众数或均值替代缺失值：

```
import numpy as np
df.TotalCharges=df.TotalCharges.replace(to_replace=np.nan,value=df.T
otalCharges.median())
```

3.4.2　离群值检测

首先给离群值下一个定义：离群值是远离分布或者平均值的观测值。但它们并不一定代表异常行为或由不同过程产生的行为。离群值检测示例代码如下，结果如图 3-7 所示。

```
import seaborn as sns
import matplotlib.pyplot as plt

# 对 tenure、TotalCharges 和 MonthlyCharges 等变量进行离群值检测
plt.figure(figsize=[20,3])
plt.subplot(1,3,1)
sns.boxplot(df.tenure)
plt.subplot(1,3,2)
sns.boxplot(df.TotalCharges)
plt.subplot(1,3,3)
sns.boxplot(df.MonthlyCharges)
plt.show()
```

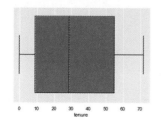 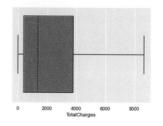 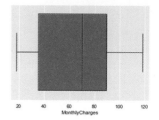

图 3-7　离群值检测结果

从图 3-7 可以看出，总消费额（TotalCharges）的分布是有偏的，针对建模工作可以重点关注总消费额 5%~95% 的数据，也可以对其取对数（log）以修正数据分布，在此不做赘述。

```
# 关注总消费额 5%~95%的数据
Perc5 = round(np.percentile(telco['TotalCharges'],5),2)
Perc95 = round(np.percentile(telco['TotalCharges'],95),2)

print('重点关注总费用介于${}与${}.之间的用户'.format(Perc5,Perc95))
# 过滤数据集
df = df.loc[(telco['TotalCharges'] <= Perc95) & (df['TotalCharges'] >=
Perc5)]
```

设定正常用户的阈值，并对数据集进行过滤，运行代码后打印的日志如下所示。

```
重点关注总费用介于$49.65和$6921.02之间的用户
```

3.5　数据探索

这一步很关键，目标是更好地了解数据。初入行业的建模师可能会迫不及待地启动建模过程，但随着建模实践经验逐渐丰富，会发现建模步骤其实是次优的，数据探索和特征工程才是更关键的步骤。

在正式分析之前，可以从业务角度对可能导致用户流失的因素进行梳理和分类，比如：

- **服务方面**：当前服务不能满足用户的需求或竞争对手拥有更适合用户的服务。
- **用户方面**：用户的需求发生了变化，比如，之前的主要需求是打电话，现在换为智能手机，需求更偏向于使用流量。

3.5.1　目标变量

首先对目标变量进行简要的分析，初步了解当前样本中的用户流失情况，如查看流失用户占比：

```
def bar_plot(df,column):
    ax = sns.countplot(y=column, data=df)
    plt.title('Churn Rate(%)\n')
    plt.xlabel('Churn Value Counts')

    total = len(df[column])
    for p in ax.patches:
        percentage = '{:.1f}%'.format(100 * p.get_width()/total)
        x = p.get_x() + p.get_width() + 0.02
        y = p.get_y() + p.get_height()/2
        ax.annotate(percentage, (x, y))
    plt.show()
bar_plot(df, "Churn")
```

项目目标是预测用户是否会在近期流失，因此这是一个二元分类问题。在目标变量的探索中可以发现目标存在不平衡情况，其中流失用户占比为 26.6%，非流失用户占比为 73.4%。流失用户分类统计结果如图 3-8 所示。

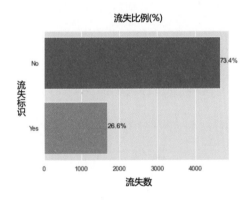

图 3-8　流失用户分类统计结果

3.5.2　服务分析

对当前样本中正常用户与流失用户接受网络服务的情况进行简要分析，如查看其分布情况：

```
ax=sns.countplot(x='InternetService',hue='Churn',data=df,order=
['DSL','Fiber optic','No'])
ax.set_xticklabels(['DSL','Fiber optic','Not receiving internet
service'])
```

如图 3-9 所示，接受网络服务的用户的流失率明显高于未接受网络服务的用户，尤其是使用光纤（Fiber optic）网络技术的用户流失率达到了 40%。由此推断，这种服务可能存在一定的问题，是亟待改进的服务。

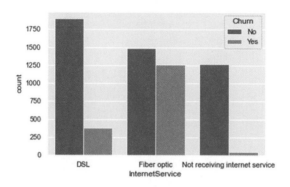

图 3-9　接受网络服务的用户的流失统计结果

对于网络服务，可以进一步探讨其是否有其他附加服务会影响用户的流失率，如使用网络服务的用户对网络安全、网络备份、设备保护、技术支持等增值业务为付费情况：

```
plt.figure(figsize=(10, 4.5))
df_new = df.copy()
df_service = df_new[(df_new.InternetService != "No") & (df_new.Churn ==
"Yes")]
df_service = pd.melt(df_service[cols]).rename({'value': 'Has service'},
axis=1)
ax = sns.countplot(data=df_service, x='variable', hue='Has service',
hue_order=['No', 'Yes'])
ax.set(xlabel='Additional service', ylabel='Num of churns')
plt.show()
```

从图 3-10 可以发现，使用网络服务的用户会继续为网络安全、网络备份、设备保护、技术支持等增值业务付费，这将有效降低其流失的可能性。

从以上分析的结果可以做出简要总结：是否使用网络服务，以及在使用网络服务时是否使用网络安全、网络备份、设备保护和技术支持等附加服务，与客户是否流失有较大的相关性。

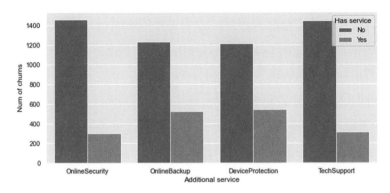

图 3-10　接受网络服务的用户在增值业务付费上的表现

3.5.3　用户行为分析

从用户行为的角度来看，可能与用户流失有关的指标有：合同期、在网时长、支付方式、月消费额、总消费额等。其中，合同期、在网时长、总消费额可以较好地反映用户对通信服务的忠诚度。而通过用户的支付方式、月消费额情况则可以看出用户的消费观念，这两个指标对用户是否流失也会产生一定的影响。

首先对在网时长（tenure）、月消费额（MonthlyCharges）、总消费额（TotalCharges）三个数值型特征做密度分析。用密度图比较流失和非流失两类人群在这三个特征上的表现：

```
def kdeplot(feature, hist, kde,i):
    plt.figure(figsize=(9, 4))
    plt.title("Plot for {}".format(feature))
    ax0 = sns.distplot(df[df['Churn'] == 'No'][feature].dropna(),
hist=hist, kde=kde,
            color = 'darkblue', label= 'Churn: No',
            hist_kws={'edgecolor':'black'},
            kde_kws={'linewidth': 4})
    ax1 = sns.distplot(df[df['Churn'] == 'Yes'][feature].dropna(),
hist=hist, kde=kde,
            color = 'orange', label= 'Churn: Yes',
            hist_kws={'edgecolor':'black'},
            kde_kws={'linewidth': 4})
kdeplot('tenure', hist = False, kde = True)
kdeplot('MonthlyCharges', hist = False, kde = True)
kdeplot('TotalCharges', hist = False, kde = True)
plt.show()
```

如图 3-11 所示，横坐标为参与统计的变量的观测值（如左图中的变量为 tenure），纵坐标为各数值对应的密度（Density）分布情况，从图中可以看出在网时长和月消费额的区分度比较明显，具体结论如下。

- 在网时长较短的用户更容易流失。
- 月消费额较高的用户也更容易流失。

这两类人群在总消费额上的表现比较接近。

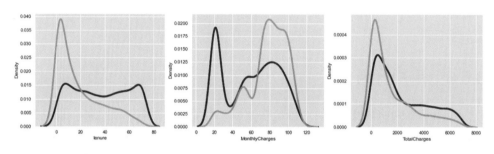

图 3-11　密度分析

对于在网时长与合约的组合，首先对在网时长简单分箱，如将其分为四个群组。

- 0~12 个月。
- 12~24 个月。
- 24~48 个月。
- 48 个月以上。

更技术性的分箱可以使用决策树或信息熵增益等方法进行，会得到更有利于模型预测的分割节点，这里不做赘述：

```
def bingroup(tenure):
    if tenure < 13:
        return "0-12 Months"
    elif tenure < 25:
        return "12-24 Months"
    elif tenure < 49:
        return "24-48 Months"
    else:
        return "Over 48 Months"

df_bins=df.copy()
```

```
df_bins["tenure_bin"] = df_bins["tenure"].apply(bingroup)

sns.catplot(data=df_bins, x="tenure_bin", hue="Churn", kind="count",
        col="Contract");

plt.savefig(img_path+"/tenure-bins.png")
```

如图 3-12 所示，横轴为参与分箱的变量（如左图为 tenure 分箱后生成的新的变量 tenure bin），纵轴为分箱后生成的新的变量对应的统计值（count），从图中可以发现一个有意思的现象，即在网时长 0~12 个月，与运营商的合约为月签的用户的流失率极高。

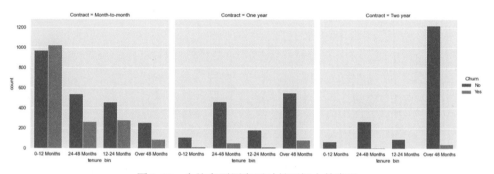

图 3-12　合约在不同在网时长区间上的表现

接下来从支付方式角度分析用户流失情况，看看正常用户与流失用户之间是否有显著差异：

```
plt.figure(figsize=(10, 6))
sns.countplot(x='PaymentMethod',
        hue='Churn',
        data=df,
        order=['Electronic check','Mailed check','Bank transfer
(automatic)','Credit card (automatic)'])
```

如图 3-13 所示，横轴为不同的付费方式，纵轴为不同付费方式对应的统计值（count），从支付方式来看，使用电子支票的用户流失率显著高于使用其他支付方式的用户，这是一个有意思的结论。

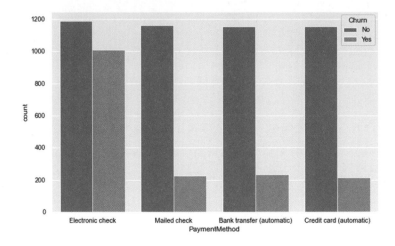

图 3-13　支付方式分析

3.6　特征工程

特征工程是 ML 工作流程中重要的组成部分，它是将原始数据映射成模型可理解的形式，并尽可能多地提取出原始数据包含的信息，以更好地表达业务逻辑及提高 ML 性能。

特征工程是一个超集，包括特征提取、特征构建和特征选择三个子模块。在实践中，每一个子模块都不能忽视。通常来说，这三个子模块的相对重要性排序应该是：特征构建 > 特征提取 > 特征选择。鉴于本章主要目的是说明 ML 模型流程，所以下面仅对特征构建做简要阐述。

3.6.1　分类和数值列拆分

首先构建一个用特征元数据描述的函数，以对当前数据的基本信息进行探索：

```
def df_feat_summary(df):
    summary =
pd.DataFrame({"number_of_unique":[],"first_5_unique":[]})
    for i in df.columns:
        summary = pd.concat([summary,

pd.DataFrame({"number_of_unique":[len(df[i].unique())],
```

```
"first_5_unique":[str(df[i].unique()[0:5])]},index=[i])
                        ],sort=False
                        )


    return summary
df_feat_summary(df)
```

如图 3-14 所示，查看数据集中各特征唯一值的数量，为确定特征类型提供依据。为简化数据处理的复杂度，本项目将唯一值数量小于 10 的特征归为分类型特征，唯一值数量大于或等于 10 且值为数字的特征归为数值型特征。

	number_of_unique	first_5_unique
tenure	73.0	[1 34 2 45 8]
PhoneService	2.0	['No' 'Yes']
Contract	3.0	['Month-to-month' 'One year' 'Two year']
PaperlessBilling	2.0	['Yes' 'No']
PaymentMethod	4.0	['Electronic check' 'Mailed check' 'Bank trans...
...	...	...
OnlineBackup	3.0	['Yes' 'No' 'No internet service']
DeviceProtection	3.0	['No' 'Yes' 'No internet service']
TechSupport	3.0	['No' 'Yes' 'No internet service']
StreamingTV	3.0	['No' 'Yes' 'No internet service']
StreamingMovies	3.0	['No' 'Yes' 'No internet service']

20 rows × 2 columns

图 3-14　分类型与数值型数据信息统计

然后，进一步将分类型特征与数值型特征分开，以便后续进行特征处理的时候更容易实现自动化：

```
telco =df.copy()
customer_id=['customerID']
target=['Churn']
# 将分类和数值列的特征名拆分为列表
categories=telco.nunique()[telco.nunique()<10].keys().tolist()
# 剔除目标变量
categories.remove(target[0])
numerical=[col for col in telco.columns if col not in
customer_id+target+categories]
print("分类型特征:\n{}\n".format(categories))
print("数值型特征:\n{}".format(numerical))
```

分类型特征：

```
['PhoneService', 'Contract', 'PaperlessBilling', 'PaymentMethod',
'gender', 'SeniorCitizen', 'Partner', 'Dependents', 'MultipleLines',
'InternetService', 'OnlineSecurity', 'OnlineBackup',
'DeviceProtection', 'TechSupport', 'StreamingTV', 'StreamingMovies']
```

数值型特征：

```
['tenure', 'MonthlyCharges', 'TotalCharges']
```

3.6.2　One-Hot 编码

接下来需要对分类型特征进行预处理。有些 ML 算法可以在不进行任何预处理的情况下对分类型特征进行操作（比如决策树、经典贝叶斯），但大多数算法只能处理数值型特征。具体操作可以使用 Scikit-Learn 的 OneHotEncoder 进行编码：

```
from sklearn.preprocessing import OneHotEncoder

# 这里是一个 for 循环，应用 OneHotEncoder 转换除了数值型特征的所有列
# 分类型特征：X_cat，数值型特征：X_num
X_cat = df[categories]
X_num = df[numerical]
ohe = OneHotEncoder()
for i in categories:
    # fit 为每列获取新的映射
    ohe = OneHotEncoder().fit(df[i].unique().reshape(-1,1))
    # OneHotEncoder (就像 ML 模型一样) 期望/要求一个 NumPy 矩阵/数组作为输入
    temp = pd.DataFrame(ohe.transform(df[i].to_numpy().reshape(-1,1))
.toarray(),index=df.index,columns=[i+"_"+ cat.lower().replace(" ",
"_")for cat in ohe.categories_[0]])
    # 也可以查看类别编码器库，以便更容易地进行编码
    X_num = X_num.join(temp)
```

也可以使用 Pandas 的 pd.get_dummies 进行编码，但有一点需要注意，虽然 pd.get_dummies 更简便，但由于其缺少推理和持久化功能，所以仅适合对单一数据集进行简单分析。使用 OneHotEncoder 的好处在于，可以持久化训练集中的参数（分类型特征值的位置编号），相当于特征处理的元数据和处理逻辑，在生产中进行模型预测的时候，可以直接使用其处理实时数据流。另外，二者返回的结果形式也不同，pd.get_dummies 返回的是数据框，OneHotEncoder 返回的是数组（或向量）：

```
telco_raw=pd.get_dummies(data=df,columns=categories,drop_first=True)
telco_raw.iloc[:5,5:]
```

One-Hot 编码处理后的结果在默认情况下是稠密向量，将类别的索引处的值设为 1，而将其他位置的每个值都设为 0。这种编码解决了数值化问题，但缺点是可能会占用比较大的内存。投产的时候建议使用稀疏模式，这样可以极大地降低内存占用率，且原数据的稀疏程度越高减少的内存也越大。

3.6.3　特征缩放处理

特征缩放的目的是将可用数值型特征的范围映射到一个有特定规则或分布的数据点上。最常用的缩放技术是归一化和标准化。更具体地说，当我们想要将我们的值约束在两个数字之间时，比如，约束在[0,1]或[-1,1]之间时就会用到归一化。而标准化则是将原数据的分布映射为均值为 0 和方差为 1 的正态分布，这些处理方式可以使我们的数据变为无量纲数据，同时也降低了原数据分布的方差。这个过程在 ML 优化方面尤其有用，对于使用梯度下降优化的 ML 算法，使用缩放处理后的特征训练的收敛速度比没有使用缩放处理的特征训练要快得多。还有一个好处是深度学习方面的应用，如神经网络中使用的 sigmoid 激活函数，使用缩放技术处理后的特征将有助于降低达到饱和的速度。

具体地，可以使用 StandardScaler（更多信息请参见 Scikit-Learn 预处理材料）对所有的数值型特征进行标准化，转化后它们的平均值和标准差分别为 0 和 1：

```
from sklearn.preprocessing import StandardScaler
import numpy as np

X = X_num.copy()
scaler=StandardScaler()
for i in [numerical]:
   X[i] = scaler.fit_transform(X[i])
```

3.6.4　目标变量

当前数据中目标变量的值为['No', Yes']，可以使用 Scikit-Learn 的 LabelEncoder 进行编码。

这里简要说明一下 LabelEncoder 和 OneHotEncoder 的区别。LabelEncoder 是将一列分类型特征转化成一列数值，该数值填充的是原始特征类别值的索引值。而 OneHotEncoder 是将一列分类型特征转化成一列或多列只有 0 和 1 的数值，列数为原始特征类别数减 1（避免共线性）：

```
from sklearn.preprocessing import LabelEncoder, OneHotEncoder

Churn = df['Churn']
# 要确保"No"为 0，"Yes"为 1
# 首先要"拟合"编码器，然后再应用（=transform）
le_no_yes = LabelEncoder().fit(['No','Yes'])
y=le_no_yes.transform(Churn)
```

3.6.5　样本生成

最后是将数据分成训练集和测试集：

```
from sklearn.model_selection import train_test_split

train_X,test_X,train_y,test_y=train_test_split(X,y,test_size=0.3)
# [0]指行数的维度
print("训练集占比:\n{}\n".format(train_X.shape[0]/X.shape[0]))
print("测试集占比:\n{}\n".format(test_X.shape[0]/X.shape[0]))
```

在开发和评估模型时，只使用训练集，而测试集将在之后的离线评估时使用。接下来可以着手模型的构建和评估了。

3.7　构建和评估模型

在本章的例子中，笔者将使用几个简单的模型。但在实际场景中，需要用实际的数据集测试不同的模型，探索出最能拟合当前数据的模型。为数据选择模型没有硬性或快速的规则，它总是取决于数据集和不断的探索。

3.7.1　处理非平衡问题

如前所述，数据集是非平衡的。非平衡在实际场景中是常见情况，它可以显著影响模型的性能，与选择的学习算法无关。这个问题使训练数据中的标签分布非常不均匀。

虽然现在还没有针对非平衡数据的正式定义，但可以考虑使用一些实践经验进行判断。如果有两个类别，平衡数据将意味着数据集中每个类别的占比是差不多的，少量的非平衡数据通常不是问题。比如，60%的样本属于一个类别，40%的样本属于另一个类别，在这种情况下进行正常样本分割，然后选择模型进行训练即可，基本不会因为样本非平衡问题而导致显著的性能下降。但是，当样本的非平衡程度较高时，例如，当 90%的样本属于一个类别，10%的样本属于另一个类别时，使用正常方式对两类样本进行同等权重的样本采样，可能训练出来的模型效果不理想。这种情况通常需要使用重抽样方法，比如，接下来的建模部分会使用 SMOTE 过抽样数据和原始数据分别建立模型来比较模型性能。

3.7.2　模型构建

下面给出模型构建代码：

```
from sklearn.metrics import (f1_score,
                             recall_score,
                             precision_score,
                             accuracy_score
                             )
from sklearn.naive_bayes import GaussianNB
from imblearn.over_sampling import SMOTE
from sklearn.linear_model import LogisticRegression
from sklearn.ensemble import RandomForestClassifier

# 定义构建模型的功能
def BuildModel(X,Y,Algorithm,imb_class):
    if imb_class == 1:
        oversample = SMOTE()
        X, Y = oversample.fit_resample(X, Y)
    X_train, X_test, Y_train, Y_test = train_test_split(X, Y, test_size
= 0.2, random_state = 0)
    if Algorithm == 'LogisticRegression':
        model = LogisticRegression(max_iter=1000)
    if Algorithm == 'RandomForest':
        model = RandomForestClassifier(n_estimators = 1000)
    if Algorithm == 'NaiveBayes':
        model = GaussianNB()
    fitted_model = model.fit(X_train,Y_train)
    Y_pred = fitted_model.predict(X_test)
    precision = round(precision_score(Y_test,Y_pred),2)
    recall = round(recall_score(Y_test,Y_pred),2)
    fscore = round(f1_score(Y_test,Y_pred),2)
    accuracy = round(accuracy_score(Y_test,Y_pred),2)
    return precision, recall, fscore, accuracy, fitted_model
```

将前面构建好的特征输入模型，比较不同算法及是否使用过抽样技术的模型的性能：

```
model_efficacy = pd.DataFrame(columns = ['ML算法','SMOTE过抽样','精准
度','召回率','F1-分数','准确率'])
X=train_X
Y = train_y

model_fitted = {}
for i in range(0,2):
    Alg = ['LogisticRegression','RandomForest','NaiveBayes']
    for j in range(0,len(Alg)):
        if i==0:
            if_smote = "smote"
        else:
            if_smote = "no_smote"
        Algorithm = Alg[j]
        print("{}_{}".format(Algorithm,if_smote))
        precision, recall, fscore, accuracy,
model_fitted["{}_{}".format(Algorithm,if_smote)] =
BuildModel(X,Y,Algorithm,i)
        new_row = {'ML算法': Algorithm, 'SMOTE过抽样': i, '精准度':
precision, '召回率': recall, 'F1-分数': fscore, '准确率': accuracy}
        model_efficacy = model_efficacy.append(new_row, ignore_index =
True)
    i = i+1

display(model_efficacy)
```

结果如图 3-15 所示，从结果可以看出，SMOTE 过抽样数据的表现优于原始数据，其中在使用 SMOTE 过抽样训练集的不同算法中，随机森林算法表现最好。

ML算法	SMOTE过抽样	精准度	召回率	F1-分数	准确率
LogisticRegression	0	0.64	0.59	0.61	0.80
RandomForest	0	0.65	0.53	0.58	0.80
NaiveBayes	0	0.47	0.84	0.61	0.71
LogisticRegression	1	0.77	0.80	0.78	0.78
RandomForest	1	0.86	0.84	0.85	0.84
NaiveBayes	1	0.72	0.85	0.78	0.76

图 3-15　不同算法在测试集上的表现

最后，使用从上述模型评估结果中挑选出来的较优算法，并定义一个特征重要性选择函数（feature_imp），计算所用特征对模型的重要性排名：

```
def feature_imp(df, model):
    fi = pd.DataFrame()
    fi["feature"] = df.columns
    fi["importance"] = model.feature_importances_
    return fi.sort_values(by="importance", ascending=False)


rf_clf = model_fitted["RandomForest_smote"]
df_feat_imp = feature_imp(train_X, rf_clf)


plt.figure(figsize=(16,12)  , dpi=150)
sns.barplot(data=df_feat_imp, x=df_feat_imp.index, y="importance",
palette="coolwarm")
plt.xticks(rotation=90);
plt.show()
```

如图 3-16 所示，以随机森林算法计算的特征重要性来排序，其中总消费额、在网时长及月消费额对模型的贡献较大。

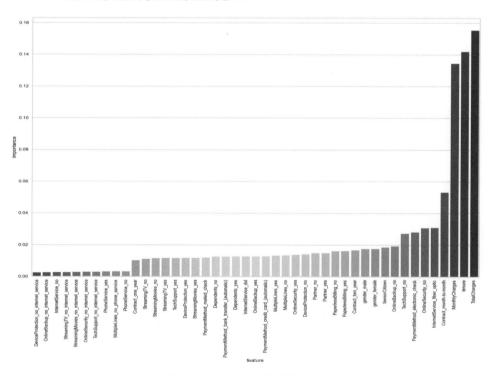

图 3-16　特征重要性排序示例

3.8 持久化模型

现在，已经有了一个训练好的模型，我们需要存储（持久化）它，使得以后能够重复使用它。回想一下，我们还有一个数据变换器也需要被存储。相关代码如下：

```
import pickle
def save_model(model, path='model.pkl'):
    """保存训练好的模型，供后续投产使用
    """
    with open(path, 'wb') as f:
        pickle.dump(model, f)
        print("Saved model at {}".format(path))

save_model(rf_clf)

with open("./ohe.pkl", 'wb') as f:
    pickle.dump(ohe,f)

with open("./scaler.pkl", 'wb') as f:
    pickle.dump(scaler,f)
```

接下来可以把模型部署成一个 REST API。为方便特征工程的持久化，下面使用 make_column_transformer 函数对特征工程创建简单的管道，以实现统一的转化：

```
from sklearn.compose import make_column_transformer
import pickle

transformer = make_column_transformer(
    (scaler, numerical),
    (OneHotEncoder(handle_unknown="ignore"), categories)
)
df_trans = df.drop(columns="Churn")
transformer.fit(df_trans)
with open("./transformer.pkl", 'wb') as f:
    pickle.dump(transformer,f)
```

3.9 构建 REST API

在模型构建好以后，像传统软件一样，可以通过被动和主动两种方式消费模型。

- **被动（拉取）**：终端用户触发请求，从 ML 模型中"拉取"结果。例如，当用户在电商网站上浏览商品时，会通过业务系统向商品推荐服务发送请求，为用户推荐还可能买什么。这样的 ML 应用通常会被部署为微服务（如 REST API）。
- **主动（推送）**：模型结果以通知或预警的形式"推送"给终端用户。例如，一个金融监控系统可以持续分析交易事件，并在发现任何异常情况时主动发出警报。

拉取机制比推送机制更常见。需要注意的是，在实际应用中，ML 只是系统的一部分，为业务需求提供服务，真正的业务逻辑通常发生在业务系统中。

接下来以 REST API（即拉取方式）实现模型的部署和应用为例进行介绍。构建一个 REST API，让 ML 模型服务使用模型为不同的用户进行预测，这是实现模型与业务松耦合的有效方法。具体方法是，通过制作一个简单的 Flask 应用程序来创建基本的应用程序，并在 Flask 应用程序的后端托管刚训练好的模型。

3.9.1　导入相关库并加载模型

在 server.py 中，创建一个名为/predict 的端点。这个端点将接收用户请求的数据，调用后端加载的模型产生预测，并将预测结果作为 JSON 响应返回，可以设置请求方式为 POST。注意，这里的模型和持久化了的特征工程逻辑及其元数据是加载在内存中的，这意味着更新模型需要先将老模型卸载。所以，后续在生产中零停机更新模型需要有解决方案：

```python
from flask import Flask, jsonify, request
import pickle

app = Flask(__name__)

def load_obj(path):
    with open(path,"rb") as f:
        obj = pickle.load(f)
    return obj
model = load_obj('model.pkl')
transformer = load_obj('transformer.pkl')

@app.route('/predict', methods=['POST'])
def predict():
```

```
# 预测主体
return
```

3.9.2 编写预测函数

在 predict 函数主体中实现特征的转换和具体的模型预测，请求处理程序获取 JSON 数据并将其转换为 Pandas 的数据框。接下来，使用特征变换器对数据进行预处理，并从加载的模型中获取预测，将预测结果以 JSON 格式返回：

```python
from flask import Flask, jsonify, request
import pandas as pd
import pickle

app = Flask(__name__)

def load_obj(path):
    with open(path,"rb") as f:
        obj = pickle.load(f)
    return obj
model = load_obj('model.pkl')
transformer = load_obj('transformer.pkl')
categories = ['PhoneService', 'Contract', 'PaperlessBilling',
              'PaymentMethod', 'gender', 'Partner',
              'Dependents', 'MultipleLines', 'InternetService',
              'OnlineSecurity', 'OnlineBackup', 'DeviceProtection',
              'TechSupport', 'StreamingTV', 'StreamingMovies']
numerical = ['tenure', 'MonthlyCharges',
'TotalCharges','SeniorCitizen']
@app.route('/predict', methods=['POST'])
def predict():
    data = request.get_json()
    df = pd.DataFrame(data, index=[0])
    X = transformer.transform(df)
    predicted_churn = model.predict(X)[0]
    predicted_proba_churn = model.predict_proba(X)[0][0]
    return jsonify({"predicted_churn": str(predicted_churn),

"predicted_proba_churn":str(predicted_proba_churn)})

if __name__ == '__main__':
    app.run()
```

3.9.3　用户请求

　　下面是一些例子，说明用户如何访问你的 REST API，从而获得预测。具体地，可以通过在 Jupyter Notebook 中使用 requests 模块来进行测试：

```
import requests
import json

url = 'http://127.0.0.1:5000/predict'
data ={"tenure":1,
       "PhoneService":"No",
       "Contract":"Month-to-month",
       "PaperlessBilling":"Yes",
       "PaymentMethod":"Electronic check",
       "MonthlyCharges":29.85,
       "TotalCharges":29.85,"Churn":"No",
       "gender":"Female",
       "SeniorCitizen":0,
       "Partner":"Yes",
       "Dependents":"No",
       "MultipleLines":"No phone service",
       "InternetService":"DSL",
       "OnlineSecurity":"No",
       "OnlineBackup":"Yes",
       "DeviceProtection":"No",
       "TechSupport":"No",
       "StreamingTV":"No",
       "StreamingMovies":"No"}
response = requests.post(url, json = data)
response.json()
```

　　返回的结果：

```
{'predicted_churn': '0', 'predicted_proba_churn': '0.511'}
```

　　在终端使用 Curl：

```
curl -i -H "Content-Type: application/json" -X POST -d
'{"tenure":1,"PhoneService":"No","Contract":"Month-to-month","Paperl
essBilling":"Yes","PaymentMethod":"Electronic
check","MonthlyCharges":29.85,"TotalCharges":29.85,"Churn":"No","gen
der":"Female","SeniorCitizen":0,"Partner":"Yes","Dependents":"No","M
ultipleLines":"No phone
service","InternetService":"DSL","OnlineSecurity":"No","OnlineBackup
```

```
":"Yes","DeviceProtection":"No","TechSupport":"No","StreamingTV":
"No","StreamingMovies":"No"}' http://0.0.0.0:5000/predict
```

返回的结果：

```
HTTP/1.0 200 OK
Content-Type: application/json
Content-Length: 56
Server: Werkzeug/0.15.5 Python/3.7.7
Date: Sun, 18 Apr 2021 05:32:34 GMT

{"predicted_churn":"0","predicted_proba_churn":"0.511"}
```

3.10　模型投产

　　如前面所述，ML 项目正式开工后，前期会进行数据抽取、数据探索、特征工程及相关测试等数据准备工作。一旦我们对现有数据有了充分的了解，接下来会进入模型实验探索阶段，在该阶段会进行一系列的模型实验，使用特征工程生成特征，然后在特征上对不同算法进行拟合和验证，生成相应的模型，并在先前保留的测试集上进行模型评估，计算出不同模型的性能指标，将这些模型相互比较，挑选出性能表现优异的模型。为了进一步提升模型性能，在模型实验探索阶段还会进行更深度的特征工程。从数据准备到模型实验的整个过程都是在人工参与下反复进行的，直到我们探索出符合预期的模型。在生成符合预期的模型后，我们通常会在指定的存储位置持久化模型，然后把它交给开发和运维团队，他们的工作是将这个模型部署到生产环境中。

　　上述数据准备和模型实验通常是在数据科学家自己的笔记本电脑或公司提供的测试服务器上完成的，在模型实验完成后，会进入模型部署的环节。常见的模型手动部署流程如图 3-17 所示。

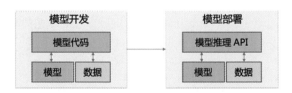

图 3-17　常见的模型手动部署流程

　　手动部署模型在 PoC 阶段是可行的，因为在这个阶段主要观察 ML 模型在业务上的表现，而在 PoC 成功后，需要规模化 ML 应用时，手动部署模型的方式就会面临一些挑战。

3.10.1　ML 投产陷阱及挑战

不难发现上述示例中模型部署环节存在一些低效和缺失的地方，比如：

（1）**手动操作**：示例中的步骤是高度手动的，每次新增模型时都需要从头开始编写数据准备和模型实验的代码。当已部署的模型需要更新时，数据科学家需要到存储模型代码和文档的地方查阅当时的模型开发信息，然后调整代码内容后再重新执行。

（2）**耗费时间**：这种手动过程很耗时，而且效率不高，也不易管理。

（3）**难以复用**：数据科学家过往编写的自定义代码通常只有作者自己能理解，很难被其他数据科学家理解，或在其他用例中重复使用。即使是作者自己，有时也会发现在一段时间后很难理解自己过往的工作。

（4）**难以重现**：可重复性是指被重新创建或复制的能力。在 ML 项目中，能够重现模型是很重要的，因为模型需要经常更新，在出错的时候也需要能够回滚到原来的状态去修改。如果过程都是手动操作的，那么我们很可能无法复制一个旧版本的模型，因为基础数据可能已经改变，代码本身可能已经被覆盖，或者依赖关系和它们的确切版本可能都没有被记录。因此，在出现问题的情况下，任何试图回滚到旧版本模型的尝试可能都是极其困难的，甚至是不可能的。

（5）**容易出错**：这个过程容易产生许多不符合预期的结果，如训练服务偏差、模型性能衰减、模型偏差、基础设施跨期崩溃等。在生产时最常见的情况是训练服务偏差和模型性能衰减。

- **训练服务偏差**：当我们部署模型时，经常会碰到模型的在线性能低于预期和在训练集上表现出的性能的情况。训练管道和服务管道之间的差异会引入训练服务偏差，而且训练服务偏差可能很难被发现，并可能使一个模型的预测结果完全无用。为了避免这个问题，我们需要确保在训练和服务数据上都有明确的处理功能。
- **模型性能衰减**：在大多数用例中，数据是动态的，随着时间的推移而变化。当基础数据发生变化时，模型的性能就会衰退，因为当前的数据模式不再是最新的了。静态模型很少能持续发挥价值，我们需要确保定期使用新数据更新模型，并监控所服务的模型的实时性能，当模型衰退到预设阈值时触发预警机制。图 3-18 显示了一个已部署的模型性能（F1-score，F1分数）是如何随时间（Time）衰退的，以及不断需要用新的数据更新模型。

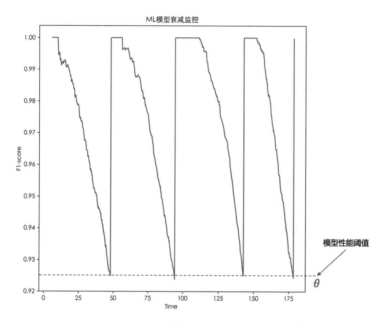

图 3-18　模型性能衰减监控

（6）**模型工件散落本地**：在整个 ML 项目流程中，除了需要像 GitHub 这样的存储库来定位模型代码，还需要一个集中存储中心来存储模型工件。存储经过训练的模型、训练集和测试集及运行模型所需的库，使得在短时间内建立新的环境变得容易。

另外，本书多次提到 ML 模型的典型特性是迭代性，每个项目都要经历多次迭代，甚至是持续的迭代，不断地优化模型对商业的赋能效果。随着应用成果的推广，这也会逐步形成规模化，此时管理能力是必然的要求，这里的管理可能会包含协作环境管理、版本管理（需要版本化的有模型参数、数据、模型工件及模型服务本身）、A/B 在线实验（测试）管理等。在具体工程化的时候可能会遇到以下挑战。

- 数据科学家通常专注于实验性质的数据分析和模型开发，一般不具备构建生产级系统的能力，也不具备模型后期迭代和运维所需的工程和运维方面的专业知识。

- 部署在线 ML 模型需要对离线构建的模型进行有效测试，以确保其健壮性。同时，需要制定有效的策略并进行 A/B 测试，以检验模型的真实效果，为后期迭代和业务决策提供依据。
- 由于模型在生产环境中会实时接收不断变化的数据，因此需要将对模型性能及数据分布变化的监控付诸实践。
- 由于模型开发与模型生产环节经常会在不同的软件环境中进行，因此部署 ML 时很容易产生问题。比如，建模时使用的是 TensorFlow 2.0 版本，而生产环境中安装的是 TensorFlow 1.0 版本。

对于数据科学家来说，从一个想法到最终的投产往往需要经历一个复杂的流程。他需要对业务有一定的了解，前期要进行前面所述的分析和建模工作，如对数据进行分析，从多个数据源提取特征，把特征整合进模型，对新的模型进行线下评估和调试。进入生产环节后，事情会变得更加复杂，一个成功的线上 ML 基础设施还需要考虑更多的组件来解决本节所提到的挑战。

3.10.2　ML 模型演化：从独立模型到模型工厂

当公司从构建简单的分析模型验证 ML 的业务价值发展到规模化应用时，会经历如下三个不同的阶段。

（1）**独立模型阶段**：在这个阶段（本章所构建的端到端 ML 模型的过程可以看作这个阶段），数据科学家通常使用命令行和 Jupyter Notebook 独立开发和部署模型，这些模型通常也比较简单，一般不与数据源或软件应用程序进行实时交互。此外，数据科学家通常负责模型范围界定、模型设计、模型构建、模型部署和维护。这个阶段对于公司证明 ML 模型的价值及为高层提供大范围推广应用的决策支持起到了至关重要的作用。

（2）**模型即服务阶段**：一旦公司能够证明 ML 模型的价值，就会有更多的需求需要 ML 来支持。此外，很多规模大一些的公司内不同的部门都有自己的 ML 团队，他们各自开发服务他们自己业务的模型，在这种情况下会出现大量的重复工作，因为不同部门所负责的业务虽然有区别但 ML 所涉及的数据、算法、框架、工具都是有共性的，所以近几年科技巨头们纷纷开始了各种对中台的探索。模型即服务（Model as a Service）阶段其实就有点像中台，模型即服务就是在一个集中化的位置进行与模型的注册、部署及服务化相关的任何服务，然后将模型提供给不同的系统、应用程序和用户，而使用方无须顾虑这些模型的来源。

（3）**模型工厂阶段**：在 ML 被推广到更大范围的应用后，需要开发和部署的模型也会逐步增加，手动部署和管理模型会变得越来越困难。这个阶段所经历的过程类似于从手工作坊到工厂的发展过程，因此我们把这个阶段称作模型工厂阶段。在这个阶段，我们需要将 ML 生命周期中的共性部分抽象出来以实现流水线操作。就像工厂一样，在订单规模比较小的时候可以通过工人们手动制造，而当订单数量远大于工人数量并且每个订单的制作流程相似时，就需要制造或采购自动化设备来处理这些订单了。

随着公司的 ML 应用沿着这三个阶段发展，软件、模型和数据相组合的规模和复杂性也在不断增加，市场上也不断出现新的技能和实践。

在 ML 模型演化过程的起点，即独立模型阶段，对数据科学家的技能要求是比较高的，就像在手工作坊时代，工人们需要具备过硬的手艺，这样做出的产品才会有市场。当我们开始从独立模型的基础阶段发展到模型即服务的第二个阶段时，需要有人来扩展和优化数据科学家开发的 PoC 模型（如本章所创建的模型）。这个阶段催生了 ML 工程师角色的出现。根据 Jeff Hale 对 ML 工程师角色的定义，ML 工程师的工作职责是将数据科学家创建的模型代码转化为能在生产环境中运行良好的代码。随着公司开始迈向第三个阶段模型工厂，越来越多的 ML 模型被开发、扩展和部署，以手动方式维护这些模型的任务变得不可行。第三个阶段也催生了新的角色：MLOps 应运而生，MLOps 的实践目标是在生产环境中可靠并高效地部署、管理和维护 ML 模型，MLOps 的出现大大降低了对数据科学家的技能要求，因为很多繁重和重复性的工程工作都由 MLOps 替代了。

3.10.3 利用 MLOps 实现模型的规模化投产

在 ML 领域，虽然市场上充斥着各种炒作及落不了地（停留在 PPT 阶段）的声音，但并不意味着 ML 没有真正的价值，那些平淡无奇但能够有效帮助企业使 ML 与业务在生产上相结合，以改进业务的传统决策模式的基础产品，反而就是有效的技术创新。

如果想要前面介绍的模型的构建流程在实际场景中对业务形成长期的驱动效

果，那么前面讲到的这些问题和挑战都是需要解决的。虽然 ML 正在扩展到新的应用和塑造新的行业，但建立成功的 ML 项目仍然是一项具有挑战性的任务，有必要围绕设计、构建和将 ML 模型部署到生产中建立有效的流程，而这正是 MLOps 的战场。在接下来的章节中，笔者将借助本章构建的模型及 MLOps 的最佳实践进行模型的逐步升级，以实现 ML 真正投产和规模化的能力。

3.11　本章总结

本书中多次提到 ML 的迭代属性，ML 的迭代属性意味着，当企业开始使用数据科学和 ML 为业务注入人工智能元素时，不能认为只是简单地进行了数据科学实验和建立了模型，然后将模型移交给工程团队来投产即可。投产的数据和模型会发生变化，业务需求和关键人员也会经常发生变化，对于通过静态的端到端代码交付的模型，如果没有完备的自动更新的工作流程，想要通过手动的方式来反映这些变化将需要大量的工作，因为这是一个系统过程，其中的每个组件（包括代码、数据集、模型、指标和运行环境）都需要跟踪和版本化。事实上，大多数公司，甚至那些拥有数据科学团队的公司，可能都没有一个完备的流程来保证模型投产的安全性和便捷性，这势必会产生大量的临时性工作和技术债，对公司来说，这既浪费了时间和金钱，也浪费了机会。

当 ML 模型从本章创建的 PoC 模型阶段（独立模型阶段）进入投产阶段（模型即服务阶段）时，我们会遇到一系列的挑战。进一步地，随着后续需要投产的模型越来越多，也就是达到模型工厂阶段时，对模型管理和运维流程的成熟度要求也会越来越高。幸运的是，我们可以借鉴软件工程领域已经成功的实践经验，延伸出相应的解决方案，MLOps 就是一个从这个思路延伸出来的、全新的、有潜力的方案，MLOps 的出现也会为 ML 投产、应用保驾护航。

在本章中，笔者初步介绍了为实践 MLOps 的前期准备（构建一个基础模型），在之后的章节中会以投产为目标，逐步为该基础模型增加模块，最终打造出一个可用的 MLOps 框架，该框架可以在其他不同的 ML 解决方案中借鉴使用。

从第 4 章开始，笔者将介绍如何将 ML 的开发和投产问题转化为由 MLOps 驱动的解决方案，并开始使用 MLOps 工作流程进行相应的设计和开发。

第 4 章

ML 与 Ops 之间的信息存储
与传递机制

回顾第 3 章中的案例，在准备模型投产时遇到了一系列的问题和挑战，为了克服这些问题，实现模型的规模化投产，我们提出了基于 MLOps 的解决方案。在实现整体解决方案之前，我们准备从底层基础能力开始搭建，就像盖房子先打地基一样，对于 MLOps 整个生命周期来说，连接各个环节的底层基础是信息的存储及传递，涉及的组件包括：ML 实验跟踪、模型注册、特征存储，这三大组件构成了 MLOps 的"地基"（信息存储）和"Wi-Fi"（信息传递），为 ML 与 Ops 之间的有效连接提供了信息存储与传递机制。可以说，MLOps 的可重现要求（针对数据、模型及服务的版本化等），以及后续的模型管理和模型监控都是在这三大组件的基础之上实现的。所以，本章着重介绍 ML 实验跟踪、模型注册和特征存储等三大组件涉及的内容，此外由于 A/B 在线实验也与模型评估有关，属于模型的线上评估，而 ML 实验跟踪涉及模型的线下评估，所以 A/B 在线实验（组件）也放在本章介绍。

（1）介绍 ML 实验跟踪组件的基础方法和实现，该组件会存储模型离线评估的指标信息，为模型的版本化和多模型间的可视化评估提供基础信息。

（2）介绍 ML 的 A/B 在线实验组件的实现方法及其在 ML 生命周期中起到的作用。

（3）介绍模型注册组件的实现方法，该组件会存储模型部署时涉及的信息，为模型训练与推理间的元信息传递及模型和服务版本化管理提供基础信息。

（4）介绍管理离线和在线特征的特征存储，该组件会存储特征的相关信息，为模型训练和推理间的特征传递及数据版本化管理提供基础信息。

4.1　ML 实验跟踪

下面仍以第 3 章的案例为例，团队成员 A、B、C 同时为同一个 ML 项目开发 ML 模型，每个人都做了大量的实验并获得了不错的结果。不幸的是，我们无法准确判断谁的模型表现更好，因为没有保存这些模型的参数和数据集版本。几周后，我们甚至不确定我们之前尝试了什么，可能需要重新运行几乎所有的脚本。这对 ML 项目的推广与管理是极其不便的。

在 ML 模型开发工作流程中，数据科学家操作的基本单元是模型实验。可以将实验过程视为包含特定模型的单个训练和验证周期的整个过程。从工程的角度记录每个实验是比较模型性能的第一步。我们在开发 ML 模型时，会做大量的实验，这些实验可能存在以下情况。

- 在不同的超参数设置下训练不同的模型。
- 使用不同的训练、验证和测试数据（样本）。
- 运行不同的代码，包括对代码快速测试时的小改动。
- 在不同的环境（如使用不同的 PyTorch 或 TensorFlow 版本）中运行相同的代码。

由于以上这些情况的存在，使得我们的实验会产生完全不同的评估指标，并且实验可能是在开发环境中运行的，这导致跟踪所有模型实验的关键信息变得非常困难。特别是，如果是在团队协作的情况下比较与整合这些实验，并想知道是哪些设置或算法产生了较好的结果，那么就可以使用 ML 实验跟踪。如图 4-1 所示，在使用 ML 实验跟踪功能后，将不同模型设置的训练结果展示在同一位置，这样一目了然。

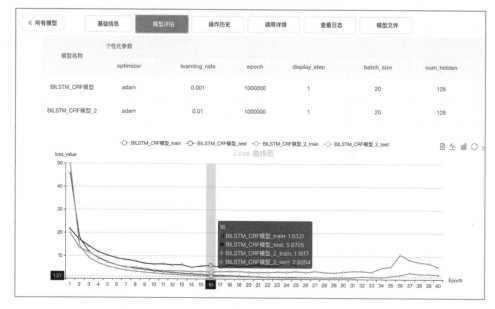

图 4-1　ML 实验跟踪与可视化

4.1.1　ML 实验跟踪的定义

所谓 **ML** 实验跟踪，是 **MLOps** 的一部分（或过程），专注于收集、组织和跟踪具有不同配置（超参数、模型大小、训练数据、参数等）的多次运行的模型训练过程中产生的信息。ML 实验跟踪系统（或模块）会定义一个适当的实验跟踪流程，并在所有未来实验中使用该流程，能够将所有实验组织在一个空间中，在我们需要的任何时候查看团队的建模成果，可以轻松跟踪进度并进行协调。

具体来说，需要具备一个集中的实验信息存储库，通过将模型实验过程的信息记录在该存储库中，可以搜索和过滤实验，快速找到需要的信息，这样无须额外的工作即可比较不同模型的指标和参数，也便于深入研究，查看你或团队都尝试了哪些内容（代码、数据版本、模型框架等）。当需要的时候，可以随时复制或重新运行实验，也可以访问实验的元数据并通过看板直观查看。其中，数据科学家关心的实验信息在很大程度上取决于具体的 **ML** 项目，但通常包括以下内容。

- 用于运行实验的脚本。
- 环境配置信息（代码库或文件）。
- 用于模型训练、评估和测试的数据版本。
- 模型超参数的参数配置与参数信息。

- 模型迭代训练后产生的权重及性能指标（如 F1 分数）。

当然，使用者希望在实验完成后获得这些信息，理想情况下，通过在训练脚本中内嵌 ML 实验跟踪 API，可将相关信息异步地记录到中央实验存储库中，在实验运行时也可以实时地看到正在或已经迭代部分的信息。

4.1.2　ML 实验跟踪的必要性

在具体的场景下开发 ML 模型，数据科学家会尝试结合不同的算法、模型框架及数据做大量的实验，调整实验中各模型的超参数，然后验证实验中不同模型的性能，这个过程是烦琐和复杂的。当多个数据科学家同时参与同一个 ML 项目的模型实验时，记录和比较模型是一件具有挑战性的事情。此外，ML 模型实验通常需要反复进行，这就要考虑实验的可重复性和版本化。所以，数据科学家在做模型实验时使用标准工具和流程是必要的。一个可行的方案是将简化模型开发和实验跟踪的工具（或自研工具）内置在 MLOps 框架中，这样可以帮助数据科学家记录模型实验时产生的相关指标，团队中多个成员在做同一个 ML 项目的模型实验时也可以在 MLOps 的辅助下实现协作和模型比较。此外，在该框架下工作的数据科学家不需要再将大量精力花费在设置环境和基础设施上，可以将节省下来的时间用于算法和业务的研究。

可以看出，在实践中，ML 实验跟踪的技术对于每个模型开发者来说都是非常必要的，最终会使模型开发者的实验效率成倍提高。

4.1.3　随时随地管理实验

当数据科学家在本地计算机上训练一个模型时，可以随时看到正在发生的事情，包括训练过程参数迭代的进展、迭代过程中参数的变化。但是，如果模型实验是在统一平台或云端的远程服务器上运行的，可能就不太容易看到模型学习曲线的样子了，如果是团队协作的情况，则在需要进行模型比较甚至融合时会更加困难。

ML 实验跟踪机制则解决了这个问题。ML 实验跟踪机制通过将实验涉及的元数据进行中心化处理，可以让数据科学家或团队成员实时地看到模型实验的状态和信息。对于训练周期较长的模型，这个举措很重要，实时查看实验运行的效果可以对效果不理想的训练做出提前终止的决策，以节省资源和时间。

团队协作时可以通过权限管理规避安全风险，即只对需要协作的模型开放权限，其他的时候团队成员各自只能看到自己模型的信息。

当采用 ML 实验跟踪机制将同一个项目中正在运行的实验与以前运行的实验的元数据进行合并时，可以快速比较它们，并决定当前正在进行的实验是否有必要继续或更改模型算法，也可以实时地看到远程训练工作是否出现问题，以随时决定关闭或修复错误后重新运行。

4.1.4 ML 实验跟踪与模型管理的区别

ML 实验跟踪（也可以称为实验管理）与模型管理都是 MLOps 的重要组成部分。MLOps 是一个更宏观的概念，用于处理全流程的 ML 开发、部署和运维，ML 实验跟踪侧重于在模型的开发阶段进行信息存储和可视化管理，而 ML 模型管理发生在模型投产时，目标是简化从实验到生产的模型迁移，模型投产后的模型版本控制、在 ML 模型注册中心管理模型工件、在生产中测试各种模型版本、模型部署后的服务管理等都属于 ML 模型管理的范畴。

ML 模型管理是一个相对较新的概念，业内更多关注的是模型开发环节。但未来几年，ML 对传统业务产生的影响只会越来越大，会不断渗透到新的细分市场，随着企业应用 ML 技术的不断成熟，ML 模型和相关项目会越来越多，一个完整的 ML 项目会涉及多个组件和管道，如果没有高可用的框架和模型管理，可能会使 ML 开发变得不方便甚至寸步难行，最终阻碍 ML 在生产中发挥价值。

对于参与实验的模型，即使最终没有能够投产，实验的信息被 ML 实验跟踪记录下来后也是能发挥作用的，比如，为未来的实验提供参考。

此外，一些研究或分析性质的项目的提交物可能就是一份数据分析报告，也就是这些项目的最初目标就不是真正投产。这类项目涉及不到模型管理的功能，但 ML 实验跟踪的功能仍然可以发挥作用，可以记录分析过程中每个实验的信息，为分析报告提供持续的结论支持和知识管理。

4.1.5 在 MLOps 框架中增加 ML 实验跟踪功能

为了正确地进行 ML 实验跟踪，除了需要标准化跟踪模块的记录功能，还需要对涉及的元数据进行处理。为实现这些功能，ML 实验跟踪模块通常需要具备以下能力。

- **中央存储**：是辅助 ML 实验跟踪的必要组件，通过提供记录功能将所有实验信息存储在同一个地方，方便随时查询。其中记录功能通常以客户端（实验跟踪 API）的形式提供。此外，该组件是 MLops 的基础组件，后面会多次提到。
- **元数据看板**（**Dashboard**）：是实验信息的可视化界面，该组件使用保存在中央存储中的实验信息并将其展示在前端界面上，通过该组件可以直观查看并比较不同实验的各项指标和性能，为模型的选择提供便利。
- **实验跟踪 API**：提供在中央存储中记录和查询数据的方法或 API，可以对实验产生的元数据及已经存储的元数据进行操作。

具体地，如图 4-2 所示，在部署模型之前，我们需要在实验层与部署层中间加一层实验跟踪组件，以记录不同实验的指标，并将记录的信息存储到中央存储中，同时需要在前端提供可视化能力（元数据看板），将实验的元数据信息进行展示，供建模人员和管理者决策参考。

图 4-2　ML 实验跟踪与可视化

4.1.6　设计和实现 ML 实验跟踪 API

为了便于演示，本节采用 Python 及 SQLite 实现 ML 实验跟踪 API 的基础逻辑，使用 SQLite 轻量级本地数据库进行存储，可供多个用户同时使用，保证每个用户看到的数据是独立的，只有在模型责任者授权的情况才会进行数据的互通。

SQLite 是一个基于 C 语言开发的数据库，不需要单独提供服务器进程，并允许使用 SQL 查询语言的非标准变体访问数据库。该数据库对于原型设计阶段来说非常方便，对于生产级的应用则可以将代码移植到更适合生产的数据库中，如 PostgreSQL、MySQL。具体地，在 sqlite3 模块中提供了一个支持 SQLite 的 Python 接口。

这里可以将整个训练和评估逻辑放在一个 train_evaluate.py 代码中。该代码将超参数集作为外部输入，而参数集作为输入并通过迭代不断输出验证分数（推理结果），以完成模型的训练和评估迭代。如图 4-3 所示，train_evaluate.py 代码可以被切分为 objective_function、参数集、ML 实验跟踪 API 和 get_score 这四个部分。各个部分的定位和作用分别介绍如下。

- objective_function 定义需要优化的目标函数，该函数通常被称为优化函数。
- 超参数集通常为外部输入的数据，会影响模型的性能，但它们不属于训练数据，不能从训练数据中学习。例如，决策树学习算法中的树的最大深度，支持向量机中的误分类惩罚，k-最近邻算法中的k。这里需要注意的一点是，超参数是代码库的一部分，但与主函数是分开的。
- 参数集的类型通常会因算法的不同而有差异，可以是定义学习算法所训练的模型变量的权重。参数是由学习算法根据训练数据直接拟合的。学习的目标是找到使模型在一定意义上达到最优的参数值。
- ML 实验跟踪 API 则是本节的主角，负责将以上的参数集、超参数集及评估结果记录到中央存储中，这种内嵌方式可以方便记录每次迭代的信息。
- get_score 则负责每次迭代时记录优化目标的分数，反映算法收敛的程度，用以抉择迭代是停止还是继续。

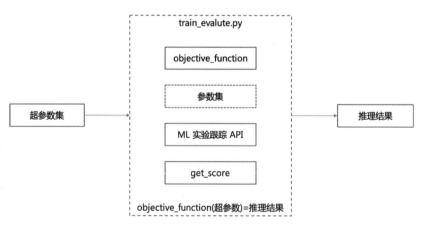

图 4-3　ML 实验跟踪 API 的应用示例

接下来是 ML 实验跟踪 API 的实现逻辑示例。首先，可以创建一个名为 model_track_center.db 的库及一个连接相应数据库的 conn 对象，conn 对象提供了一个可以操作 model_track_center.db 的连接，该连接由函数 get_conn 定义，以便执行表的创建和查询：

```
import os
import sqlite3

# 数据库连接
def get_conn(model_track_path):
    return sqlite3.connect(os.path.join(model_track_path,
'model_track_center.db'))
```

ML 实验跟踪 API 定义了一个 ModelTrack 类，该类包含三个关键方法，具体的 ModelTrack 类与方法如图 4-4 所示。其中 log_param 负责记录超参数，log_metric 负责记录每次迭代的性能指标，log_best_param 负责记录最优参数，不过最后这个方法也可以使用 log_metric 实现，比如，通过增加一个 is_best 字段进行标识即可。

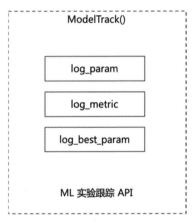

图 4-4　ML 实验跟踪 API 的方法定制

接下来，为了实现跟踪数据的存储，需要创建一个名为 model_track 的跟踪主表，负责记录与模型相关的元数据信息，可以根据需要定义跟踪中的字段。同时，需要为模型迭代时产生的参数及评估日志创建表，下面给出涉及的各个表的结构示例及说明：

```
drop table if exists model_track;
drop table if exists model_metric;
drop table if exists model_params;
drop table if exists model_task;

create table model_task
(
```

```
    task_id integer PRIMARY KEY ASC,
    task_name text not null,
    task_description text,
    tracked_time text default CURRENT_TIMESTAMP not null,
    del_flag integer default 0 not null
);
create table model_metric
(
    metric_id integer PRIMARY KEY ASC,
    model_id integer not null,
    metric_name text not null,
    metric_type text not null,
    epoch integer not null,
    metric_value float not null,
   is_best integer default 0 not null,
    tracked_time text default CURRENT_TIMESTAMP not null
);

create table model_track
(
    model_id integer PRIMARY KEY ASC,
    task_id integer not null,
    model_sequence integer not null,
    model_name text not null,
    model_description text,
    tracked_time text default CURRENT_TIMESTAMP not null,
    del_flag integer default 0 not null
);

create table model_params
(
    param_id integer PRIMARY KEY ASC,
    model_id integer not null,
    param_type text not null,
    param_name text not null,
    param_value text not null,
    tracked_time text default CURRENT_TIMESTAMP not null
);
```

在具体的建表工作中，可以将以上代码保存至文件 db.sql，然后通过以下语句进行标准化：

```
import os

def create_tables():
```

```
    conn = get_conn(model_track_path)
    sql_script = open(os.path.join("/your/path/", 'db.sql'), 'r',
encoding='utf-8').read()
    conn.executescript(sql_script)
    conn.commit()
```

　　针对具体的实现逻辑，如下代码给出了简单的示例。使用者可以通过 ModelTrack 类对应的 add_param、add_metric 等方法将训练过程中的超参数、Loss、Accuracy、Precision 等值记录在中央存储中，前端人员可以在此基础上开发可视化模块，以实现模型的性能展示及对比等功能：

```
import time
import sqlite3
import os

class ModelTrack(object):
    def __init__(self, task_name, task_desc=''):

        self.conn = sqlite3.connect(os.path.join(current_path,
'model_track_center.db'))
        self.task_name = task_name
        self.task_desc = task_desc
        self.is_add_track = True
        self.param_dict = {}

    def _execute_sql(self,sql,values=None):
        self.conn.execute(sql, values)
        self.conn.commit()

    # 检查todel_name是否重复
    def _check_model_name(self, model_name, model_count, task_id):
        if model_name == '':
            model_name = self.task_name + '_' + str(model_count + 1)

        else:
            # 判断是否有model_name
            if self._is_exist_model_name(model_name, task_id):
                model_name = model_name + '_' + str(model_count + 1)
            else:
                model_name = self.model_name

        if self._is_exist_model_name(model_name, task_id):
            return self._check_model_name(model_name, model_count,
task_id)
```

```
        else:
            return model_name

    # 检查 Task_name 是否存在
    def _is_exist_task_name(self, task_name):
        sql = "select 1 from model_task m where m.task_name =
'%s'"%task_name
        task_table = self.conn.execute(sql).fetchall()

        if len(task_table) != 0:
            return True
        else:
            return False


    # 检查 model_name 是否存在
    def _is_exist_model_name(self, model_name, task_id):
        sql = "select 1 from model_track  mt where mt.task_id = %d and
mt.model_name = '%s'" % (task_id, model_name)
        model_table = self.conn.execute(sql).fetchall()

        if len(model_table) != 0:
            return True
        else:
            return False

    def log_param(self, param_dict, param_type):
        self.param_dict[param_type] = param_dict

    def log_model_name(self, model_name):
        self.model_name = model_name

    def log_model_desc(self, model_desc):
        self.model_desc = model_desc

    def log_metric(self, metric_name, metric_value, epoch, is_best=0):

        if self.is_add_track:
            self._add_track_logs()
            self.is_add_track = False

        sql = """insert
                into
                    model_metric
```

```
                (model_id, metric_name, metric_type, epoch,
metric_value, is_best)
                values (?, ?, ?, ?, ?, ?)"""
        self._execute_sql(sql, (self.model_id, metric_name,"ml", epoch,
'%.4f'%(metric_value), is_best))

    def log_best_result(self, best_name, best_value, best_epoch):
        log_metric(self, best_name, best_value, best_epoch, is_best=1)

    # 添加模型超参数及其他元数据
    def _add_track_logs(self):
        # 插入 model
        if not self._is_exist_task_name(self.task_name):
            sql = "insert into model_task (task_name,task_description)
values (?, ?)"
            self._execute_sql(sql, (self.task_name, self.task_desc))

        sql = "select task_id from model_task m where m.task_name =
'%s'"%self.task_name
        task_id = self.conn.execute(sql).fetchall()[0][0]

        sql = "select count(1) from model_track sm where sm.task_id
= %d"%task_id
        model_count = self.conn.execute(sql).fetchall()[0][0]

        # 插入 model_description
        model_name = self._check_model_name(self.model_name,
model_count, task_id)
        sql = "insert into model_track
(task_id,model_sequence,model_name,model_description) values
(?, ?, ?, ?)"
        self._execute_sql(sql, (task_id, model_count + 1, model_name,
self.model_desc))

        sql = "select model_id from model_track sm where sm.task_id = ?
and sm.model_name = ?"
        self.model_id = self.conn.execute(sql, (task_id,
model_name)).fetchall()[0][0]
        print(self.model_id,model_name,"self.model_id")
        # 插入 model params (param_name/param_type)
        for param_type, value in self.param_dict.items():

            for param_name, param_value in value.items():
```

```
            sql = "insert into model_params (model_id, param_type,
param_name, param_value) values (?, ?, ?, ?)"
            self._execute_sql(sql, (self.model_id, param_type,
param_name, str(param_value)))

    def close(self):
        self.conn.close()
```

4.1.7　在生产中使用 ML 实验跟踪 API

通过前面实现的 ML 实验跟踪 API 可以使用简单的几步来实现记录模型训练性能日志。首先初始化 ModelTrack 类，初始化的时候需要指定模型任务的名称（task_name）和任务备注（model_desc），同一个模型任务可以包含多个子模型。具体地，这里引用 MLflow 的示例，使用前面封装的 API 进行实验跟踪：

```
import os
from random import random, randint

model_track = ModelTrack(task_name="churn_model_mlops",task_desc = "
流失模型研究")

if __name__ == "__main__":

    model_track.log_model_name("model-A")
    model_track.log_model_desc("模型-A")
    # 记录参数(以 key-value 对的形式)
    model_track.log_param({"param1" : randint(0, 100)},param_type =
"logistic_param")

    # 记录模型性能指标数据，该数据可以在迭代的过程中持续记录
    model_track.log_metric("foo", random(), epoch=1,is_best=0)
    model_track.log_metric("foo", random() + 1, epoch=1,is_best=0)
    model_track.log_metric("foo", random() + 2, epoch=1,is_best=0)
    model_track.close()
```

首先初始化 ModelTrack 类，填入与任务相关的信息，在迭代前将与模型相关的属性及超参数信息存入中央存储，其中超参数以字典的格式存入。接下来，在模型进入训练环节时，在每次迭代周期内都可以添加评估指标数据，评估指标可以为 F1 分数、loss、recall 等，每次迭代时都会调用该 API，都会把记录的数据持久化至中央存储中。前端人员可以根据数据的内容设计看板。

4.2　A/B 在线实验

　　ML 实验跟踪侧重于模型的开发阶段，用于评估和记录将模型部署到生产环境中之前的模型性能指标及相关信息。虽然离线实验可用于证明模型在历史数据上表现出了足够好的性能，但这些实验不能建立模型和用户交互结果之间的因果关系。当 ML 被引入实时的生产系统以驱动特定的用户行为时，如提高点击率或参与度，我们需要通过实时跟踪具体的业务指标来衡量这些目标的进展，这些指标被称为关键绩效指标（KPI），执行这种在线跟踪和验证的方式被称为在线实验。

　　A/B 在线实验是实际应用场景中最经常使用的统计技术之一。当将其应用于在线模型评估时，它允许我们回答这样的问题，新模型 B 在生产中是否比现有模型 A 的效果更好？或者，两个候选模型中的哪个在生产中效果更好？

　　想象一下，我们打算决定是否使用一个新的模型取代生产环境中的现有（旧）模型，包含模型输入数据的实时用户流量被分成两个不相干的组，如 A 组和 B 组，分到 A 组的流量被路由到旧模型，而分到 B 组流量被路由到新模型。

　　通过比较两个模型的性能，决定新模型的性能是否比旧模型的好，比较性能时使用统计假设检验。

4.2.1　创建在线实验的必要性

　　越来越多的企业已经或正在投入大量的时间和金钱来构建 ML 模型，以提高业务产出。这些业务目标的进展最终是通过跟踪业务 KPI 来衡量的。但是当数据科学家和 ML 工程师在他们的机器上构建模型时，他们并不会直接依据这些 KPI 来衡量他们的模型，而是根据对业务和模型的理解将业务 KPI 映射到模型的离线评价指标上，而且这种映射也是基于假设的，然后根据历史数据集衡量模型性能。

　　但是，一个模型在离线测试和指标方面表现良好并不意味着在生产时该模型将推动我们所关心的业务 KPI，因为我们无法通过离线测试建立与用户间真实的互动关系。总之，无论我们认为自己做了多么扎实的交叉验证，在模型真正被部署上线之前，我们永远不知道它的表现如何。

　　举个例子，对于一个依靠广告收入的在线视频公司，只有用户点击广告时，其业务才会产生利润。从直观上理解，在视频观看上花费更多时间的用户点击广告的概率也会更高。所以在构建模型时，可能会将正文（视频）的点击率或观看时长作为代理指标，而业务侧则只会关注更直接的指标，如转化率或付费率。当数据科学团队构建模型并通过离线测试在历史数据上进行验证时，通常并不知道该模型在实际应用中是否能增加点击率或付费率。为了实现其目标并验证前面的设想，公司需要不断尝试新方案，其中可能包括发起营销活动、创建新功能等。

当需要同时进行多个方案效果比较的时候，就需要创建在线的随机对照实验，也称 A/B 在线实验（或称 A/B 测试）。A/B 在线实验的工作是在模型投入生产时才开始的，用于对模型在生产中的真实性能指标进行实时的跟踪。

4.2.2 确定实验的范围与目标

一旦我们对数据中的关系有了更深入的理解，并确定了相关的 KPI 指标，就可以开始定义实验的范围。在设计实验之前，通常要先考虑如下四个问题。

- 要创建的实验是否重要，因为一旦建立实验就意味着相应的时间、金钱和资源的投入，应确保实验的结果能正向影响业务、产品或营销决策。
- 能否在这个实验中测量相关的 KPI 指标，从业务角度最不希望看到的是，无法量化想要影响的指标。确定想要影响的指标（或 KPI），然后确保它们是可量化的并且实际上可以应用于实验。
- 能否检测到影响，要评估在线实验跟踪的指标变化是否有意义，需要足够大的样本量，样本量的确定除了统计本身（如置信度）的要求，还需要待测试的业务指标处于漏斗的位置。如果待测试的业务指标处于漏斗的顶部（如点击率、打开信息），则可能不需要那么大的样本量。如果同时需要测试漏斗下方的指标（如转换率、购买率），则可能需要更大的样本量来检测一个较小的效应量。
- 是否满足商业目标，从商业角度来看，需要提前考虑如果实验指标较好，其影响是否会有意义。换句话说，即使你的实验所测试的模型带来了统计学上的显著提升，如果它只影响少数的几个用户，可能就不值得大规模投产了。

如果对上述任何一个问题的回答为"否"，则需要再调整实验目标或待测试的 KPI 指标的设定。

4.2.3　最小样本量的确定方法

这是在线实验的理论核心，最小样本量的确定涉及抽样（分流）方案的选择、统计假设的定义和所需的最小样本量的确定。其中，抽样方案是对感兴趣的人群进行抽样的方法，需要考虑包含任何潜在的抽样偏差，以确保利益相关者了解不同的抽样方法及这些方法对实验结果的潜在影响。

零假设与备择假设的设计涉及实验定义的"核心"。需要清楚地描述零假设和备择假设是什么。通常情况下，零假设应该是控制组（旧版本或现有状态），而备择假设是将要测试的新模型或变化。实验的目标是检验是否有足够多的证据来拒绝零假设并接受新模型（备择假设）。

统计误差是假设的关键部分，具体来说，我们需要计算两种类型错误的统计量：假阳性（第一类错误）和假阴性（第二类错误）。第一类错误是指"无辜者定罪"的概率，而第二类错误是指将"有罪者无罪释放"的概率。就实验而言，可以将零假设视为无罪而将备择假设视为有罪。如果这个人确实是无辜的（零假设是真的），理想情况是希望减少给一个无辜的人定罪（拒绝零假设）的机会。

具体地，对犯第一类错误的接受程度是通过显著性水平定义的，比如，将显著性水平设置为 5%（95%的置信水平）。克服第二类错误是通过使用功效统计量来完成的。功效统计量是检测实验组与对照组之间差异（如果存在差异）的能力。

图 4-5 为检验效能示例，表示变量的变化（如效应量大小和样本量大小）是如何影响统计检验的功效的，图中显示了随着观测值数量，也就是样本量（x 轴）的增加，对三种不同效应量（es）的统计功效（y 轴）的影响。这里假设可以接受的最小统计功效为80%或 0.80（图 4-5 中的红色虚线）。

了解影响的大小或针对给定人群可以预期的结果非常重要。我们希望在测试中看到的变化越大，效应量越大（es 值越小），需要的最小样本量就越小。我们希望在测试中看到的变化越小，效应量越小，需要的最小样本量就越大。换句话说，如果你想检测较大的差异，你将在测试中使用较少的用户进行检测，但如果你想找到更精细的微小差异，则需要在测试中包含更多的用户。

一旦定义了显著性水平、功效和效应量，就可以运行功效分析来确定最小样本量，以便检测正在测试的实验是否有意义。该检验通常使用p值进行解释，p值是在零假设为真的情况下观察结果的概率。在解释显著性检验的p值（必须指定显著性水平）时，如果 p 值小于显著性水平，则显著性检验的结果被称为"统计学上有意义"，这意味着零假设（没有显著差异）被拒绝。

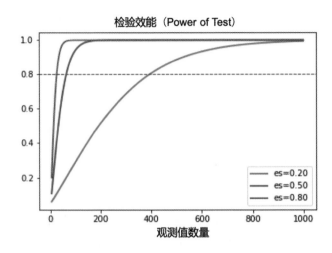

图 4-5 不同样本量和效应量的检验效能示例

最小样本量的计算示例如下所示，使用 Python 的 statsmodels 库即可实现简单的计算，需要指定显著性水平、效应量和最大可接受功效等：

```
# 导入 statsmodels 库
from statsmodels.stats.power import TTestIndPower
# 功效分析参数(可根据需要更改)
effect = 0.05
alpha = 0.05
power = 0.8
# 功效分析表现 #
# 在配对样本 t-test 下可以将 TTestIndPower 更改为 TTestPower
analysis = TTestIndPower()
result = analysis.solve_power(effect, power=power, nobs1=None,
ratio=1.0, alpha=alpha)
print('最小样本量: %.2f' % result)
```

4.2.4 对 ML 模型进行 A/B 测试

运行 A/B 测试的第一步是确定实现商业目标的衡量指标。在实验中，这个指标通常使用商业结果的代理指标，而不是商业结果的直接度量。首选代理指标的原因是速度快且可量化，一个可以在数小时或数天内测量的代理指标可以使我们快速整合实验反馈。

第二步是确定实验本身的参数，需要确定的两个参数分别是样本量和实验的持续时间，同时需要提前设定对照组和控制组。在实验上线后且预设的样本量达到之前，用户会按照预设的流量比例被随机分流到对照组和控制组，用户被分流到不同的组决定了他们将看到不同的 ML 模型。实验的持续时间取决于功效分析，这里的功效分析指的是对假阴性概率及显著性水平（当原假设为真时未能拒绝原假设的概率，即假阳性的概率）的计算。

4.2.5 在 MLOps 框架中增加 A/B 在线实验功能

接下来到了具有挑战性的部分，需要在 MLOps 流程中嵌入 A/B 在线实验功能。这在实际运行时意味着要同时操作多个模型，并确保被分配到控制组和对照组的用户能够看到正确的模型产生的结果。顺利做到这一点取决于公司的数据基础设施和数据模型。对于具体的设计，这里给出两种设计模式。

（1）内嵌模式

这种模式是将不同的模型封装在 A/B 实验 API 的后端，如图 4-6 所示。我们需要在模型部署阶段新增一层 A/B 实验的 API，将多个模型封装在 API 的后端，同时需要在模型发布后对反馈日志和 A/B 实验的参数进行保存，所以这里需要将反馈日志和参数信息记录到中央存储中，后面的一些环节中也会多次用到中央存储。我们来讨论一个简单的实现，然后改进它，使用类似 Flask 的伪代码来表示该模式的逻辑。

图 4-6 A/B 在线实验的内嵌模式

假设 model_A 是当前部署的模型，可以通过向/predict 端点发出 HTTP 请求来获取 model_A 的预测结果：

```
@app.route("/predict")
def predict():
    features = request.get_json['features']
    return model_A.predict(features)
```

现在想象一下，我们根据用户的 ID 将用户分配到控制组和对照组，假设模型 A 为控制组，在代码中将其定义为 model_A，模型 B 和模型 C 为对照组，在代码中将其定义为 model_B 和 model_C。内嵌模式的路由逻辑是将用户与模型服务应用程序中的模型相匹配，也就是在单个应用程序中提供多个模型：

```
from hashlib import sha1
import random

alternatives = ["model_A","model_B","model_C"]

# 将模型名称映射到模型对象
MODELS = {
    "model_A" : model_A,
    "model_B" : model_B,
    "model_C" : model_C
}

def get_hash(client):
    hashed = sha1(salty).hexdigest()[:7]
    return int(hashed, 16)

def choose_alternative(client):
    rnd = random.random()
    idx = get_hash(client) % len(alternatives)
    return alternatives[idx]

@app.route("/predict")
def predict():
    features = request.get_json['features']
    user_id = request.get_json['user_id']
    model_selected = choose_alternative(str(user_id))
    return MODELS[model_selected]
```

这种模式比较容易理解，但不是一个好模式。其中有三个原因，第一个原因是任务分工难度和测试复杂度高，在引入在线实验之前，我们部署的模型服务只负责处理对模型的请求。这个任务可以在一个用几行代码封装的轻量级应用程序中完成，假设 API 是用一个测试良好的框架实现的，那么只需要一个相对较小的测试套件即可完成测试。而将实验逻辑添加到 API 中则会增加应用程序的任务、代码库、依赖，以及需要编写更多的测试内容。

第二个原因可归结于增加代码及模型会增加应用程序失败的风险。在单模型的情况下，如果有模型失败的情况，只需要独立修复该模型对应的模型服务即可，更新模型时也只需要独立更新，不会对其他模型产生影响。而在内嵌模式下，如果有模型调用失败，在修复的时候需要对整个服务进行调整，势必会影响到其他模型的调用（模型更新时也有这种情况）。

第三个原因，也是最重要的原因，这种模式在操作上依赖开发人员来完成，每次创建实验的时候都需要开发人员配合，而实际应用时可能需要做很多实验，这种模式会降低实验验证的效率。理想的情况是，ML 在线实验应该由熟悉模型的数据科学家来创建和管理。数据科学家可以在必要的时候进行暂停实验、选择执行优胜模型和重设实验等操作，而不需要改动实验的代码库。如果实验的日志和配置信息是保存在中央存储中的，并且实验的创建与模型、业务分离，那么这一点就很容易实现。

（2）分离模式

更好的方法是在模型推理服务的客户端和业务系统之间添加一层额外的抽象层，该抽象层负责根据实验的设置路由传入的请求。对于这种模式，每个训练好的模型都托管在独立的环境中，并且各自对应一个模型推理服务，流量先通过 A/B 实验 API 进行分流，将指令路由到模型推理服务的客户端，也就是模型推理服务与 A/B 在线实验服务是分离的，这样如果其中有模型推理服务出现问题，则不会影响到 A/B 在线服务和其他模型服务的正常运行。具体的设计如图 4-7 所示。

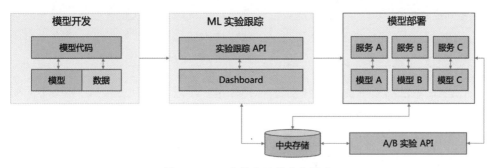

图 4-7　A/B 在线实验的分离模式

该模式首先解决了责任下放的问题，整个应用由两层服务组成。模型推理服务负责执行预测，A/B 在线实验的服务负责分流和反馈日志的收集，将传入的推理请求路由到适当的模型推理服务上，同时也会接收来自客户端的反馈信息，以便实时展示实验的效果。运行实验时，数据科学家或业务人员可以根据实验进展打开、关闭或选择优胜者的操作，不需要开发人员参与，这样极大地提高了实验的灵活性。

4.2.6　用于 A/B 在线实验的 MAB 方案

A/B 在线实验的一个缺点是，它会产生"遗憾"，类似于经济学里的沉没成本。即在测试过程中，向一些可能与其他选择有更好互动的用户展示较差的选项。例如，想象一下，要创建一个 A/B 在线实验，比较不同的广告横幅，发现一个横幅比其他横幅带来了更多的转化。在这种场景下，遗憾指的是那些没有点击当前所展示劣质广告的用户的转化率损失，这个损失的大小取决于如果向这些用户展示其他广告带来的转化率提升程度。

在定期使用 A/B 在线实验的情况下，遗憾随着时间的推移可能会对业务产生负面影响，如不太理想的用户体验，进一步导致用户流失率提升。对于任何定期进行实验以寻找最佳 ML 方案的公司来说，尽可能地减少遗憾是有必要的。

多臂老虎机（Multi-Armed Bandits，MAB）是使用概率论的经典方法之一，也属于强化学习的范畴，该算法可以减少 A/B 在线实验中出现的遗憾。

MAB 概念来源于赌场，赌场中常见的老虎机有一个操控杆，形似手臂（Arm），而玩老虎机的结果就是赌徒的口袋被掏空，像遇到土匪（Bandits）一样。在多臂老虎机范式中，赌徒面对的则是多台老虎机，将玩法延伸到概率领域，事先赌徒并不知道每台老虎机的真实盈利情况，赌徒使用概率知识，根据每次玩老虎机的结果来选择下次摇哪台或者停止赌博，以实现自己收益的最大化。

MAB 方法类似于 A/B 在线实验，MAB 是在实时环境中探索 ML 模型不同变体（不同版本或不同模型）的性能。然而，MAB 并不像 A/B 在线实验那样在实验阶段完全按照预设比例进行分流，MAB 是自适应的，并且会动态支持模型的最优迭代。A/B 在线实验将分配固定比例的用户流量给每个模型，而 MAB 会根据用户偏好动态调整比例。

　　具体地，MAB 是根据每次摇臂的收益来调整策略的，应用在 A/B 在线实验中，每个候选模型就是一台老虎机，A/B 服务端向业务端分流（推荐）模型就相当于选择老虎机的过程。对于 A/B 服务来说，希望向业务端分流收益大的老虎机，以获取更好的整体收益。例如，A/B 服务会向业务端以更大的权重分流长期收益较大的模型 A。但是，一味地选择最优模型可能会产生"信息茧房"问题，导致新的版本或暂时表现不好的版本被错杀。针对这种情况，MAB 提供了探索与利用（Exploration and Exploitation）的平衡，最早开发的算法之一是 ϵ – Greedy，它以 ϵ 的概率"探索"，以 $1 - \epsilon$ 的概率"利用"，基于被选择的模型的回报更新该模型的回报期望。其他算法，如 Thompson 采样算法，是一种概率匹配算法，该算法试图将每一次决策的概率与最优选择的概率相匹配。为了达到这一目标，每个被测试的选项（模型）都会被视为具有引发用户积极互动的内在概率。为了对模型进行选择，需要对每个选项的概率分布进行抽样，使用具有积极互动的最高概率的选项。观察完反馈后，该选项的概率分布估计值将被更新，以便进行下一次选择。还有其他的 MAB 算法，如 Softmax 算法，它可以用来最小化负交互作用，代价是较少使用最佳选项。选择使用哪种 MAB 算法，取决于被测试的内容和待测试模型的优先级。

　　在商业应用中，MAB 方法也有着广泛的应用，包括广告展示、医学实验和推荐系统等。近年来 A/B 在线实验的应用中也多有使用 MAB 方法作为备选方案的，该方案将 MAB 相关算法封装在 A/B 实验 API 的后端。

　　MAB 方法从实验期间收集到的反馈中学习，以动态调整模型的分流，MAB 通过动态流量分配来不断识别一个版本优于其他版本的程度，一旦识别出来，MAB 会提高性能更好的模型的分配概率。这意味着，随着时间的推移，性能低的模型得到的流量会越来越少。从流量的利用效能角度看，MAB 可以保证在实验期间总体的转化率达到最大，因为它会不断地平衡探索和利用。在收集到每个新的反馈样本之后，MAB 会对其进行学习，并将学到的知识用于下一次的选择。随着时间的推移，表现较好的模型比表现较差的模型使用得更频繁，最终选出最优模型。而传统的 A/B 在线实验则做不到这一点。

　　当然，传统的 A/B 在线实验仍然是一个有价值的工具。由于 MAB 方法减少了劣质模型的使用，故需要更长的时间来建立其性能验证的统计学意义，这可能是一个重要的考虑因素。最终，测试人员必须决定如何权衡算法的取舍，以选择适合特定情况的有效模型或方案。

4.2.7　MLOps 框架中的 A/B 实验管理

　　基于以上叙述，可以在 MLOps 框架中设计一个简单的 A/B 实验管理界面，后台将部署了的模型与 A/B 实验 API 进行整合，使用者可以不用关心后台的实现，只需使用前端管理界面即可实现实验的定义和创建，如图 4-8 所示。

图 4-8　A/B 在线实验的定义和创建

　　在图 4-8 中，我们提到实验的元数据信息会被保存到中央存储中，这样做的好处是可以非常便捷地对实验进行操作，包括选择查看不同的 KPI 指标（如 CTR／CVR）的测试结果，此外，还可以在 A/B 实验 API 的后端封装一个实验操作功能，以进行实验本身的操作，如暂停实验、停止实验、选择优胜模型等，A/B 在线实验的管理如图 4-9 所示。

图 4-9　A/B 在线实验的管理

4.3　模型注册

我们可以实现将模型训练和推理过程分离，甚至可以在不同的机器上运行它们。模型经过远程训练和存储后，我们可以通过引用模型的远程文件路径来在推理过程中使用模型。尽管该方式允许我们将模型训练与推理过程分离，但会产生一个问题，即其缺乏在这两个过程之间传递信息的机制。例如，我们如何将训练过程中的远程文件路径注入推理过程？手动执行此操作是一种选择，但我们更希望操作是闭环和自动的，尤其是当我们希望自动化部署 ML 模型的时候。此外，在模型已经部署成模型推理服务以后，通常还需要对模型服务进行管理。要满足这些诉求，都离不开模型注册功能。

4.3.1　模型注册的定义

假设数据科学团队花费了大量的资源开发了一个 ML 模型，这个模型运行良好，并且有很好的潜力来影响商业结果。但是，将 ML 推广到生产环境中是痛苦和缓慢的，我们缺乏的是透明度和与其他团队成员合作的方式。如果有一个中央存储可以存放所有的生产就绪的模型和元数据信息，那么将会简化整个生产和工作流程。模型注册就是负责这件事的。

为了对模型生命周期进行全面的管理，快速、无缝地发布模型及实现团队协作，首先要做的就是实现模型的注册功能。模型注册是 ML 生命周期或 MLOps 的一部分，介于模型开发和模型部署之间，在两者间搭建了信息传递机制，以保持 MLOps 工作流程的畅通。它是一种管理多个模型工件的模块，在 ML 生命周期的部署、持续部署阶段及服务阶段管理模型和服务。模型注册是一个协作中心，团队可以在 ML 生命周期的不同阶段一起工作，从实验阶段开始到生产阶段结束。它将审批、治理、监控和分享无缝衔接，提高了工作流的处理性能，辅助管理着 ML 模型的整个生命周期，并使得部署标准化。当完成实验阶段，并准备部署或与团队分享时，可以使用模型注册功能。

本质上，可以将模型注册中心看作为每个模型建立的"档案"库，每个注册后的模型的档案是唯一的，档案的唯一标识是模型 ID，档案内容包含模型代码和工件所在位置、模型训练时使用的特征信息、模型服务状态、模型依赖的代码包、模型版本等。模型注册是一个允许 ML 工程师和数据科学家部署、发布、管理和共享模型以与其他团队协作的组件。

4.3.2 模型注册的必要性

缺乏管理是当前 ML 领域面临的问题，它会拖延生产，模型在应用过程中出现的问题也很难被发现，这时公司不得不去思考出了什么问题及如何解决。在现实场景中，缺乏以模型注册为中心的统一管理会发生以下常见问题。

- 使用常见的错误标记模型工件（文件）来跟踪哪个工件来自哪个训练工作是困难的，如果这些细节是通过电子邮件或即时信息共享的，那么很容易造成错乱。
- 丢失或误删数据，如果不跟踪哪些数据集被用于什么，团队将不知道哪些数据能删除，哪些不能。
- 缺少源代码或未知版本，即使是好模型，有时候也会产生令人惊讶或错误的结果，如果不注意，很容易失去对源代码的跟踪，或者不知道哪个源代码的版本是用来训练正在线上运行的模型的。这可能会导致重复工作。

　　除此之外，研究环境下开发的模型也不适合直接进行生产部署，主要有以下三个原因。

- **模型开发通常是探索性和临时性的**：构建和改进模型需要对不同的特征、模型架构、超参数值等进行实验，这项工作通常是在代码编辑环境（如 Jupyter）中实现的。若 Jupyter 与 Git 不能很好地配合使用，一组代码也可能生成多个版本的候选模型，这些版本由模型工件、指标和参数组成，这些工件、指标和参数通常难以组织和管理。
- **数据和代码一样重要，并且经常变化**：相同的建模代码使用不同的数据运行时可能会产生不同的输出，数据也会随着时间推移而频繁变化，因此即使代码没有更改，模型也可能会因为训练数据的变化而变化。
- **计算是重要且随机的**：对于传统软件，构建工件所需的计算是事后考虑的，因为它的计算成本相对较低且是确定的。在模型开发中，计算成本很高，并且由于是随机优化，相同的输入可以产生不同的输出。这意味着记录和存储每次计算的结果至关重要，而且这种计算不是一次性的。

　　所以，我们需要通过模型注册将模型开发过程中的依赖和产出记录下来，模型注册通过存储"模型版本"来解决这些问题，以实现可重复的研究来帮助数据科学家，这些"模型版本"不需要关心计算发生在哪里，只需要捕获计算的输入（代码、参数和数据）和输出（模型工件和指标）。

　　记录在模型注册表（中心）中的模型更容易被移交给工程团队进行部署。当模型工件存储在具有历史脉络的模型注册中心时，工程团队不需要投入精力和使用更强大的框架来训练模型。如果后续的持续训练是必要的，运维团队可承担起这个任务或者工程团队可以将任务自动化，因为流程已经记录在案。这就释放了数据科学家的时间，让他们研究和实现新的算法，而不是重新训练旧模型。

　　使用模型注册来跟踪模型，最初可能看起来对数据科学家来说是一种额外的负担，但在模型注册功能得以实现并投入使用后，给数据科学家们带来的效率提升是极大的，同时也给模型管理带来了便利。

　　拥有模型注册中心可以使数据科学家和工程团队之间的交接更加有序，当生产中的模型产生错误输出时，模型注册中心可以很容易定位是哪个模型导致的问题，并在必要的时候回滚到模型的前一个正确的版本。

可以预见的是，越来越多的数据科学团队会将模型注册功能作为模型开发和管理的核心支柱。

4.3.3 将模型注册功能融入 MLOps 框架

模型注册为引入模型的各个版本提供了一个共同的来源，当数据科学家与工程团队沟通时，他们可以使用存储在模型注册中心的唯一 ID 来引用一个模型，而不会产生分歧。同样地，应用程序可以将唯一的 ID 作为其部署管道的参数，并从模型注册中心获取元数据，进而访问相关的工件，使更新模型变得简单。

在模型注册中心建立的谱系可以消除工程师重写代码的需求，因为重现模型所需的细节是现成的。而且，如果模型持续训练工作也发布了模型和指标，那么任何团队都可以很容易地跟踪任意时间段的模型性能。

具体地，在第 3 章构建的模型的基础上，我们需要在模型开发与模型部署之间再增加一层，也就是模型注册层（如图 4-10 所示的模型注册中心）。类似于域名注册或容器注册，模型注册中心的后端是一个中央数据库（中央存储），用于存储模型的元数据、版本和其他配置信息。如图 4-10 所示，展示了模型注册创建模型与推理服务间的信息传递机制。我们将版本化模型元件及模型注册 API 统一划到模型注册中心模块中，将注册的信息保存到中央存储（前面介绍的 ML 实验跟踪的元数据也会保存在这里）中。

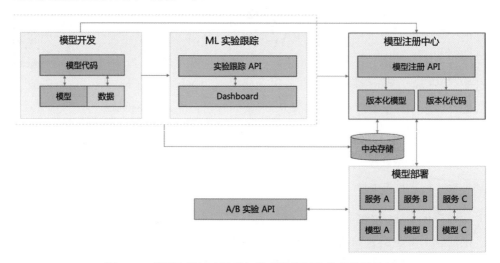

图 4-10　模型注册创建模型与推理服务间的信息传递机制

4.3.4　模型注册中心存储的信息

模型注册中心提供了一个存储模型元数据的机制，通过通信层连接独立的模型训练和推理过程。一个构造良好的模型注册中心允许模型推理服务根据注册的信息来选择使用已发布的模型以生成预测。随着建模团队的规模和应用程序（模型）数量的增加，模型注册中心可以帮助 MLOps 灵活扩展模型管理。

具体地，对于每个待注册的模型，通常需要存储模型的标识符、名称、描述信息、发布者、版本、版本的添加日期，持久化模型的远程路径及模型的状态等。其中，模型的状态可以包括开发、影子模式或生产等标识，而且这些信息可以根据具体的需求进行扩展。另外，如图 4-11 所示，其他与模型相关的关键信息分为模型代码、数据集、模型指标和模型工件几类。

图 4-11　存储在模型注册中心的关键信息

- **模型代码**：模型注册中心应包含用于训练模型的所有代码或依赖包的引用。如果自定义代码用于转换数据或训练模型，则代码应位于单独的版本控制系统（类似 Git）中，并且模型注册中心应该包含该系统的最新版本 ID，大多数项目还会用到外部库或其他软件依赖项。
- **数据集**：由于 ML 模型都是基于数据进行学习的，若要重现模型，则需要访问原始的训练数据。模型注册中心应包含原始训练数据的静态副本、视图或快照的引用。数据集的副本可以放置在对象存储装置或数据库中，并可以在模型注册中心中引用。
- **模型指标**：大多数模型注册工具都有一个缓存装置，用于将模型参数或性能指标存储为键值对。存入的输入参数和模型性能的值有助于在创建新版本时快速比较模型。后期的持续训练作业也需要将所有可配置的输入参数写入模型注册中心，训练完成后，模型的评估和性能指标会通过模型注册中心完整地写入中央存储，方便快速查看新模型的性能是否比以前的版本更好或更差。一些模型注册工具还会自动记录高级属性，如特征重要性权重或损失曲线。具体的方案参见 ML 实验跟踪环节。

● **模型工件**：模型部署环节需要使用建模阶段创建好的模型工件，ML 框架通常具有个性化的机制来持久化模型（例如，将 Scikit-Learn 模型导出为 Python Pickle 格式或将 TensorFlow 模型导出为其自定义的 SavedModel 格式）。这些工件文件应该被存储在模型注册中心，这样只要业务需求确定，就可以随时将模型部署到生产中。

为了记录和存储以上事项的信息，需要两个重要组件。第一个关键组件为模型注册 API，该 API 可以定义将保存至中央存储的信息和方式，前端操作或脚本调用时导致信息发生的变化均需要通过该 API 向后端数据库传递。比如，在前端将离线模型上线为在线服务的时候，模型的状态标识会由开发变更为生产，此时需要告知模型注册 API 进行后端信息的变更。

第二个关键组件为中央存储，该组件的作用是可以在同一个地方管理所有的实验，以及管理带有版本和其他元数据的注册的模型。这个组件也是协作的关键，可帮助团队在一个地方轻松访问和共享所有类型的信息。

4.3.5 模型注册的价值

模型注册中心是大多数 MLOps 架构中最容易被忽视的组件，即使你的团队已经设置了自动化管道和模型服务，但这样仅实现了模型开发和服务化的能力，对模型、版本和元数据并没有做相关处理，这时就需要在实现模型注册的基础上再实现后续的模型管理功能。当我们开始重视模型注册的时候，可以产生以下价值。

（1）更简单的自动化

在模型注册的基础上，模型服务可以通过模型注册中心从中央存储检索到最新模型的信息，并使用最新模型向业务系统提供推理服务。当模型服务的后端模型发生更新时，也可以通过模型注册 API 自动将最新的模型信息存入中央存储以供模型服务使用。

（2）所有模型的概览

模型注册中心包括模型概况的前端展示，在前端可以展示模型注册中心的信息。使用者可以查看模型注册中心中已经注册了哪些模型、它们是否在生产中运行及最近发布的版本等信息，还可以在前端执行新模型的注册和已注册模型的管理等操作，这些前端操作通过模型注册 API 与中央存储进行数据交互（查询、保存及变更）。

（3）跟踪模型版本

我们在手动进行模型开发和部署的时候，一个常见的痛点是不确定当前业务系统正在请求的模型服务是来自哪个模型或哪个模型的哪个版本的。如果团队成员更新了模型而不更新模型注册中心中的版本号，则很容易发生这种情况。比如，使用的模型工件是"model.pickle"文件还是"model-new.pickle"文件？文件名中通常没有提供足够多的信息来跟踪相关模型，而且手动保存的内部文档等来源可能已过时或不准确。

模型注册中心方便了使用者跟踪随每次模型更新而更新的特定版本号，可以轻松查看每个模型版本的信息。你会知道当前的优惠券推荐服务是由 coupon-recom-model v1.1.2 创建的。该模型上次更新的时间、模型的创建者及模型的任何相关更新也很容易被跟踪到。

（4）跟踪模型所处的阶段

与跟踪模型版本类似，模型注册中心已经注册的不同模型可能会处在不同的阶段，如在开发、暂存或生产中。跟踪这些阶段很重要，可以方便使用者管理当前哪些模型正在使用中，哪些模型已经过期并需要进行清理。

（5）文档化开发者创建的模型

数据科学家在开发 ML 项目的时候通常还需要对该项目和涉及的模型进行文档化来形成知识库，如记录该项目的目标、业务预期、数据探索和模型开发细节。文档化信息同样很重要，比如，金融行业在进行风控建模时，业务人员会给使用的特征说明及建模过程提供一个详细的解释。如果没有模型注册中心，就没有一个清晰的位置来记录这些数据。模型注册中心允许将结构化和非结构化的元数据与每个模型相关联。

简单的文档化也可以使用每个模型的用途及每个模型的相关性描述来注释模型，从而帮助团队和业务人员查看。例如，一个简单的文本注释，如"这个模型是基于[论文 X]且使用我们的 2020-2021-Y 数据集训练的"，可以为几个月后试图弄清楚这一点的人们节省大量时间。其他元数据（包括评估指标）可以帮助你使用内置仪表板直接比较模型（也可以将这点转移到 ML 实验跟踪模块进行实现）。

（6）管理所有模型的依赖关系

通常，模型会有不同的依赖关系。例如，开发者可能使用 PyTorch 和 Pandas 构建了一个模型，使用 TensorFlow 构建了另一个模型。如果在模型注册中心跟踪了这些依赖项，可以确保将模型部署到正确的环境中。

（7）团队协作

在团队协作建模的场景中，可能会出现团队的不同成员对同一模型进行更改的情况。使用模型注册中心来记录这些信息，就可以让任何成员都看到新版本何时发布及由谁进行了哪些更改，团队或公司中的每个人都可以在授权后访问完全相同的模型和相同的版本。

如果同一团队的不同成员想要开发相同模型的更好版本，他们每个人都可以使用模型注册中心来查看他们的同事已经尝试过的内容和不同变体的结果。这让每个人都有机会改进现有工作，而不是重复其他人已经尝试过的工作。

4.3.6　先从一个简单的模型注册开始

假设第 3 章创建的模型的部署目标是创建一个 API，然后使用该模型来提供推理服务。我们可以从一个简单的部署方式开始，如图 4-12 所示是模型注册的最小可行性设计。

图 4-12　模型注册的最小可行性设计

我们在 Python 环境中使用 pickle 包来实现模型的序列化。具体来说，我们通过人工方式训练一次性模型并将其序列化为一个名为 model.pkl 的文件。之后，将该模型文件存储在本地或远程服务器上。最后，读取已保存的模型文件，反序列模型后创建一个可以随时接收预测请求的模型推理 API 服务。

这种设计模式在行业中比较常见，但其也有一些缺点。

- 随着时间的推移,模型可能会随时衰退,尤其是当数据分布随时间变化时,这在线上业务场景中是极其常见的。
- 由于这里的模型训练是一次性的,因此训练代码很难得到很好的维护,这使得后续的重现变得困难。

从长远角度看,我们需要模型是可以版本化的,所以需要升级模型注册的设计模式。

4.3.7　设计和实现符合 MLOps 标准的模型注册中心

本节我们将使用模型注册中心再次实现模型的部署,如图 4-13 所示是符合 MLOps 标准的模型注册的设计。

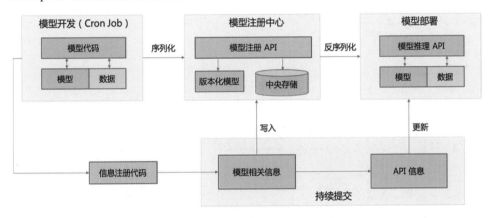

图 4-13　符合 MLOps 标准的模型注册的设计

对于模型训练,我们有一个定期训练模型的 Cron Job(在 MLOps 框架下通常是由模型监控模块触发的)。模型训练好后,将其工件序列化到模型注册中心,并通过信息注册代码将模型相关信息写入模型注册中心,以及将需要更新的 API 信息提交至模型推理 API 的后端(模型推理 API 的更新方法参见第 7 章)。值得注意的是,这里提到了 API 信息的更新,这是考虑到新版本模型与当前 API 的兼容性,因为当前供应 API 的旧版本模型使用的特征可能与新版本模型训练时使用的特征不一致。比如,旧版本模型使用 20 个特征进行训练,而新版本模型使用了21 个特征进行训练。

对于模型注册中心的实现,下面给出一个简单示例。我们将使用关系型数据库来存储元数据,并创建一组 Python 函数来实现基础的注册功能。我们将展示如何使用这些函数和模型接口，本节示例仍然是在第 3 章创建的模型基础上升级实现的。

为了尽可能轻松地运行本节中的代码，我们将依赖项限制为常见的 Python 数据科学库，如 Jupyter 和 Pandas。而对于中央存储，为了便于演示，与 ML 实验跟踪模块一样，也使用的是轻量级的 SQLite 库。

首先，可以创建一个名为 model_registry_center.db 的库及一个连接数据库的 session（conn），conn 提供了一个可以操作 model_registry_center.db 的连接 session，该 session 由函数 get_conn 定义，用于执行表的创建和查询操作。这里需要注意的一点是，model_registry_ center.db 库是一个独立的文件，如果要将 ML 实验跟踪与模型注册中心的数据打通，则需要使用同一个数据库文件。相关代码如下：

```
import os
import sqlite3

# 数据库连接
def get_conn(model_registry_path):
    return sqlite3.connect(os.path.join(model_registry_path,
'model_registry_center.db'))
```

接下来，创建一个名为 model_registry 的模型注册表，可以根据需要定义注册表中的字段，下面给出一个 model_registry 表的结构示例：

```
create table model_registry
(
    id INTEGER PRIMARY KEY ASC,
    name TEXT NOT NULL,
    version TEXT NOT NULL,
    registered_date TEXT DEFAULT CURRENT_TIMESTAMP NOT NULL,
    remote_path TEXT NOT NULL,
    stage TEXT DEFAULT 'DEVELOPMENT' NOT NULL
);
```

尽管我们建立了一个基本的数据库表来存储已发布模型的元数据，但还没有指定如何将这些元数据添加到数据库中，我们不希望让数据科学家在每次发布新模型时都手动重新实现数据的写入逻辑，而是希望将常见的操作编码为一组函数来简化这个过程，也就是所谓的应用程序接口（API）。将我们希望在模型注册中心执行的操作编码为一个 API 的好处是，易用、可重复且更容易测试。

团队中的数据科学家不必考虑如何与数据库互动，这使得他们可以花更多的时间来开发模型，这也方便了团队中的新手轻松上手。由于我们知道某些操作会被多次运行，因此我们可以设计一个标准规范，避免多次重复实现相同的逻辑。同时，可以很容易地编写单元测试和集成测试，以验证 API 是否按预期工作。为了设计我们的 API，下面定义希望执行的操作如下。

- 发布新训练的模型。
- 发布一个模型的新版本。
- 更新已发布模型的部署阶段（模型状态）。
- 获取与生产化模型相关的元数据。

现在，我们可以将以上这些操作编码为一组 Python 函数。在这里可以定义一个 ModelRegistry 类，可以让它的实例方法分别执行以上这些操作。在创建 ModelRegistry 类之前，首先对基础表创建语句进行初始化，示例代码如下：

```python
import re

column_re = re.compile('(.+?)\((.+)\)', re.S)
column_split_re = re.compile(r'(?:[^,(]|\([^)]*\))+')


def _format_create_table(sql):
    create_table, column_list = column_re.search(sql).groups()
    columns = ['  %s' % column.strip()
               for column in column_split_re.findall(column_list)
               if column.strip()]
    return '%s (\n%s\n)' % (
        create_table,
        ',\n'.join(columns))


def format_create_table(sql):
    try:
        return _format_create_table(sql)
    except:
        return sql

sql = """drop table if exists model_registry;
create table model_registry
(
    id INTEGER PRIMARY KEY ASC,
    name TEXT NOT NULL,
    version TEXT NOT NULL,
    registered_date TEXT DEFAULT CURRENT_TIMESTAMP NOT NULL,
```

```
    remote_path TEXT NOT NULL,
    stage TEXT DEFAULT 'DEVELOPMENT' NOT NULL
);"""

sql_script = format_create_table(sql)
sql_script
```

ModelRegistry 类的具体构造示例如下：

```python
import os
import sqlite3
import pandas as pd

class ModelRegistry:
    def __init__(self, table_name='model_registry'):
        self.conn = sqlite3.connect(os.path.join(model_registry_path,
'model_registry_center.db'))
        self.table_name = table_name

    def deploy_model(self, model, model_name, version = 1):
        model_path = '/models/{}_v{}'.format(model_name, version)
        values = (model_name, version, model_path)
        sql = "insert into {} (name, version, remote_path) values
(?, ?, ?)".format(self.table_name)
        #task.push_model(model, model_path)
        self._execute_sql(sql, values)

    def query_registry_info(self):
        sql = "select * from {} limit 10".format(self.table_name)
        query_results = self.conn.execute(sql).fetchall()
        return query_results

    def update_stage(self, model_name, version, stage):
        sql = "update {} set stage = ? where name = ? and version
= ?;".format(self.table_name)
        self._execute_sql(sql, (stage, model_name, version))

    def update_version(self, model, model_name):
        version_query = """select
                                version
                          from
                                {}
                          where
                                name = '{}'
                          order by
```

```
                          registered_date
                      desc limit 1
                      ;""".format(self.table_name, model_name)
    version = pd.read_sql_query(version_query, self.conn)
    version = int(version.iloc[0]['version'])
    new_version = version + 1
    remote_path = '/models/{}_v{}'.format(model_name, new_version)
    #task.push_model(model, remote_path)
    self.deploy_model(model, model_name, new_version)

def get_production_model(self, model_name):
    sql = """
        select
            *
        from
            {}
        where
            name = '{}' and
            stage = 'PRODUCTION'
        ;""".format(self.table_name, model_name)
    return pd.read_sql_query(sql, self.conn)

def init_db(self, sql_script):
    self.conn.executescript(sql_script)
    self.conn.commit()

def _execute_sql(self, sql, values=None):
    self.conn.execute(sql, values)
    self.conn.commit()

def close(self):
    self.conn.close()
```

接下来，简要介绍 ModelRegistry 类的每个实例方法。

- **__init__** 是初始化函数，在初始化时该函数接收一个 sqlite3.Connection 对象和数据库表的名称。
- **deploy_model** 方法用于将模型信息保存到注册表中，该方法会接收一个 model 对象和名称，第一次部署的时候 version 默认为 1。执行该方法的时候首先会使用 task.push_model（在第 6 章介绍部署模型时，将模型持久化至中央存储的时候会使用方法 task.push_model）将训练好的模型持久化（存储模型工件）至中央存储中，然后将模型的元数据插入模型注册表中。

- **query_registry_info** 方法负责对已注册的模型信息进行查询，可以根据具体的需求细化查询的内容，如使用模型名称或模型 ID 查询信息。

- **update_stage** 方法用于更新一个特定模型和版本的阶段列。该方法可表示一个模型是否适合生产推理。该方法允许使用者为阶段参数传递任何值，但是你可能希望限制可能值集合并验证使用者的输入。

- **update_version** 方法用于更新模型版本，该方法首先检索最新发布的模型版本，然后将新版本信息插入注册表中，其版本（变量 version）增加 1。

- **get_production_model** 方法用于检索与一个阶段列等于 "PRODUCTION" 的模型相关的元数据。该方法可以在生产推理过程中检索模型的远程路径，该模型应该被反序列化并加载到内存中，以生成预测结果。

- **init_db** 方法实现了对数据库表的初始化，该函数会执行创建注册表的 SQL 语句，该注册表是在数据库中创建模型注册时需要的基础表。

- **_execute_sql** 和 **close** 方法分别用于执行 SQL 语句和关闭数据库引擎中的 session。

4.3.8 在生产中使用模型注册 API

现在我们已经设计并实现了一个模型注册中心，下面让我们来展示模型注册中心是如何在生产中配合 ML 的。特别是，模型注册中心提供了一种机制，用于在模型训练和推理过程中传递信息。这些过程是独立的，因为它们是在不同的时间和环境下运行的。很多工程经验不丰富的科学家会将模型训练和推理设计成耦合的，推理过程会依赖特定训练过程中的特定模型来进行输出。模型注册中心通过在运行时向推理服务提供它所需的信息，可以将模型训练和推理服务进行解耦。接下来，我们将通过走通一个 ML 工作流程来说明这一点。

想象一下，随着时间的推移，我们训练了多个模型，直到开发出一个满足项目预期的模型。一旦这个模型被开发出来，我们就可以使用它进行推理。开发出来的模型在被注册后，都可以运行以下代码来查询模型在模型注册中心数据库中的状态：

```
pd.read_sql_query("select * from model_registry;", conn)
```

模型在生命周期内会经历多个和多次迭代实验，我们使用 ModelRegistry 类来部署训练好的模型及其元数据到模型注册中心，下面的代码实例化了一个

ModelRegistry 对象，并将训练好的模型部署到模型注册中心：

```python
import re

column_re = re.compile('(.+?)\((.+)\)', re.S)
column_split_re = re.compile(r'(?:[^,(]|\([^)]*\))+')

# 格式化 SQL 建表语句
def _format_create_table(sql):
    create_table, column_list = column_re.search(sql).groups()
    columns = ['  %s' % column.strip()
               for column in column_split_re.findall(column_list)
               if column.strip()]
    return '%s (\n%s\n)' % (
        create_table,
        ',\n'.join(columns))

def format_create_table(sql):
    try:
        return _format_create_table(sql)
    except:
        return sql

# 建表语句
sql = """drop table if exists model_registry;
create table model_registry
(
    id INTEGER PRIMARY KEY ASC,
    name TEXT NOT NULL,
    version TEXT NOT NULL,
    registered_date TEXT DEFAULT CURRENT_TIMESTAMP NOT NULL,
    remote_path TEXT NOT NULL,
    stage TEXT DEFAULT 'DEVELOPMENT' NOT NULL
);"""

sql_script = format_create_table(sql)

registry = ModelRegistry()
registry.init_db(sql_script)
registry.deploy_model(model = model, model_name = "churn_first_model")
```

　　我们的模型很难在第一个版本时就达到业务预期，而是要经过多次迭代，甚至是在项目确立之后进行终生迭代，本书也曾多次提到这一点，这是 ML 生产化的难点所在，也是魅力所在。数据科学家通常会在几周的时间内对模型和特征进行初步迭代，然后得出一个或一组可以用于生产的模型。一旦模型投入生产，我们就需要重新训练它以防止数据和模型漂移。新版本模型被训练出来后，可以用 update_version 方法向模型注册中心添加一个新条目：

```
registry.update_version(model=model, model_name =
"churn_first_model")
```

一旦我们开发了一个满足项目最低预测性能要求的模型版本，在完成了模型的部署及发布（将在后面的章节中详细介绍）后，就可以在模型注册中心把该模型标记为生产状态。在实际场景中，要做到这一点，需要更新已经推广到生产中的模型所对应的状态列，在模型注册中心把该模型标记为生产就绪。具体地，可以通过调用 update_stage 方法来实现：

```
registry.update_stage(model_name = "churn_first_model", version='2',
stage="PRODUCTION")
```

最后，以上已经完成了模型的训练、迭代，并将其推广到生产中，这时业务系统就可以使用该模型（版本）进行推理了。为了检索与生产就绪的模型相对应的元数据，可以调用 get_production_model 方法，接着可以使用 remote_path 值将相应的模型加载到内存中并执行推理过程。若要查看全量模型的元数据信息，可以通过调用 query_registry_info 方法来实现。

4.3.9 模型注册中心的权限设置

对于注册到模型注册中心的每个模型，可以为其设置操作权限，这意味着我们可以控制谁可以看到模型注册中心的哪些模型，以及谁有权限可以对模型进行操作。模型的责任人或被授权了的人可能需要在将模型过渡到部署阶段之前检查以下事项。

- 确保注册的模型是验证和测试后有效的。
- 确保针对模型的输入数据进行了数据验证测试，避免其在生产环境中运行时出现错误。

在实现模型注册功能后，一方面可以记录模型部署时的信息，另一方面可以记录和关联不同操作人的权限标签（如关联用户信息表中的权限标签），通过变更权限标签来实现对权限的控制。

4.4　特征存储

到目前为止，我们已经介绍了模型开发过程中的 ML 实验跟踪、A/B 在线实验及模型注册功能，这三项功能中的 ML 实验跟踪是用于辅助模型开发的（属于 ML "阵营"），A/B 在线实验和模型注册是辅助模型应用、管理和运维的（属于 Ops "阵营"）。这三项功能虽然分工和归属的阵营不同，但它们有一个共同点，那就是对数据的依赖，模型开发的时候依赖训练数据，模型应用、管理和运维的时候依赖用户请求和反馈数据。值得注意的是，这里提到的共同点虽然都是数据，但也有区别，比如，模型开发的时候使用的通常是离线批量数据，而模型应用的时候使用的可能是实时单条数据，传统数据库通常很难很友好地支持这两种数据需求，而目前能同时支持这两种数据需求的是一个叫特征存储的装置。

特征存储就像数据科学的数据仓库，它的主要目标是使数据科学家能够缩短从数据提取到 ML 模型训练和推理的时间，特征存储的出现填补了 MLOps 生命周期中的一个重要空白。

需要注意的是，特征存储与 MLOps 一样，目前也处于探索和百家争鸣的阶段，直到 2020 年，还没有一个大的 ML 平台供应商能提供一个明确的产品来实现这一功能。在 2020 年 12 月，亚马逊公司公开了一个服务 SageMaker 的特征存储，随后谷歌在 2021 年 5 月发布了他们的 MLOps 平台 VertexAI，该平台提供了一个特征存储组件。Databricks 在 2021 年 6 月发布了他们在 Azure 平台上支持的特征存储实现的公开版本。除此之外，还有像 Hopsworks 和 Tecton 这样的初创公司在专注于特征存储的研发，以及一些像 Feast 这样的开源项目，这些公司和开源项目都在引领特征存储技术的发展。因此，整个行业正在努力研究特征存储技术，以填补 MLOps 生命周期中的特征应用的空白。

4.4.1　特征工程及使用挑战

良好的特征工程对于很多 ML 解决方案能获得成功至关重要。然而，它也是模型开发中最耗时的环节之一。有些特征需要大量的业务知识才能正确计算，而且商业策略的变化也会影响特征的计算方式。为了确保这些特征的计算方式一致，这些特征的计算最好由业务专家而不是 ML 工程师来主导。一些输入字段可能允许选择不同的数据表示方式，以使它们更适合 ML。

每个来源的数据结构之间也可能有所不同，这就要求每个输入都有自己的特征工程步骤，然后才能将其输入建模过程中。这种开发过程通常是在虚拟机或者个人机器上完成的，这导致特征创建与建立模型的软件环境相关，而模型越复杂，这些数据工程管道（流水线）就越复杂。一个临时的方案是，根据 ML 项目的需要来灵活创建特征（case by case），这种方式比较灵活，可能适用于一次性的模型开发和训练，但随着 ML 项目的不断增多，这种特征工程的方法变得不切实际，很容易造成混乱和问题。

首先，临时性的特征不容易被复用，这样导致同类型的特征被反复创建，这对于那些计算复杂的高级特征来说，问题尤其严重，因为这些高级特征的探索过程可能是昂贵的。比如，一个客户在过去一个月内的订单数量，涉及时间周期内的数据聚合，这类特征的点计算通常是耗时的。如果每个新项目从头创建相同的特征，那么会浪费很多精力和时间。

其次，临时性的特征不容易在团队间或者跨项目间共享。在实际场景中，相同的原始数据通常被多个团队同时使用，但不同的团队可能会以不同的方式定义特征，并且不容易获得特征文档，这会阻碍团队的有效协作，导致孤岛式的工作和不必要的重复劳动。此外，用于训练和推理服务的特征经常会出现不一致，这时容易发生训练与服务偏差，训练通常是使用历史数据和离线创建的批量特征进行的，而推理服务通常是在线进行的。如果用于训练的特征管道与生产中用于推理服务的特征管道有任何的不同（例如，不同的库、预设代码或时间周期），就容易产生训练与推理服务出现偏差的风险。

总之，特征工程的临时方法很容易拖慢模型的开发进程，导致重复劳动和工作流处理的低效率。当转向生产时，在没有一个标准化的框架来为在线 ML 模型服务提供实时特征并为离线训练提供批量特征的情况下，特征的生产化是困难的，模型的离线训练可以使用批量处理过程创建的特征，但当在生产中提供服务时，这些特征的创建和检索往往需要低延迟而不是高吞吐量。如果特征生产和存储的框架不灵活，则很难同时满足模型的开发和应用。

4.4.2　特征存储的定义

特征存储是一个用于管理 ML 特征的数据管理系统，包括特征工程代码和特征数据。它也属于中央存储的范畴，用于存储记录的、设计的和访问权限控制的特征，可以在整个团队创建的许多不同的 ML 模型中使用。它从各种来源获取数据，并执行定义的转换、聚合、验证和其他操作来创建特征。特征存储注册了可用的特征，并使它们准备好被 ML 训练管道和推理服务检索和消费。

4.4.3　在 MLOps 框架中增加特征存储

对于特征工程为 ML 服务的问题，解决方案是创建一个共享的特征存储，使用一个集中的位置来记录和存储特征数据集，这些数据集将用于构建 ML 模型，并可以在不同的项目和团队中共享。特征存储为数据工程师创建特征管道和在数据科学家使用这些特征建立模型的工作流程间建立服务接口，后端存放预先计算好的特征，从而加快模型开发进程，并有利于特征的发现，也方便将版本、文档和访问控制等基本的软件工程原则应用于所创建的特征。

特征存储通过存储优胜的特征来补充中央存储，并使它们可用于训练或推理。特征存储是一个将原始数据转化为有用特征的地方。原始数据通常来自各种数据源，有结构化的、非结构化的、流式的、批量的和实时的。这些数据都需要被提取、转换（使用特征管道），并存储在统一的地方，而这个地方可以是特征存储。

数据科学家的建模工作通常是重复的，尤其是数据处理工作。除此之外，每个 ML 项目都是从寻找正确的特征开始的。问题是，在大多数情况下，没有一个单一的、集中的地方可以搜索特征，而特征又是无处不在且被托管在各个地方（不同表，甚至不同的系统中）的。

特征存储提供了统一的管理平台来集中管理所有可用的特征，这样可以有效减少重复的工作，在同一个地方共享所有的特征。特征存储可以为数据科学家与其他团队提供有效的共享特征的能力，从而提高他们的生产力，不必每次都从头开始预处理特征。特征存储的设计需要在提供批处理功能的基础上实现在低延迟要求下计算实时特征，以支持实时预测。这些实时用例涉及各个行业，一些常见的例子是欺诈检测、实时商品推荐、预测性维护、动态定价、语音助手、聊天机器人等。因此，有必要重新审视构建实时特征存储的概念和做法。

如图 4-14 所示，我们需要在 MLOps 架构里添加特征存储的功能，以实现对模型训练与模型部署（推理服务）提供不同形式的特征。

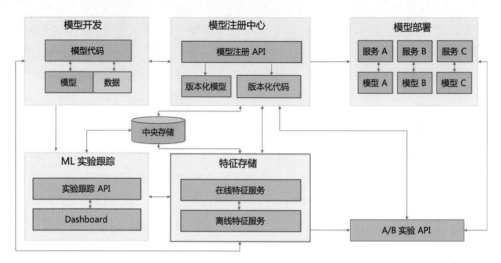

图 4-14 在 MLOps 架构里添加特征存储功能

一个典型的特征存储的建立有两个关键的设计特点：快速处理大型特征数据集的工具，以及支持低延迟访问（用于推理）和大型批量访问（用于模型训练）的特征存储方式。此外，还有一个元数据层，用以存储不同特征集的文档和版本，以及一个管理加载和检索特征数据的 API。

4.4.4 离线与在线特征

我们在建模时遇到的特征从应用角度可以分为离线特征和在线特征，离线特征通常是为批处理的应用服务的，它们主要在离线状态下使用，这种类型的特征一般是在一定周期内的历史数据基础上计算生成的，如月平均支出。在实际场景中，离线特征通常由大数据计算框架来实现，如通过 Spark 框架来批量计算离线特征，或者在传统数据库中运行简单的 SQL 查询与计算，这种类型的特征主要用于模型训练阶段（或批量推理阶段）。

在线特征则复杂一些，因为它们需要非常快的计算速度，通常对性能延迟有非常高的要求，一般需要以毫秒级别的延迟提供服务，比如，在商品推荐的应用场景中，当用户访问网站，向推荐引擎发起请求时，会附带在线行为（如在此次进入网站的 session 内的点击行为），推荐系统需要在毫秒级内完成该特征的转换和推理工作，需要对原始数据进行快速访问及对特征进行计算。在该场景下就需要数据层对特征具有快速响应能力。

4.4.5　特征存储带来的益处

首先，特征存储可以提高特征及模型的开发效率。根据 Airbnb 的说法，大约 60%~80%的数据科学家的时间用于创建、训练和测试数据。特征存储使数据科学家能够重复使用特征，而不是为不同的模型反复创建这些特征，从而节省了数据科学家宝贵的时间和精力。特征存储使特征工程过程自动化，并且可以在这一过程中优选好新特征时触发。这种自动化的特征工程是 MLOps 概念的重要组成部分。

然后，在理想情况下，数据科学团队应该专注于他们研究的目标及他们最擅长的领域，即建立模型。然而，他们经常发现自己不得不将大量的时间消耗在数据工程的配置上。某些特征计算成本高，需要构建聚合，而其他特征则非常简单，但这不应该成为阻碍数据科学家使用特征的门槛。因此，特征存储的理念是抽象出这些工程层，并为读取和写入特征提供方便，为数据科学家节省大量特征工程计算、设计和持久化的时间。

接着，特征存储可以让模型在生产中顺利进行部署。在生产中实施 ML 的主要挑战之一是，开发环境中训练模型的特征与生产服务层的特征通常会有些差异。因此，在训练层和服务层之间实现一致的特征集可以使部署过程更加顺畅，确保训练过程中特征的使用可以与其在生产环境中的工作方式保持一致。除了实际特征，特征存储还可以为每个特征保留额外的元数据。这些元数据可以是特征的描述信息，在为新模型选择特征时，这些信息可以极大地帮助数据科学家，让他们专注于那些在类似的现有模型上取得更好影响的特征。

最后，特征存储可以实现更好的协作。随着数字化的推广与发展，现在几乎每一个新的商业服务中都会有 ML 的身影，ML 项目所使用的特征数量也在成倍增长。很多现有企业的实际情况是，对这些模型和特征并没有很好的全面概述和管理能力，很多模型和特征都是在孤岛上开发的，特征存储的出现极大地改善了这种弊端。基于特征存储的设计模式允许我们与同行分享我们已经创建的特征及它们的元数据。在大型企业里，不同的团队可能会实现类似的解决方案，这已经成为普遍的现象，因为他们在造轮子的时候并不知道其他人的任务。特征存储弥补了这个差距，使每个人都能分享自己创建的特征，避免重复劳动。

4.4.6 特征存储的架构设计

特征存储不仅是一个数据层，它也是一个数据转换服务，使得用户能够处理原始数据并将其存储为特征，用于任意的 ML 模型。特征存储将特征创建过程与特征的使用过程（模型开发和应用）解耦，即特征的处理和应用是异步的。这种做法可以简化跨项目的特征管理，并使特征的共享成为可能。

正如我们在图 4-15 中看到的，特征存储与中央存储（存储来自多个来源的数据）之间是有连接通道的，原始数据通常被保存在中央存储中，而在经过特征工程的相关处理后它会被保存到特征存储中。特征存储中的特征可以被检索，用于模型训练、推理服务或数据分析等应用。

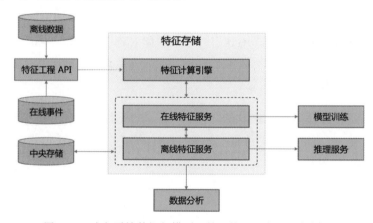

图 4-15 建立原始数据与模型训练、推理服务之间的桥梁

前面提到，生产中的模型（推理服务）可能需要在毫秒级的时间内产生实时预测，对延迟有较高要求。而对于模型训练来说，较高的延迟并不是问题，但模型训练使用的是批量数据，通常需要将数据一次性加载到内存中进行相关计算，高吞吐量是必要的。为了同时支持模型训练和推理服务的不同要求，特征存储需要使用不同类型的数据存储装置和访问方式。例如，用于模型训练的离线特征通常存储在传统数据库或分布式数据库中，离线特征的计算和访问方式大多建立在 Spark 或 SQL 框架上；而在线特征一般存储在 Redis、Cassandra 等内存键值数据库中，并通过相应的 API 进行特征访问。

特征存储的设计模式可以更灵活地加快特征的迭代周期，在实际场景中，我们通常会使用历史日志数据创建离线特征，随着时间的推移，数据科学家在模型实验中不断地发现新的可用特征。例如，假设我们把用户访问某电商平台内某门店的时间作为推荐排序模型中的新特征，尽管我们没有记录这个特征，但我们可以结合业务来定义和计算这个特征。然后，我们可以在这些模拟的特征上训练新的模型，如果这些特征的任何一个改进了我们的模型，我们就可以在特征工程的作业中重新实现它们，进一步可以提供它们给在线模型使用，如图 4-16 所示是新特征的录入示例，特征存储的特征计算引擎在完成特征计算后会将新特征保存到特征存储中。

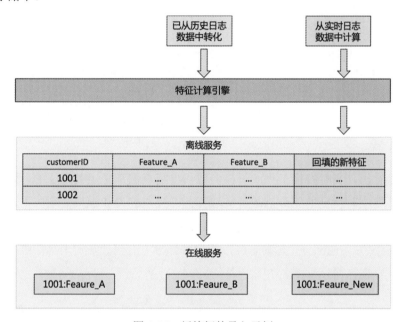

图 4-16　新特征的录入示例

特征存储的设计模型允许使用这种异步模式来进行新特征的录入，当数据科学家需要使用特征时，可以使用一个简单的 API 来检索所需的特征，而不是编写工程代码。类似地，可以简单地运行以下程序：

```
feat_range = {
    "customerID": [1001, 1002, 1003, 1004],
    "feat_time_range": {"feat_from":"2021-05-12 10:59",
                        "feat_to":"2021-06-12 10:59"
                        }
}
# 离线特征获取——用于模型训练
training_feature_df = feature_store.get_historical_features(
    feat_df=feat_range,
    features = [
        'Feature_A',
```

```
        'Feature_B',
        'Feature_New'
    ],
).to_df()
# 在线特征获取——用于推理服务
feature_vector = feature_store.get_online_features(
    features=[
        'Feature_A',
        'Feature_B',
        'Feature_New'
    ],
    feat_rows=[{"customerID": 1001}]
).to_dict()
```

具体地，图 4-17 展示了特征存储在 MLOps 流程中的使用示例，蓝线部分体现了模型构建过程，即 ML 的部分，红线部分体现了模型的应用和运维过程，也就是 Ops 的部分。

可以看出，实时特征工程对于任何现代特征存储都是至关重要的。为了应对创建和管理实时特征的复杂挑战，实时特征的提取能力和框架必须成为这种解决方案的一部分，且通常需要满足低延迟的要求。特征存储不是独立的功能，与MLOps 框架中其他部分（尤其是监控和训练部分）的整合是一个全面解决方案的关键，可以大大简化部署新 ML 项目的过程。

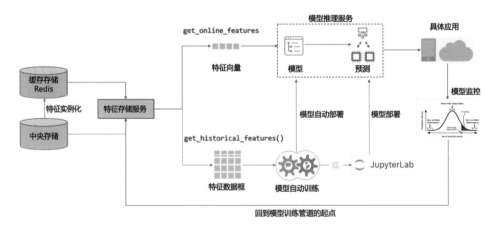

图 4-17　特征存储在 MLOps 流程中的使用示例

4.5　本章总结

ML 模型几乎总是需要被部署到生产环境以提供商业价值。不幸的现实是，许多模型从未投入过生产，或者即使投入生产，部署过程也需要花费比预期更长的时间。即使成功部署的模型也需要特定领域的维护，这可能会带来新的工程和运维挑战。

一个简单的事实是，ML 模型也是软件。部署和维护任何软件都是一项艰巨的任务，而 ML 引入了新的复杂性。这些需求也催生了 MLOps。类似于 DevOps 在软件工程过程中添加结构的方式，适当的 MLOps 实施简化了开发和部署 ML 模型的过程。

除了针对常见软件项目发展的可观察性、操作和其他 DevOps 原则，ML 模型还需要监控数据质量和模型重新训练的自动化。最重要的是，重现一个 ML 模型，除了所有软件和相关配置参数，还需要提供原始数据，这些信息量比传统的源代码和构建工件要大得多。

虽然数据科学研究和模型开发似乎与部署生命周期脱钩，但 MLOps 周期始于实验室。在研发阶段跟踪模型对数据科学家来说似乎是一件麻烦事，不过有了正确的工具，跟踪可以不受干扰地进行。此外，对跟踪（和训练）模型的正确工具进行标准化，将大大减少在数据科学和工程团队之间转移模型所需的时间和精力。

鉴于此，在本章中，我们集中讨论了在 MLOps 架构中的 ML 开发与生产之间建立信息传递机制，主要包含 ML 实验跟踪、A/B 在线实验、模型注册及特征存储几个模块，通过这些模块我们可以方便地将模型从开发到生产的各个环节连接起来，为模型特有的迭代属性提供可靠的基础支持。

总之，部署 ML 模型和实施 MLOps 管道是一项具有挑战性的工作。然而，在现代数据驱动的世界中，试图回避这些挑战是不可能的。使用 MLOps 所带来的好处不仅是加快单个模型的开发和投产效率，随着你的团队开发的模型越来越多，需要规模化管理时，MLOps 也将是不可或缺的。

第 5 章

模型统一接口设计及模型打包

在创建软件时，编写抽象的基类对简化系统设计是很有用的。具体地，通过创建一个基类（接口），可以定义一个标准和基础功能，帮助简化整个系统的设计，并明确每个方法的功能和边界。

ML 模型与其他软件的集成往往很复杂，使用面向对象的方法则可以大大受益。在之前的章节中已经实现了 ML 与 Ops 间的信息传递机制，为了使用户和其他软件系统能够从一个训练有素的模型中获得预测结果，我们还需要考虑一些因素，包括预测结果的生成频率，以及预测结果是否应该基于单个数据样本或批量样本一次性生成。此外，为了模型部署的自动化和维护，本章将给出一个将开发好的模型封装到一个基类中并使其可以在部署模型时直接使用的标准方案。

如果在网络上搜索 ML 模型部署的资源，会发现大量关于 Flask API 内容的博客文章，但这些文章通常叙述得比较简单，大部分是从功能构建的角度来实现模型部署流程的。这些文章或帖子很少讨论部署模型时需要考虑的因素、可以使用的工具及从生产层面上应该考虑的因素等。本章将从一个更基本的层面开始，描述一个 ML 模型基类的简单实现，重点是用 ML 进行预测，以及将 ML 模型与其他软件组件集成。为了保持代码简单，本章将不提供训练代码。

5.1 ML 模型基础接口概述

想象一下工作中的常见场景，管理者分配给员工的任务是创建一个数据分析报告，一名优秀的管理者可能会这样布置任务："现在需要你用以下的图标和数据来制作一份报告，请使用客户交易数据。"从该管理者下达的任务描述中可以明确预期的交付物（报告），并暗示了使用的方法（使用客户交易数据）。

相比之下，一个糟糕的任务描述可能会是以下情况。

- **不指定输入**，要求提供报告，但不指定使用哪些数据或不提示员工应该
  与谁沟通以获取适当的数据。

- **不明确交付成果**，给员工提供一堆数据，但不告诉员工应该交付什么。

软件接口就像管理者，一个好的接口会明确必要的输入及其产生的输出。例如，一个以函数形式实现的接口会列出所有需要的参数和函数返回的内容。接口可以被认为是独立软件块之间的"边界"，它定义了不同的组件如何相互交流。当接口构造良好时，不同的软件，甚至是由不同团队或公司的开发人员编写的软件，都可以进行交流和协同工作。

在 ML 部署方面，构造良好的接口有助于实现可重复的、自动化的、即插即用的部署。一个好的模型接口可以让 MLOps 的运维管理环节更轻松地推出模型更新、对已经部署的模型进行版本控制等。

笔者建议实现 MLOps 模型自动化部署的关键是，在设计阶段专注于基类的抽象与设计，因为发布模型后若再想更新模型的接口（基类）会困难得多，尤其是当接口是向外部系统发布时。因此，前期花些时间定义接口是值得的。基类抽象和设计的标准是，在编写个性化的业务逻辑和模型处理逻辑的时候可以轻松继承该基类，且保持基类不变，业务逻辑和模型处理逻辑随时可以更新。

5.1.1　软件开发的策略模式

在开发软件时，通过抽象接口的方式实现组件间的交互可以使软件代码更容易理解和进化，这种方式通常被称为策略模式。当使用策略模式时，组件的代码和组件之间的接口是提前设计好的，而且这种组件和接口一旦设计完成，通常是可以重复使用的，但组件的实现细节（"策略"）是个性化的且不是预先设定的。这就好比建房子时，通常先设计图纸和搭建房子的框架（"组件"），房子内部细节（"策略"）的实现通常是在房子开始建造时才开始进行的。

具体地，当需要使用设计好的组件的代码时，该组件会提供一个与接口相匹配的框架，开发者可以在该框架下实现具体策略的细节（如业务逻辑或模型处理逻辑），这种设计方法使我们可以在不同的策略之间灵活切换。

同样地，ML 模型在部署和服务化时也可以借鉴这种设计方法，通过抽象出模型部署和服务化的通用接口来实现该接口与模型进行交互，这就有可能建立一

个能够进行任意模型部署和服务化的应用程序。这样一来，模型部署和服务化就会变得标准化，只需要继承设计好的接口并实现具体的模型处理逻辑，就可以将模型投入生产，而不需要每次都从零编写一个定制的应用程序。

5.1.2　Scikit-Learn 对接口的处理方法

Python 中最知名的 ML 框架当属 Scikit-Learn，它在 base.py 模块中提供了一组抽象基类，Scikit-Learn 的 API 是一个学习 ML 软件工程的好地方，但在本章中，我们想重点讨论并借鉴它对 ML 模型进行预测的基类方法。Scikit-Learn 定义了一个名为 Estimator 的抽象基类，该基类是任何能够从数据集学习的类的基类，派生自 Estimator 的类必须实现一个"拟合"方法。Scikit-Learn 还定义了一个 Predictor 基类，该基类是任何能够在有新数据时通过所学参数推断出预期结果的类的基类，派生自 Predictor 的类必须实现一个"预测"方法。这两个基类是 Scikit-Learn 中最常用的抽象概念。通过定义这些基类，Scikit-Learn 项目为编写 ML 算法提供了强大的基础。

通过借鉴 Estimator 和 Predictor 这两个接口的设计模式，对于模型部署时的推理服务接口的设计来说够用了。但似乎还缺少一个环节，即模型的序列化和反序列化，序列化指的是将对象转化成字节序列的过程，即把对象转化为可传输的字节序列，对象序列化生成的字节包含对象的类型信息、对象的数据等，比如，将训练好的模型对象转化为本地模型工件的过程；反序列化是指将字节序列还原成对象的过程，比如，从本地加载模型工件的过程。在模型的序列化和反序列化方面，Scikit-Learn 没有提供标准接口的设计细节。另外，Scikit-Learn 也没有提供在模型评分（预测）时所需的输入和输出数据的模式信息披露的设计，因为它使用 NumPy 数组进行输入和输出。

基于这些因素，使用 Scikit-Learn 的 API 将 ML 模型与其他软件集成可能不一定是最佳方式，通过 Scikit-Learn 的 API 将 Scikit-Learn 模型与其他软件组件集成会暴露模型序列化及信息传入模型的内部细节。例如，如果一名数据科学家把 Scikit-Learn 模型和一些代码一起存放在 pickled 文件中，那么软件工程师进行部署时就需要熟悉如何反序列化模型对象，以及如何构建一个 NumPy 格式的数组，使其能被模型的 predict 方法所接收。解决这个问题的最好方法是在接口的内部实现这些细节。

总之，为了简化生产系统中 ML 模型的使用方法，解决以下问题是有必要的。

- 如何一致性地、透明地将数据发送到模型上。
- 如何在实例化模型时加载序列化的模型资产（工件）。
- 如何发布输入和输出的数据模式信息。

5.2　业内一些常见的解决方案

在过去几年里，一些大型科技公司一直在开发专有的内部 ML 基础设施和软件。其中一些公司对外出售其平台的访问权限，而另一些公司则公布了关于其 ML 基础设施方法的细节。也有一些开源项目，试图简化 ML 模型在生产系统中的部署。在本节中，将描述市面上一些针对上述问题的解决方案。

5.2.1　AWS 的 ML 生命周期工具 SageMaker

AWS SageMaker 是一个在 AWS 生态系统内训练和部署 ML 模型的平台。该平台有几个现成的 ML 算法，无须编写大量的代码就可以使用。另外，该平台也提供了一种将自定义 ML 代码部署到平台的方法。要想在 SageMaker 服务之上部署推理端点，必须在 Docker 容器中创建并部署一个带有/ping 和/invocations 端点的 Python Flask 应用程序。

SageMaker 在 Flask 应用程序中提供了运行模型预测代码的推荐方式，首先 Scikit-Learn 模型对象被反序列化并保存为一个类属性，然后通过 predict 方法访问该模型。这个实现没有提供关于模型的模式信息的抽象方法，需要使用者手动定义。此外，AWS SageMaker 也没有提供一个基类来帮助编写模型代码。

5.2.2　Meta 的 ML 平台 FBLearner Flow

Meta 内部开发了一个名为 FBLearner Flow 的 ML 平台。FBLearner Flow 平台是由工作流和操作者组成的。工作流是一个单一的工作单位，有一组特定的输入和输出，工作流是由操作者组成的，操作者对数据进行简单的操作。该平台所采取方法的一个有趣的部分是，模式的元数据会被附加到每个创建的工作流，以确保运行时的模型是安全的，但 Meta 并没有对外公布其关于加载和存储模型资产的细节。Meta 的 FBFlow Python 包没有使用开发者可以继承的基类来编写代码，而是使用函数注解来将元数据附加到 ML 模型代码中。

5.2.3 Uber 的 ML 平台 Michelangelo

Uber 在网络上发表过关于其定制 ML 模型的方法的博文。Uber 的 PyML 包被用来部署 Uber 的 Michelangelo ML 平台不支持的 ML 模型。PyML 包没有指定如何编写模型训练代码，但确实提供了一个编写 ML 模型预测代码的基类。这个基类被称为 DataFrameModel。这个基类非常简单，它只有两个方法：__init__ 方法和 predict 方法。模型资产需要在初始化类中构造函数来进行反序列化，使用 __init__ 方法来加载模型资产有助于向用户隐藏模型的复杂性，所有的预测代码和细节都包含在 predict 方法中。

需要注意的是，DataFrameModel 基类要求在给模型提供数据进行预测时使用 Pandas 数据帧或张量。这是一个可能会适得其反的设计方式，因为这样没办法告诉模型的用户如何构造模型的输入数据。此外，通过使用必须继承的基类，可以将代码部署到生产系统中，这种设计方法可以让特定的依赖关系更容易被理解。

5.2.4 开源的 Seldon Core

Seldon Core 是一个用于托管 ML 模型的开源项目。它支持自定义的 Python 模型，模型代码也被放在一个具有 __init__ 方法和 predict 方法的 Python 类中，它严格遵循 Uber 的设计，但不使用抽象的基类来执行接口。另一个与 Uber 设计的区别是，Seldon 允许模型类以多种不同的方式返回结果，而不仅是在 Pandas 数据框中。Seldon 还允许模型类返回模型输入的列名元数据，但没有类型元数据。

5.3 一个简单的 ML 模型接口示例

在本节中，将介绍一个简单的抽象基类，并给出该设计背后的原因。下面是这个抽象基类的代码：

```
from abc import ABC, abstractmethod

class ModelBase(ABC):
    """ML 模型预测代码（分析器）的一个抽象基类"""
```

```python
@property
@abstractmethod
def display_name(self) -> str:
    raise NotImplementedError()

@property
@abstractmethod
def qualified_name(self) -> str:
    raise NotImplementedError()

@property
@abstractmethod
def description(self) -> str:
    raise NotImplementedError()

@property
@abstractmethod
def version(self) -> str:
    raise NotImplementedError()

@property
@abstractmethod
def input_schema(self):
    raise NotImplementedError()

@property
@abstractmethod
def output_schema(self):
    raise NotImplementedError()

@abstractmethod
def __init__(self):
    raise NotImplementedError()

@abstractmethod
def predict(self, data):
    self.input_schema.validate(data)
```

该代码看起来与 Uber 和 Seldon Core 的方法非常相似。模型文件的反序列化代码仍然需要在 __init__ 方法中实现，而预测代码需要在 predict 方法中实现。任何需要被其他软件包使用的模型都应该派生自 ModelBase 抽象基类并实现以上这两个方法。

在该基类中，预测方法的输入不需要指定为任何特定的类型，它可以是任何的 Python 类型，只需要将输入数据打包成一个叫作"data"的输入参数即可。这与 Uber 和 Seldon Core 的方法不同，Uber 和 Seldon Core 的方法中输入的数据类型需要是基于 NumPy 或 Pandas 的。另一个区别是，上面显示的基类要求模型创建者将模式元数据附加到该基类具体方法的实现中，该基类有两个额外的属性 input_schema 和 output_schema，它们在 Uber 和 Seldon Core 的实现中是不存在的。这两个属性是为了定义模型在预测方法中接收输入数据的模式，以及模型从预测方法中输出的模式。为了定义这一点，可以使用 Python schema 包，但也有许多编写和执行模式的选择，如 marshmallow-schema 和 schematics 包。此外，我们还需要为模型创建者定义一种方法来捕捉异常。为此我们可以写一个简单的捕捉异常的自定义方法：

```
class ModelBaseException(Exception):
    """异常类型，用于在 ModelBase 派生类中引发异常"""
    def __init__(self,*args,**kwargs):
        Exception.__init__(self, *args, **kwargs)
```

5.3.1 继承 ModelBase 基类

本章介绍的是生产中用于预测的 ML 代码，而不是模型训练代码。因此，这里的示例依旧使用第 3 章训练好的模型。现在我们有了一个训练有素的模型，下面可以编写继承自 ModelBase 的类并进行预测：

```
from abc import ABC, abstractmethod
from schema import Schema,
import os

version_info = (0, 1, 0)
display_name = "churn model"
qualified_name = "churn_model"
description = "ML 模型接口标准化"

class ChurnModel(ModelBase):
    """模式信息的抽象和定义"""
    display_name = display_name
    qualified_name = qualified_name
    description = description
    major_version = version_info[0]
    minor_version = version_info[1]
```

```
input_schema = Schema({'tenure': int,
                       'PhoneService': str,
                       'Contract': str,
                       'PaperlessBilling': str,
                       'PaymentMethod': str,
                       'MonthlyCharges':float,
                       'TotalCharges':float,
                       'gender':str,
                       'SeniorCitizen':int,
                       'Partner':str,
                       'Dependents':str,
                       'MultipleLines':str,
                       'InternetService':str,
                       'OnlineSecurity':str,
                       'OnlineBackup':str,
                       'DeviceProtection':str,
                       'TechSupport':str,
                       'StreamingTV':str,
                       'StreamingMovies':str
                      })
# 模型的输出是浮点类型的
output_schema = Schema({'predicted_proba_churn': 0.1 })
def __init__(self):
    dir_path = os.path.dirname(os.path.realpath(__file__))
    file_model = open(os.path.join(dir_path, "model_files",
"model.pkl"), 'rb')
    file_feat = open(os.path.join(dir_path, "model_files",
"transformer.pkl"), 'rb')
    self._model = pickle.load(file_model)
    self._transformer = pickle.load(file_feat)
    file_model.close()
    file_feat.close()
def predict(self, data):
    # 调用 super 方法对输入模式进行验证
    super().predict(data=data)
    # 数据转换
    df = pd.DataFrame(data, index=[0])
    X = self._transformer.transform(df)
    # 进行预测，并将 Scikit-Learn 模型的输出转化为由输出模式定义的浮点类型
    predicted_churn = self._model.predict(X)[0]
    predicted_proba_churn = self._model.predict_proba(X)[0][0]
    return {"predicted_proba_churn": predicted_proba_churn}
```

使用模式包构建模型的输入和输出模式的一个有用之处在于，它支持以 JSON 格式导出模式：

```
model = ChurnModel()
model.input_schema
model.output_schema
```

本节展示了一个将 ML 模型代码部署到生产系统接口的 Python 基类的实现，它汇集了所讨论的不同方法的最佳特征。ModelBase 基类的依赖项非常少，它不要求模型创建者使用 Pandas、NumPy 或任何其他 Python 包来传输数据给模型。这也意味着它不强迫模型的使用者了解关于模型的任何内部实现细节。另外，Uber 的解决方案要求模型的用户知道如何使用 Pandas 数据框架。然而，如果模型创建者仍然希望在他们的模型中接收 NumPy 数组或 Pandas 数据帧，上面显示的 ModelBase 基类也允许这样做。

模型输入和输出的模式信息均被抽象后封装在 ChurnModel 接口中，在这种设计模式中，使用者只需要输入 JSON 格式的数据即可获取模型的预测结果，模型更容易使用。使用者不需要了解如何使用 NumPy 数组或 Pandas 数据帧，也不需要记住列的顺序，还不需要知道输出列是如何编码的，就可以使用该模型。

这里的通过编程方式标准化一个模型的输入和输出模式，对于第 4 章通过模型注册中心记录待注册模型的元数据信息及使用 ML 实验跟踪模块跟踪一个模型的许多不同版本的模型变化，可能很有用。Meta 的方法允许将模式元数据附加到 ML 模型上，但上面讨论的其他方法都没有这样做。

封装好的 ChurnModel 类已经准备好进行预测了，因此现在我们需要以易于使用的格式提供它。所述的 ModelBase 为模型预测定义了一个简单的基类，允许我们将代码"包裹"在一个遵循 ModelBase 接口的类中。这个接口包含了关于模型的如下信息。

- qualified_name，模型的唯一标识符。
- display_name，在用户界面上使用的模型名称。
- description，模型的描述。
- version，模型代码库的语义版本。
- input_schema，一个描述模型输入模式的对象。
- output_schema，一个描述模型输出模式的对象。

可以将反序列化（模型或特征规则加载）代码隐藏在 __init__ 方法后面，反序列化技术或模型文件的存储位置可以被改变，而不影响使用该模型的代码。以同样的方式，可以在不影响模型用户的情况下替换 predict 方法中的代码，只要输入和输出模式保持不变即可。这就是使用面向对象编程的好处，可以将隐藏了实现细节的代码提供给使用者。

5.3.2 模型管理基类

通过抽象出 ModelBase 基类与 ML 模型进行交互，就有可能建立能够承载任何实现 ModelBase 接口的模型的应用程序。这样一来，简单的模型部署就变得更快，因为不需要一个定制的应用程序就可以将模型投入生产。这种方式允许软件工程师在一个 Web 应用程序中安装和部署任意数量的实现 ModelBase 基类的模型。

为了在接下来介绍的 Flask 应用程序中使用 ModelBase 和 ChurnModel 类，我们需要设计管理模型对象的方法。为了做到这一点，我们将创建一个遵循单例模式（Singleton Pattern）的 ModelManager 类。该类在应用程序启动时只需要被实例化一次。ModelManager 单例从配置中实例化 ModelBase 类，并返回关于被管理的模型对象的信息及对模型对象的引用。首先，可以对 ModelManager 类进行声明：

```
class ModelManager(object):
    models = []
```

ModelManager 类定义了一个名为 models 的私有列表属性，它包含对被管理的模型对象的引用。然而，相同的 models 列表属性将始终对该类的所有实例可用。这个类不是一个真正的单例，因为每次我们实例化这个类时，都会创建一个新的对象。然而，相同的 models 列表属性将始终对该类的所有实例可用。选择以这种方式实现单例模式，目的是保持代码简单。此外，为生产目的设计时，需要相应地将 models 列表属性替换成模型注册涉及的组件或 API。现在我们需要一种方法来实际实例化模型类，下面是代码示例：

```
class ModelManager(object):
    """用于实例化和管理模型对象的单例类"""
    models = []

    @classmethod
    def load_models(cls, configuration):
```

```
        for c in configuration:
            model_module = importlib.import_module(c["module_name"])
            model_class = getattr(model_module, c["class_name"])
            model_object = model_class()
            if isinstance(model_object, ModelBase) is False:
                raise ValueError("ModelManager 仅管理对 ModelBase 类型对象
的引用")
            # 将模型引用保存到 models 列表属性中
            cls.models.append(model_object)
    @classmethod
    def get_models(cls):
        """从模型管理实例中获取模型信息列表"""
        model_objects = [{
            "display_name": model.display_name,
            "qualified_name": qualified_name,
            "description": model.description,
            "major_version": model.major_version,
            "minor_version": model.minor_version} for model in
cls.models]

        return model_objects


    @classmethod
    def get_model(cls, qualified_name):
        """通过 qualified_name 获取模型对象"""
        # 从模型对象列表中获取满足要求的模型
        model_objects = [model for model in cls.models if
model.qualified_name == qualified_name]

        if len(model_objects) == 0:
            return None
        else:
            return model_objects[0]
```

load_models 类方法接收一个配置字典对象并进行迭代,从环境中导入类、实例化类,并在 models 列表属性中保存对象的引用。该方法还检查被导入和实例化的类是否是 ModelBase 基类的实例。ModelManager 单例对象能够容纳任意数量的模型对象。

ModelManager 类还提供了其他三个方法,帮助使用者对该类所管理的模型进行操作和使用。get_models 方法返回一个包含模型对象信息的字典列表。get_model_metadata 方法返回关于单个模型对象的详细数据,用模型对象的

qualified_name 属性标识。这个方法返回的元数据包含了以 JSON 格式编码的模型的输入和输出模式。最后，get_models 方法搜索 models 列表属性中的模型并返回一个模型对象的引用。当搜索 models 列表属性中的模型对象列表时，使用模型的限定名称来识别模型。

有了 ModelManager 类，我们现在可以用前面描述的 ChurnModel 类对其进行测试了，首先将 ChurnModel 类保存至 churn_model 文件夹下的 churn_predict_service.py 脚本中，然后运行以下代码查看已经加载的模型的相关元数据信息：

```
model_manager = ModelManager()
model_manager.load_models(configuration= [{"module_name":
"churn_model.churn_predict_service","class_name": "ChurnModel"}])
model_manager.get_models()
```

ModelManager 类被用来加载 ChurnModel 类，该类可以在 churn_predict_service 模块的 churn_model 包中找到，该类所需的信息被保存在配置中。一旦模型对象被实例化，可以调用 get_models 方法获取内存中或模型注册中心中的模型数据。

为了部署时能在 Flask 应用程序中使用 ModelManager 类，我们必须将其实例化并调用 load_model 方法。由于模型类在实例化时将从磁盘加载它们的参数，所以我们只在应用程序启动时做一次这个动作是很重要的。我们可以通过在 init.py 模块中添加如下这段代码来实现：

```
@app.before_first_request
def init_model_manager():
    model_manager = ModelManager()
    model_manager.load_models(configuration=app.config["MODELS"])
```

该函数发挥了 @app.before_first_request 装饰器的作用，使该装饰器在应用程序处理请求之前被执行。模型管理器的配置从 Flask 应用程序的配置中加载，ModelManager 类处理了在内存中实例化和管理模型对象的复杂问题。只要在 Python 环境中可以找到 ModelBase 派生的类，那么它们就可以被 ModelManager 类加载和管理。

5.3.3　Flask REST 端点

为了使用 ModelManager 对象中托管的模型，我们将建立一个简单的 REST 接口，将其提供给客户端，并可以随时进行预测。为了定义由 REST 接口返回的数据模型，可以使用 marshmallow 包。虽然从严格意义上来说，使用该接口来构建网络应用并不是必需的，但 marshmallow 包提供了一种简单而快速的方法来构建模式，并进行模型及相关依赖的序列化和反序列化。

Flask 应用程序有三个端点：第一个是用于获取应用程序托管的所有模型信息的模型端点，第二个是用于获取特定模型信息的元数据端点，以及第三个是用特定模型进行预测的预测端点。其中模型端点是通过向 Flask 应用程序注册一个函数来创建的：

```
@app.route("/api/models/<qualified_name>/predict", methods=['POST'])
def predict(qualified_name):
    data = json.loads(request.data)
    model_manager = ModelManager()
    model_object =
model_manager.get_model(qualified_name=qualified_name)
    prediction = model_object.predict(data)
    return jsonify(prediction), 200
```

该函数使用 ModelManager 类来访问它所托管的所有模型的数据，元数据端点的构建与模型端点类似，也定义了一组用于序列化的模式类。

/predict 端点的功能与之前的端点不同，因为它没有为预期的输入和输出数据定义一个模式类。如果客户端想知道需要向模型发送哪些字段以进行预测，那么它可以在元数据端点发布的 JSON 模式中找到这些字段的描述。如果一个带有新的输入或输出模式的新版本模型被安装到 Flask 应用程序中，那么 Flask 应用程序的代码完全不必为适应新模型而改变。也就是说，如果一个带有新的输入或输出模式的模型的新版本被安装到 Flask 应用程序中，Flask 应用程序的代码将不需要做出任何改变就可以适应新的模型。

5.4　ML 项目打包

接下来需要对用于生产推理的 ML 模型进行打包，并使 ML 模型为生产做好准备。在第 4 章中，MLOps 实现了一个系统的方法来评估、跟踪和注册模型，下一步是将模型投入生产。为了服务于推理，模型需要被打包成软件工件和标准接口，以推送到测试环境或生产环境。

5.4.1　模型及代码打包的必要性

通常情况下，ML 系统包含大量的代码包和库，将模型从一个系统部署到另一个系统可能会因为兼容性问题而导致部署后的模型无法运行。因此，我们需要对 ML 的模型和代码进行打包，目前常用的方法是将模型和代码（更深层次的打包中还会包含模型和代码运行时依赖的环境和配置）都纳入容器中（容器化），将 ML 的模型和代码进行打包有助于在不同的环境中部署和共享。ML 模型和代码打包后部署能带来以下好处。

- **便携性**：将 ML 模型打包成软件工件，使它们能够从一个环境部署到另一个环境。这可以通过部署一个文件、一堆文件或一个容器来完成。无论哪种方式，我们都可以运输工件并在各种设置中复制模型。例如，可以将一个打包的模型部署在虚拟机或无服务器设置中。
- **用于生产推理**：ML 推理是一个过程，涉及使用 ML 模型处理实时数据以计算输出，例如，预测或数值评分。打包 ML 模型的目的是能够实时地为 ML 推理服务的后端提供 ML 模型。有效的 ML 模型包装（例如，序列化的模型或容器）可以促进部署，并为模型实时地或批量地进行预测和分析数据提供服务。
- **部署的敏捷性**：将 ML 模型打包成软件工件，如序列化文件或容器，使模型能够在各种运行环境中被运送和部署，如在虚拟机、容器无服务器环境、流服务、微服务或批处理服务中。它为使用 ML 模型打包的相同软件构件的可移植性和部署敏捷性提供了机会。
- **模型管理**：ML 模型打包可以为后期的模型管理提供实体，元数据信息、工件、特征、版本及依赖项等信息均在打包时进行统一注册，并提供了统一的模型预测和更新接口，这些信息使模型能够从其他软件工件的经验中微调、重新训练或适应各种环境，以便执行并提高效率。打包 ML 模型是实现 ML 模型互操作性和管理的基础。

总之，ML 模型及代码打包后更易于安装和使用。

5.4.2 模型和代码打包的事项及示例

我们可以将模型和代码打包为成熟的 Python 包，使得在后续部署时更加便捷，也易于在其他项目中安装和使用它们。这里的目标是将 ML 模型视为一个特殊的 Python 包，这也使得利用 Python 拥有的所有工具来打包和复用代码成为可能。

ML 代码的一个常见模式是，它们几乎总是难以使用和部署，这是从事 ML 的团队的共识，因为数据科学家写的代码经常需要软件工程师来重写，然后才有可能被部署到生产系统中。幸运的是，我们有许多工具可以使得从实验模型到生产模型的转换过程更加顺利。在本节中，将展示几个简单的步骤，使前面的例子模型变成一个可安装的 Python 包。为了达到这个目的，还可以为包添加版本信息，为训练脚本添加命令行接口，添加 Sphinx 文档，并为项目添加 setup.py 文件等。作为额外的工作，我们可以把 ML 模型界面的文档过程自动化。

首先，我们需要在这里把之前项目中的 ML 模型和代码进行重新组织，使之有可能拥有一个可以作为 Python 包安装的 ML 模型：

```
- churn_model
  - model_files (持久化的模型及特征工程文件)
  - __init__.py
  - config.py
  - churn_predict_service.py
  - model_manager.py
- docs (包的文档存放在这里)
- scripts (个性化操作脚本，如作业控制等)
- tests (包的单元测试脚本)
- model_base.py (ModelBase 基类放在这里)
- Dockerfile (生成 Docker 镜像的说明)
- requirements.txt
- setup.py (包的安装脚本)
```

5.4.3 模型序列化

序列化是打包 ML 模型的一个重要过程，因为它可以实现模型的可移植性、互操作性。序列化是将对象（例如，模型对象或特征计算规则）或数据结构（例如，变量或数组）转换为可存储的人工制品的方法，例如，转换为可传输（跨计算机网络）的文件或内存缓冲器。序列化的主要目的是在不同的环境中，将序列化的文件重构为之前的数据结构（例如，将序列化的文件重构为一个 ML 模型变量）。

这样，一个新训练的 ML 模型可以被序列化成一个文件并输出到一个新环境中，在那里，它可以被反序列化回一个 ML 模型变量或数据结构，用于 ML 推理。一个序列化的文件并不保存或包括任何与先前相关的方法或实现，它只保存数据结构，因为它位于一个可存储的人工制品中，如文件。

当使用常见的序列化格式（如 joblib 或 pickle）时需要注意，这些格式在安全和可维护性上存在局限性，主要体现如下。

- 版本兼容性：当加载并反序列化模型时，需要使用相同版本的 Python。如果 Python 版本不同，在加载模型时通常会报错。另外，在反序列化已保存的模型时，使用 ML 库的版本也需要一致，包括 NumPy 的版本和 Scikit-Learn 的版本。
- 有时候可能需要手动输出模型的参数，以便将来可以直接在 Scikit-Learn 或其他平台中使用它们。通常，在 ML 中，用于预测的算法比用于学习参数的算法简单得多，可以很容易地实现。当模型版本变更时，需要重新安装对应的版本进行模型加载，否则，将遇到一些奇奇怪怪的问题。

为了满足可重复性和质量控制的需要，当考虑不同的体系结构和环境时，以开放神经网络交换（ONNX）格式或预测模型标记语言（PMML）格式导出的模型可能比单独使用 pickle 格式的更好。在开发者希望将模型应用于与训练模型不同的环境中进行预测时，这些方法很有用。

ONNX 实现了模型的二进制序列化。开发它是为了提高数据模型的可互操作表示的可用性，旨在促进数据模型在不同 ML 框架之间的转换，并提高它们在不同计算体系结构上的可移植性。为了将 Scikit-Learn 模型转换为 ONNX 格式，市面上已经推出了特定的工具 sklearn-onnx。ONNX 是作为一个开源项目开发的，由微软、百度、亚马逊和其他大公司支持。这使得一个模型可以使用一个通用框架（如 Scikit-Learn）进行训练，然后使用 TensorFlow 进行重新训练。在这个过程中，模型可以被渲染成可互操作的和独立于框架的。

PMML 是 XML 文档标准的实现，该 XML 文档的标准定义是表示数据模型及用于生成数据模型的数据。PMML 具有人机可读性，是在不同平台上进行模型验证和长期归档的不错选择。另外，作为 XML，当性能至关重要时，它的冗长性会对生产性能产生一定的限制。要将 Scikit-Learn 模型转换为 PMML 格式，可以使用根据 Affero GPLv3 许可发行的 sklearn2pmml 等。

ONNX 和 PMML 都是与平台和环境无关的模型表示标准,可以让模型部署脱离模型训练环境,这简化了部署流程,加速了将模型部署到生产环境中。这两个标准都得到了各大厂商和框架的支持,具有广泛的应用。

5.5　本章总结

本章展示了如何创建一个 ML 应用的通用接口,主要涉及模型的预测部分,方便将模型快速加载到 Web 应用程序中,使得 Web 应用程序能够托管任何继承自并遵循 ModelBase 基类标准的模型。通过标准化抽象的设计来处理 ML 模型代码,可以在此基础上封装任何需要部署的模型,而不是构建只能部署一个 ML 模型的应用程序。

本章介绍的通用基类的依赖很少,不需要模型创建者使用 Pandas、NumPy 或任何其他的 Python 包来将数据传输给模型。这也意味着它不会强迫使用者去了解关于模型的任何内部实现细节,这样降低了模型的使用门槛。

通过使用 Python 字典进行模型的输入和输出处理,模型将更易于使用。使用者无须了解 NumPy 数组或 Pandas 数据帧的知识和结构,不用考虑输入特征列的顺序,使用模型输出时也不用关注其生成方式。

需要强调的一点是,这里有意为模型代码和应用程序代码维护单独的代码库。在这种方法中,模型可以被看作一个安装在应用程序代码库中的 Python 包。通过将模型代码与应用程序代码分离,创建模型的新版本变得更加简单和直接。它还使数据科学家和工程师能够维护更适合他们需求的单独代码库,并使在多个应用程序中部署相同模型包及部署相同模型的不同版本成为可能。通过使部署自动化和可重复,预先创建好的模型接口将为 ML 团队节省大量时间。

第 6 章

在 MLOps 框架下规模化部署模型

对于任何一名数据科学家来说，在部署模型的新版本的时候，心情通常是复杂的。一方面，他对新版本即将产生的结果充满期待；另一方面，新版本可能带有一些缺陷，而这些缺陷通常只有在它们产生了负面影响之后才会被发现，他对此又有些不安。

模型部署的目标是将创建的 ML 模型与数据管道部署到测试环境或生产环境中，以验证用户对模型的接受程度。将新版本模型部署或发布到生产环境中，是整个 ML 生命周期离业务价值最近的一个环节。它实际上是加载模型文件或规则并将其发布在用户流量可以触达的地方，以推理（预测）请求的形式公开一个 API 来接收流量，该阶段会影响业务流程的核心决策逻辑，一旦模型的性能符合项目预期，就可以将模型或经验部署至生产环境中进行实际业务的检测。

随着人工智能的应用率不断攀升，对于希望通过人工智能创造价值的公司来说，大规模部署、发布和版本化模型正在成为一项常见且频繁发生的任务，也是最重要的挑战之一。对于每一个决策者来说，充分理解 ML 项目部署的内在机制，以及如何降低在达成这个核心步骤时可能失败的风险是至关重要的。

如果在网络上搜索有关 ML 模型部署的资源，会发现大量有关 Flask API 的博客文章，但通常叙述得比较简单，多是从功能性构建的角度实现流程。这些文章或帖子很少讨论部署模型时需要考虑的因素、可以使用的工具及生产层面的实践等。在本章中，笔者将通过实例进行讲解，在第 5 章的基础上，使用 Flask 和 Docker 构建模型服务并将 ML 模型部署为 REST API 端点。本章将涵盖以下内容。

- 定义及挑战。
- 对业务的驱动逻辑。
- 常见的设计模式。
- 构建 MLOps 通用推理服务：模型即服务。

- Web 服务框架及应用生态。
- 基于 Docker 的模型应用程序部署。
- 模型即服务的自动化。
- 基于开源项目的模型服务解决方案。

6.1 定义及挑战

在 ML 领域，关于 ML 部署的话题讨论得一直很少，学校课程及互联网上的在线课程的内容一般侧重于算法理论、训练和神经网络架构等方面，因为这些被普遍认为是 ML 的"核心"，更能体现现实世界在数学世界里的抽象。不可否认算法和模型本身非常重要，但如果数据科学家不能将研究出来的模型部署到现实世界能触达的地方，模型对企业的真正价值将无法谈起。

将 ML 模型部署到生产环境，已被证明是一个复杂和有风险的工程领域。许多项目未能实现从实验室到生产的过渡，部分原因是遇到的困难没有得到及时解决。

6.1.1 ML 部署的简单定义

一旦模型开发完成并测试合格后，就可以被部署。部署意味着模型可用于接收由生产系统中用户行为触发的请求，在生产系统接收请求时，会将用户的行为转化为特征向量（这个过程也可以在模型侧完成），该特征向量会被生产系统发送到模型中作为模型评分的输入，然后模型将评分的结果（模型预测结果）返回给生产系统，进一步发送给用户。

从工程角度，我们将模型的部署定义为将任意无缝集成到生产系统中的算法与配置细节相结合的代码单元或模型工件，可用于对一组新的输入数据进行预测。例如，该算法可以是决策树算法，而配置细节是在模型训练期间迭代出来的系数和规则，这些系数和规则序列化到本地文件中后便是模型工件。它就像一个黑盒子，可以接收新的输入数据并进行预测。

从应用角度，ML 模型只有在其挖掘出的洞察力供流量用户使用时，才能开始真正为企业提供价值。采用经过训练的 ML 模型并将其预测提供给流量用户或其他业务系统的过程被称为部署。比如，设置实验来训练和验证 ML 模型不是部署，而设置通过电子邮件发送每月产品报价的推荐引擎是一种部署。

部署 ML 模型面临的问题与仅构建一个好的 ML 模型截然不同。可以说，模型部署是实现用 ML 驱动实际业务运营的解决方案的最后一公里，也是最关键的环节，因为这个环节直接与价值挂钩，这也是模型能在生产环境中运行的前提，需要考虑更多工程细节。

6.1.2 部署 ML 模型的常见挑战

ML 系统是由多个动态的、独立的组件组成的，这些组件需要相互协调工作。鉴于这种相对高级和复杂的协调，生产运作中的许多环节可能会出现不同程度的失调，导致我们部署了一个性能不佳的模型。以下常见因素可能使部署具有挑战性。

- **多重利益相关方**：由于 ML 项目通常会涉及多个利益相关的团队和专家，会有较多的对接工作，而且因各个团队的知识结构不同又会产生沟通摩擦，从而导致较多的误解，诱发一系列问题。例如，当数据科学家设计流程时，ML 工程师通常在进行编码，而二者编码的逻辑有一定的差异（如使用不同的缩放方法），这种不一致也可能是理解上的偏差，会导致输出不理想的结果，甚至因为沟通不到位造成返工的情况，这种现象在实际的项目中很常见。

- **部署进程启动较晚**：由于认知不足或研究周期不同，许多团队把部署中的问题留到了很晚的阶段，还有一种常见的模式是直接把建好的模型丢给工程团队，这导致了一系列意外和挑战。例如，到部署的时候才发现用于训练的数据在生产中是不可用的。还有一种常见的现象是，模型都评估完成了，到写部署代码的时候才发现由于选择的模型计算太复杂，造成了系统延迟远超系统可以接受的范围。

- **现实数据的超动态性**：数据探索和模型研究是在离线的实验环境（开发环境）中通过使用历史数据集尝试不同的算法并观察其效果来完成的。毋庸置疑，实验环境与生产环境有很大的不同，对于生产环境来说，只有部分数据是实际可用的。这可能会导致数据泄漏或错误的假设，一旦模型在生产环境中除了使用历史数据还会使用实时数据流，如果没有在离线建模时考虑到这一点，可能就会导致糟糕的性能、偏差或有问题的代码行为。

- **ML 的故障监控比传统 IT 更加复杂**：ML 模型在看似正常工作的状态下并不意味着它真的做了它应该做的事情。如果没有适当的专门的 ML 监控服务，这种故障可能会隐藏在里面，直到造成业务损失。
- **缺乏成熟的架构模式**：作为一项新兴技术，除了科技巨头，能够完美实现模型部署和服务的公司相对较少。
- **大量令人困惑的竞争平台和技术**：每个平台和技术的模式都有各自微妙的区别，它们都强调自己独特的解决方案。市面上的开源训练框架也通常自带服务模式，但一般只支持自己框架下模型的服务化，比如 TensorFlow Serving 只服务基于 TensorFlow 框架构建的模型。

6.2　对业务的驱动逻辑

达到部署模型环节，意味着数据科学家已经训练好了一个或一组模型，离线测试了其性能，并决定用其来对新的数据点进行预测。模型预测通常用于实现具体的业务目标，预测的生产实现是通过模型的部署集成到业务系统中的。

6.2.1　模型部署的边界

模型部署的关键一步是构建推理服务。从系统层面看，既要实现模型与业务系统之间的解耦又要为业务系统提供模型可调用能力的服务就叫推理服务，推理服务是模型部署后的表现形式，通常以 REST API 的形式对外提供。

业务关注的是对业务领域中实体的事件进行预测。但是，模型通常不对业务对象直接预测，需要将业务对象抽象成数据表征，再通过已经启动的推理服务进行预测。例如，用户在电商渠道上点击了一个产品的图片，如果要在推理中使用该图片，需要先将其处理成具有数据特征的向量，并且这些向量在建模过程中就要参与到建模的特征处理流程中。关于数据表征需要了解的信息如下。

- 模型与其数据表征紧密耦合，数据的某一维度的格式，甚至数据分布的任何微小变化，都可能导致模型漂移。
- 简单地说，模型的"大脑"主要来自对输入数据表征的强化，数据科学家需要保持对这种表征进行迭代的能力，而无须更改上游 API。
- 创建这种数据表征的 API 与神经网络调用 forward 的 API 不同，创建数据表征的 API 涉及指令性代码、特征转换等。在某些情况下，它可能还包括 I/O 操作，以丰富或加载额外的数据（特征）。

关于数据表征应该遵循以下原则。

（1）推理服务入口点需要足够高。要么是业务域对象，如事务；要么是数据域对象，如年龄。

（2）数据表征的创建任务与推理任务应该分开处理。

（3）创建数据表征的任务在推理服务内部执行。

6.2.2　模型部署与业务应用流程的关系

如图 6-1 所示，模型部署后的业务应用流程主要包含业务域的具体业务处理的内容、业务系统 API、输入表征、推理预测 API、预测结果封装等组成部分。具体功能介绍如下。

- 业务域的具体业务任务是由业务域的实际用户触发的，如电商 App 的消费者、线上办理信用卡的用户等。业务域的用户在使用具体业务产品时会触发业务系统 API 请求相关资源。例如，用户在点击了一个商品的链接进入详情页时，业务系统 API 就会实时地接收到用户在业务域的输入信息。
- 触发业务系统 API 以获取模型的预测信息，该 API 以业务域为中心，是与业务任务相关的实体。例如，业务系统 API 在接收到业务域输入的点击对象时，会返回一个商品列表，可推荐该列表给用户。在数据层面，业务系统 API 可能需要将业务域的输入转换为数据域的信息，如接收到的是用户点击的商品链接或图片对象，而该 API 向下一层传递的时候，传送的可能是该商品对象或图片对象映射的用户 ID 或商品 ID，以及一些附带的标签和时间戳等数据域的信息。
- 在获取数据域输入后，输入表征由特征工程及模型训练环节进行处理，将其转换为数据的模型表征并序列化为模型文件或规则。
- 触发由模型表征构成的推理预测 API（也叫模型推理服务），这一步需要将序列化的模型文件提前读取到推理预测 API 的后端，并使用其对输入数据表征后的向量进行计算，产生初步的预测结果。

- 预测结果封装，这一步对模型预测 API 预测的结果进行转换和封装，与业务后端的元数据进行映射,将结果转换为业务域可以理解的信息,例如,来自欺诈模型预测的风险概率值需要被转换为"非欺诈、可疑、高度可疑、不确定"等标签之一,业务域可以对其进行解释。通常业务元数据存储在业务系统的后端，有时候预测结果转换这步也可以放在业务系统 API 内进行解析。

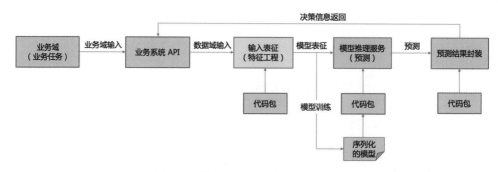

图 6-1　模型推理服务的业务应用流程

以上内容基本上描述了部署后的模型与业务进行交互的流程。接下来，让我们看看几种常见的模型部署的设计模式，以及其何时可能有用及面临什么样的挑战。

6.3　常见的设计模式

从 MLOps 工程的角度，模型部署可以分成代码与模型的序列化和模型的服务化两个部分。其中，代码与模型的序列化是将代码、环境依赖及模型实例部署到中央存储中，为后续模型的版本化及回溯使用。模型的服务化则是通过数据库批量推理模式、嵌入式推理模式、单服务推理模式和微服务推理模式等四种模式为业务应用提供服务。

其中，静态服务化或嵌入式服务化是指模型被打包成可安装的应用程序，然后进行部署并为业务应用提供服务。例如，一个提供请求批量评分的应用程序。动态部署通常使用 FastAPI 或 Flask 等 Web 框架部署模型，并作为响应用户请求的 API 端点。进一步地，静态部署通常以数据库批量推理的方式进行设计和实现，动态部署则以单服务推理和微服务推理的方式设计。

从响应的延迟角度讲，这四种推理模式中除了数据库批量推理模式为离线批量推理，其他为在线推理，在实际的应用场景中在线推理的应用范围更广，同时更具挑战性。

6.3.1　用于在线推理的 ML 模型部署的挑战

批量推理通常在某个周期性的时间段内允许我们对一批样本生成预测，并将预测结果存储到数据库中。应用侧在批量预测完成之后才会在具体的业务中使用预测结果，在该场景下预测与使用是异步和离线的。而在线推理比批量推理要复杂得多，用于在线推理的 ML 模型部署比用于批量推理的模型部署也更具挑战性，这种挑战性主要是由于近乎实时地提供预测的系统在应用上通常有低延迟的要求。

这与 ML 模型特别相关，因为它们在进行预测时需要大量的计算资源。即使是数学上简单的模型也有可能引入相关延迟。而为了不影响用户体验，很多应用通常需要在毫秒级内向业务系统返回预测结果，比每小时甚至每周更新一次批量样本预测结果的系统能容忍的错误更少和延迟更低。

在实施在线推理或提及任何工具之前，笔者认为有必要介绍一下从业者采用在线推理方案中的部署模型时会面临的具体挑战。

（1）在线推理模式下的特征工程

在整个建模管道中，数据科学家通常会将大部分时间花在 ML 模型构建和测试不同特征对目标的影响上，对具体的工程细节和环境并不是很在意，比如，并不在意编写和测试模型代码的环境与将模型部署至在线推理模式的生产环境有很大的不同。

在建模阶段的探索和开发过程中，通常会为一批样本搭建一个特征工程管道，这个管道可能会包含多个处理特征的环节，每个环节都会有相应的计算量，在使用这个管道对样本进行处理的时候通常不太会关注处理时间。但如果这个管道的处理逻辑较复杂，则该管道的代码在投产时可能需要被优化，因为它在推理时的运行速度可能会太慢，势必会产生一定的延迟。比如，用户在访问某媒体或电商应用时会向线上实时推荐引擎发起推荐请求，从请求的发起到推荐结果的曝光的这段时间一般要求是毫秒级的，这意味着留给后端模型服务的整体延迟也是毫秒级的，响应时间是特征工程、模型预测和通信延迟的总和，所以这会对特征工程处理的性能要求极高。

数据科学家在这个过程中通常更关注特征对模型产生的效果，不会过多考虑性能问题。而且探索时搭建特征工程管道的数据科学家可能也不具备编写高性能处理特征工程管道的能力。

这个问题的一种解决方案是通过团队合作，让数据科学团队负责模型的原型设计和探索，工程团队负责优化特征工程管道和模型的处理性能。数据科学团队的目标是尽可能建立高性能的模型，而他们的代码在可扩展性和可靠性质量方面的要求是次要的。工程团队的工作是将实验性代码转化为高质量和经过测试的代码库。这个解决方案的好处是最后部署的代码的工程性能会比较高，但缺点也很明显，虽然这种方案利用了不同团队的专业知识，但团队之间的"交接"也引入了一系列问题，比如，在工程团队没有 ML 方面专业知识的情况下，沟通成本会比较高。

从模块化的角度出发还有一种解决方案，仍然是数据科学团队负责模型的原型设计和探索，而工程团队负责优化代码结构，比如，在建模或特征工程管道中比较耗费计算资源的环节由工程团队使用更底层的语言进行优化，然后将其封装编译成数据科学团队可以调用的包。更进一步地，工程团队可以将既耗时又经常用到的方法抽象成通用模块供数据科学团队重复使用。这种方案的好处是，模型仍然由数据科学团队来控制，既能提高项目的效率，也可以降低模型出错的概率。为了实现让数据科学团队对 ML 项目全流程的把控，还要进一步为数据科学团队抽象出部署、服务化和监控的功能，当然这也正是 MLOps 需要提供的能力。

（2）特征的多数据源处理

在线推理流程中对延迟进行约束的另一个挑战是，从不同数据源生成特征的复杂性。对于一些简单的特征，可以在请求时接到数据后直接生成。在这种情况下，特征的生成相对简单。

特征工程管道通常需要从不同数据源请求数据，这些数据源可能包含结构化和非结构数据。当特征工程管道中的源数据是不可直接使用的非结构化数据时，这种情况就要复杂得多，比如，源数据是文本，需要先使用自然语言处理技术将文本转化成结构化数据，然后提供给特征工程管道使用。

此外，特征工程处理的特征也有两种，第一种是处理离线的历史数据，第二种是处理实时数据流，第二种特征通常需要在模型推理服务响应的过程中使用特征工程的逻辑实时进行处理，对于第一种特征的要求则会低一些，可以离线异步处理完后将其存储到模型推理服务可以访问的设备上。但有一点需要注意，如果离线处理的特征所在的存储设备没有为查询单个记录进行优化，那么数据科学或数据工程团队需要设计流程或工程来预先计算和索引这些离线特征。当前流行的做法是由 Uber 探索出的特征存储的方式，它本质上就是自动获取原始数据并从中创建特征，遵循中心化服务和共享的原则，支持不同类型的特征服务，有近乎实时的特征，也有超实时的特征，试图在训练和在线推理服务之间架起桥梁。将用于训练和推理的特征分开存储，比如，将用于模型推理的特征存储在如 Redis 的缓存层，通过低延迟的在线 API 提供服务，并使其在低延迟要求的在线推理服务中可用。

建立这样一个系统通常超出了大部分数据科学家的能力范围。实际上，需要一个完整的数据工程师团队来维护、监控和管理这个整合与处理多数据源的管道和用于模型训练和推理的特征的存储与使用的设备。如果 ML 项目需要构建以在线方式提供服务的模型，则必须考虑处理复杂数据源和生成复杂特征集的成本。

（3）在线推理的 A/B 测试

毫无疑问，模型部署和迭代的终极目标是产生业务价值，如何才能知道新的模型是否比以前部署的模型更有价值呢？常见的准确率、召回率和均方根误差等离线指标不能完全表达用户的参与度或付费率等业务指标的信息。在离线实验中用于评估和优化 ML 模型的指标通常很少与企业关心的业务指标完全一致。比如，对于推荐模型，数据科学家可能会基于数据集优化 p@k 或平均精度等指标。而产品或运营团队则关心的是诸如用户与产品的互动指标。也就是说，一个离线评估指标优化得很好的模型不一定能带来业务指标的提升。

为了衡量新模型对业务是否有真实价值的提升，数据科学家通常通过运行基于统计学的 A/B 测试（该概念可以与第 4 章介绍的 A/B 在线实验互换使用）来增强评估策略。要运行 A/B 测试，必须将用户群体在同分布的条件下进行分配，在不同的用户流量上曝光不同的算法。

从工程角度考虑，这不是一项简单的任务。在线推理服务模式需要考虑如何将 A/B 测试集成到在线推理服务中，需要额外的基础设施来分流用户，将这些请求分流给不同的竞争模型，并实时接收反馈数据，以便分析实验结果。另外，在工程上还需要额外地配置和维护必要的基础设施。

（4）模型版本迭代

对于批量推理模式，由于部署和发布方式是定期执行且离线的，预测结果的生成与用户间的交互动作是异步发生的，因此模型版本的更新不会实时影响用户体验。而在线推理模式中由于与用户的交互是实时的，模型版本的更新需要在服务端发生，这就会产生两个问题：一个是全新版本发布时如何做到不会因为没有被测试到的错误而引起用户体验的下降，甚至带来经济损失；另一个是同一个版本内由于数据变化而进行周期性版本更新时如何做到服务端的零停机更新，由于在线推理服务在生产中运行的 API 的后端是将模型加载在内存中的，这意味着，如果想让新训练的模型加载已运行的 API 后端，则需要将 API 停机后重新加载新模型，想要做到零停机的情况下更新后端的模型是一件极具挑战性的任务。后面笔者也会针对这两个问题设计详细的解决方案。

6.3.2　什么时候需要在线推理

通常，只要应用中需要进行实时预测，就需要在线推理。举例来说，在电子商务公司的应用中，推荐系统时刻准备着向访问该公司电商网站或应用的用户提供商品推荐服务。由于用户可以在一天中的任何时间访问网站或应用，业务系统需要根据用户的行为向后端请求提供推荐信息。如果仅这一要求其实并不需要在线推理，我们可以批量预计算和缓存预测，然后在运行时提供缓存的预测。但是，如果想要给用户提供更好的用户服务体验，则需要为用户提供更及时和更精准的推荐服务，比如，我们可能需要将用户最近的行为包含在推荐策略中。如果用户与推荐的商品进行交互，我们希望使用该交互的上下文（如将商品添加到购物车、移除商品等）来更新对该用户的推荐。正是这种对近乎实时的输入数据的依赖，迫使我们通过在线推理方案来部署推荐模型。预测应该是即时生成的，而不是按重复间隔预先计算的，以便用户最近的活动可以被纳入推荐策略中。

6.3.3　什么时候使用批量推理

当我们的应用不需要立即进行 ML 预测时，不需要在线推理，批量推理（数据库批量推理模式）就可以满足要求。当业务的应用允许异步生成预测时，批量预测是首选。这并不是说在线推理不能提供异步预测，而是批量推理更容易实现，而且维护成本通常要低得多。

在线推理需要始终在内存中运行以响应发出请求的服务。因此，即使没有任何请求需要响应，这些推理服务的程序也在运行中。常规做法是，如果应用场景下可以通过运行定期作业来预测一批数据服务业务，优先选择批量推理模式。

6.3.4　数据库批量推理模式

在这种模式结构中，如图 6-2 所示，预测结果在预测阶段（模型预生成预测时）存储于数据库中，并且当请求在应用程序端（前端）发生时，返回预期的结果。预测发生的频率比训练更为频繁，如需要每天进行预测，而模型更新的周期通常可以更长，如每周更新一次即可。总之，需要在一批输入样本上生成预测时，就可以使用批量模式来部署 ML 模型，特别是在需要超过小时级时间间隔的预测场景中。

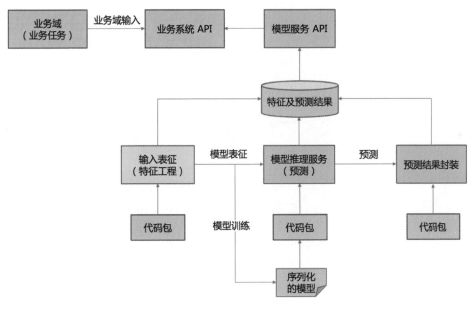

图 6-2　数据库批量推理模式

适用场景

该模式适用于**数据分布稳定且不需要频繁更新模型的场景**，对请求响应没有实时的要求，如定期给潜在用户群发营销邮件。如果应用的变化对实时特征不敏感，则模型更新的频率按需进行即可。如果应用的变化需要实时输入进行改进，则需要添加实时的模型服务。

优势
- 业务应用对推理请求响应的延迟要求低。
- 前端与后端没有对系统或编程语言有所依赖。例如，编程语言的差异不会影响前后端的性能（如前端使用的 Java 语言与后端使用的 Python 语言），因为有数据库作为中间媒介。

挑战
- 无法满足实时预测。例如，当在电商网站上为消费者提供推荐信息时，使用该模式结构将无法使用消费者的实时行为特征进行模型的预测或排序。

6.3.5 嵌入式推理模式

如图 6-3 所示，在嵌入式推理模式中，会将 ML 模型与代码打包到业务服务中。

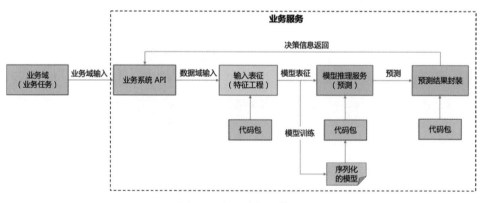

图 6-3 嵌入式推理模式

适用场景

模型由单个业务服务使用，训练好的模型及特征工程管道均在打包后被部署到业务系统所在的设备上，**适用于模型更新频率低的场景**。

典型的应用场景有智能可穿戴设备等，市面上很多的智能耳机和智能手表已经在使用相关技术。智能家居也是应用场景之一，比如，智能水壶和智能灶台可以通过声学传感器和部署在相应设备上的模型来检测水是否烧开、烧开的水是否溢出、壶和锅的温度有没有过高等。

在该模式下需要做的事是将模型工件与服务代码打包在一起，然后部署到智能设备端。

优势

- 能够预测智能设备端收集的实时输入。
- 模型更新频率低，维护成本也低，通常在部署后可以长久用下去。

挑战

- 部署的模型与应用端（系统）之间具有高度依赖性，代码的编写需要使用相同的编程语言，即部署的模型可以被无缝整合到业务端。
- 模型更新不便捷，每次更新模型都要与系统的后台进行沟通和互动，比如，智能手机上一些 AI 应用的模型通常是在手机系统更新的时候完成更新的，同时需要使用者从网络上下载相关模型并进行手动更新。

6.3.6　单服务推理模式

如图 6-4 所示，在这种模式下，模型部署在专用服务中，（不同的）业务服务使用"数据输入"API 调用。该服务封装了特征计算、预测和输出转换。

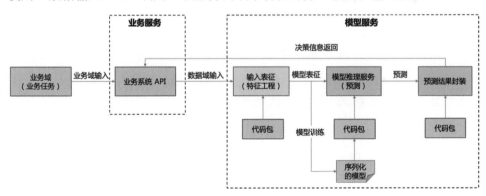

图 6-4　单服务推理模式

适用场景

该模式适用于**特征工程逻辑不复杂且模型需要高频迭代**的场景。例如，在线营销就是典型的应用场景，电商应用的实时推荐引擎需要模型服务与业务服务分离，并且后端的推荐模型和策略需要频繁更新。这种推理模式架构非常适合大型 ML 系统，该系统需要与前端松耦合，并在后端进行持续的改进或实验（如 A/B 测试）。

优势

- 能够收集前端输入，通过调用模型服务进行实时预测，可以较容易地实现低延迟和动态更新模型的功能。
- 能够降低后端与前端之间的依赖性，降低运维难度。
- 具有更高的弹性，近年来随着容器技术的流行，可以使用容器相关技术，例如，Docker 就可以为该模式提供更灵活和更可扩展的后端部署能力。

挑战

- 当所涉及的编码、扩展任务变得足够重要并且需要工程团队时，很难划清边界。
- 该模式增加了模型服务部分的额外系统配置和维护成本。
- 由于在 API 调用和处理阶段需要进行额外的通信，因此可能会导致更高的延迟，需要团队具备高可用的架构设计和开发能力。

6.3.7 微服务推理模式

微服务是一种设计和部署应用程序以运行服务的现代方式。微服务实现了分布式应用，而不是一个大的单体应用，单体应用的功能会被分解成更小的子功能（即微服务）。在这种推理模式中，推理管道被进一步分解为多个子服务，这些子服务组合在一起共同实现了模型的预测结果。

ML 团队可以考虑在微服务架构中实现其 ML 模型和工作流程，以简化生产中不可避免的迭代，如数据模式的迭代、KPI 的更新、模型算法的更新等。微服务架构将软件程序分解为小型的、模块化的和独立的服务。使用者可以更新、删除或替换一个微服务，而对其他微服务的影响最小。例如，通过为 ML 搭建微服务架构，使用者可以更轻松地切换新模型版本、重新配置 Spark 处理集群或添加数据源。可以使用容器技术将微服务与其运行所需的任何内容（包括系统工具、库和配置文件）打包在一起，使微服务的实现变得容易。

如图 6-5 所示，当推理管道更复杂时，尤其是特征转换环节会占用大量计算资源时，可以选择使用该模式。而且，处理好的特征可以存储在特征存储中，以便在多个服务之间复用。

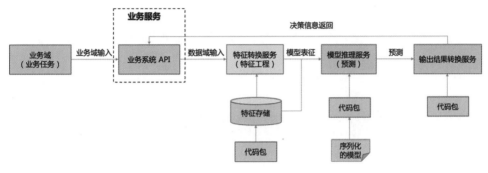

图 6-5　微服务推理模式

适用场景

当在场景中需要促进更低层级单元的复用时，比如，当同一类型的特征转换可以被用于多个不同的模型时，就可以将特征转换从模型服务中分离成独立的服务，这种场景比较适合使用微服务推理模式。此外，当需要让不同团队对不同任务进行分工时，也适合使用该模式。比如，数据工程师负责离线特征的计算和服务化，数据科学团队负责模型推理部分的服务等。

优势

- 高敏捷性，可以实现更高的发布频率，更符合 ML 项目的持续迭代的特性。
- 便于多团队协作，一个大型 ML 项目可以被分解为多个独立的开发任务，团队成员各自负责其中一块，最后实现整个项目的推理服务。
- ML 生命周期内的各个环节具有薄弱的组件边界，既可以分解成不同的服务单元，又能在各个单元间建立清晰的关系。例如，ML 模型的输出可以用作另一个 ML 模型的输入，也就是说模型的整个处理过程是可以分拆为多个环节的，这与微服务推理模式不谋而合。

挑战

- 需要对问题领域有清楚的认识才能正确划分服务边界，这通常非常困难，而且经常随着开发的推进而需要改变服务边界。
- 如果服务边界划分不合适，就会带来技术上的复杂性，尤其是在多个服务

间存在复杂的依赖关系时，会进一步导致运维开销增加，此外还需要分别
对每个子服务进行维护。

总之，我们需要在部署模型时先对现有需求进行评估，理解当前的应用方式，
并与本章讲解的四种推理模式进行匹配，选择最适合当前业务场景的推理模式进
行模型的部署。表 6-1 并不是一个详尽的列表，但是现有应用场景基本上都可以
从这几类中找到解决方案。

表 6-1　四种潜在的 ML 推理模式

	数据库批量推理模式	嵌入式推理模式	单服务推理模式	微服务推理模式
训练	批量	批量	批量/实时	批量/实时
预测	批量	实时	实时	实时
预测结果交付	通过共享的数据库	设备的内置 API	REST API	REST API
预测的延迟	高	低	一般	低
生产运维难度	容易	一般	难	非常难

6.4　构建 MLOps 通用推理服务：模型即服务

如果当前建模不是为了参加比赛，而是为了解决一个现实世界的问题，那么
构建的模型必须被整合到现有的生产服务中使用，并且该服务需要有持续集成、
持续部署、日志记录、监控等功能。

嵌入式推理模式试图通过将数据科学团队的开发周期嵌入工程团队的工件中
来解决这个问题，但如前面所说的，这种模式有局限性。那么，如何让数据科学
团队将他们辛苦建立的模型部署到生产中使用，且不需要手动管理他们自己的服
务或使用学习能力圈之外的工程技能呢？

图 6-6 显示了截至目前，MLOps 流程（框架）已经流转到了关键的模型部署
阶段，为了形成规模化效应，需要在第 5 章定义的标准化模型接口的基础上自动
化模型的部署，以达到模型即服务的效果。

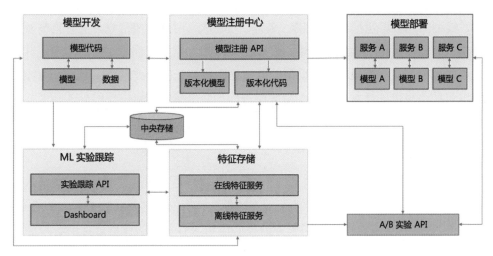

图 6-6　MLOps 框架中的模型部署

6.4.1　模型即服务的工作流程

如图 6-7 所示，模型即服务的关键点在于模型服务核心模块的构建，为了实现既隐藏技术实现细节又能够将模型自动化部署为可服务化的 Docker 镜像，需要模型即服务的核心引擎能够在给定的测试数据和模型基础上进行自动分析，识别出模型的元数据和模型工件，尽量减少手动定义元数据的操作（实际场景中使用的特征数量可能会很多），这一点对自动化部署的实现很关键。

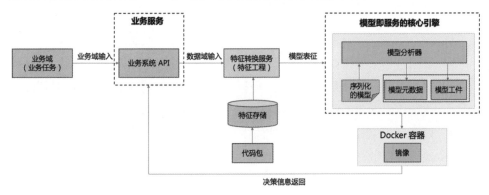

图 6-7　模型即服务的工作流程

具体的实现可以是在第 5 章实现的 ML 通用接口的外层再抽象出一层模型分析器组件，封装为数据科学家可以直接使用的通用模块，以实现模型的自动部署和服务化。模型分析器的目标是从建好的模型中自动解析模型的元数据和模型工件。模型的元数据包括模型的 ID、名称、责任人、时间戳等信息，同时也需要解析输入和输出数据的类型和描述，以及相关依赖。模型工件是模型的实例，其形式可以是模型文件或规则等。模型的元数据和模型工件会被封装成 Docker 镜像，通过启动该镜像进行服务化。模型即服务的核心引擎还可以内置额外的功能，如 A/B 测试及版本化。

模型即服务的工作流程如下。

- 数据科学家开发并打包了一个（组）离线评估和通过测试的模型（其本质上是一个模型权重文件或一些算法框架特有的文件及元数据）。
- 数据科学家调用模型即服务的核心引擎对打包好的模型进行部署和服务化，模型被部署到 Docker 容器中并发布成通用 API 供上游业务使用。
- 通用 API 将决策信息（模型输出）返回给上游业务系统，并收集响应以便进行线上效果评估和实时监控。

适用场景

对于已经完成了线上业务闭环的公司，老板想通过数字化转型改善现有业务的情况，使用模型即服务是再合适不过的。在该模式下，可以不用耗费大量成本就搭建起数据科学团队及工程团队，仅需要一名懂业务且有一点工程能力的数据科学家就可以实现前期的可行性探索工作。

优势

- 数据科学家无须编写工程代码即可将其开发的模型部署和服务化，这让数据科学家可以独立部署模型，使得模型生产化的过程更可控，同时降低了传统模式下让工程团队重构模型所引起的团队间的沟通摩擦。
- 内置 A/B 测试及版本化组件的模型即服务的核心引擎让线上效果评估和部署新模型变得更加容易。

挑战

- 核心模型服务模块的高度抽象和封装是复杂的。通常情况是，应用端使用得多简便，后端的抽象开发就多复杂。

模型即服务在目前实现 MLOps 模型部署的方案中比较常见。因为它简化了部署，使得数据科学家可以不用掌握太多工程化知识即可实现模型的快速部署。

模型即服务的理念是将 ML 部分与软件代码分开，实现算法与业务系统的解耦。这意味着数据科学家无须将模型嵌入业务系统，对于模型版本化的实现，只需要定期重新部署应用程序即可更新模型版本，这解决了模型快速迭代的痛点，同时降低了数据科学团队与工程团队之间的沟通摩擦。

6.4.2　模型即服务的核心服务模块

ML 模型与其他软件组件的集成往往很复杂。第 5 章讲到，通过创建基类的方式定义一个标准，可以简化整个系统的设计。在图 6-7 中，模型即服务的工作流程中的核心引擎是以抽象类的方式来定义的模块，该引擎的重点是实现模型的部署和服务化，为后续的持续集成、持续部署及规模化管理提供便利，该引擎主要由模型分析器自动化部署组件组成。

更详细的设计如图 6-8 所示，在模型即服务的核心引擎中，模型分析器主要实现了模型分析和模型的持久化功能。模型分析器负责解析输入的测试数据集（可以是单个记录）和模型对象，然后通过模型组件（ML 模型接口及代码）对解析出来的信息再进行序列化，生成本地的模型工件，同时将模型的元数据信息注册到模型注册中心。

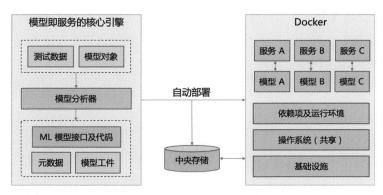

图 6-8　模型即服务的核心引擎及执行逻辑

在完成数据集及模型的解析后，模型即服务的核心引擎的主程序会将模型加载到容器（Docker）中并生成镜像，同时创建可远程调用的 API。

这里的模型即服务的核心引擎是由抽象出来的通用组件构成的，引擎中内嵌的模型分析器的后端由不同的模型框架构成，通常需要先抽象并设计出不同模型框架的通用接口，然后将这些接口植入模型即服务的核心引擎中。当需要编写使用该引擎的代码时，该引擎会自动提供一个与对应的模型框架相匹配的代码实现，依据匹配到的框架自动生成该模型框架下的 ML 模型标准接口及代码。此外，分离出来的模型元数据和模型工件会由模型即服务的核心引擎自动部署至中央存储，这种方法使我们在各种框架之间进行解析和切换变得容易。

6.5　Web 服务框架及应用生态

模型部署的目标是提供一个功能齐全的推理服务，该服务可以被客户端或用户调用以实现实时模型预测。网络上也有很多关于使用 Flask 构建 Web 应用程序以发布 ML 模型的教程和案例。但是，这些教程中的大多数都没有对其生态进行阐述。

本节将介绍一些为 Flask 应用程序提供服务的软件及它们如何组合在一起以实现模型即服务的目标。在生产中，一个完整的模型即服务会涉及 Web 应用程序（框架）、WSGI 服务器（容器）和 Web 服务器三个主要部分。如图 6-9 所示，这是 Python 应用程序服务化的生产框架，其中 Web 服务器和 Web 应用程序不能直接通信，需要通过一个中间的 WSGI 服务器进行通信，WSGI 服务器的作用类似于一个"翻译器"，负责将请求信息在 HTTP 和 WSGI 协议之间进行转换。但 WSGI 服务器不仅是一个翻译器，它还会被线程化以将接收的请求分发给 Web 应用程序的多个实例，应用程序进行相关处理后再将处理的结果返回给客户端。

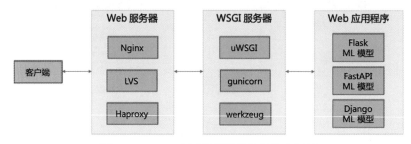

图 6-9　Python 应用程序服务化的生产框架

6.5.1　Web 应用程序

Python 作为一门强大的脚本语言，能够适应快速原型和较大项目的制作，被广泛用于 Web 应用程序的开发。其中，Flask 是基于 Python 的可以定义和编写

Web 应用程序的最流行的框架之一，它是一个"微型框架"，是构建小型应用、API 和 Web 服务的极佳选择。

接下来用一个简单的例子介绍 Flask 应用程序的基础知识。首先从创建一个应用程序对象开始：

```
from flask import Flask
app = Flask(__name__)
```

然后，注册不同的 URL 路由并定义相应的函数，以在它们被请求时完成相应的处理。

```
@app.route('/')
def root():
    return 'Hello World!'

@app.route('/predict')
def predict():
    return {'score':1.0}
```

以上就是一个简单的 Web 应用程序的全部内容。可以把应用程序看成一个 API，类似的 Web 应用框架除了 Flask 还有 FastAPI、Django 等。需要注意的是，这些 Web 应用框架下编写的应用程序不"做"任何事情，它们只定义了一组请求及如何响应这些请求的方法。ML 的模型推理和处理逻辑就在这个部分实现。

6.5.2　WSGI 服务器

WSGI 服务器的基础是 Web 服务网关接口（简称"WSGI"），WSGI 通过提供一种标准协议来实现在 Web 服务器和 Python Web 应用程序架构之间进行通信。它不是某个具体的框架，本质上是一种协议。WSGI 的目的是确保 Web 应用程序能够运行在符合 WSGI 所定义的协议的 Web 服务器上，使得编写可移植的 Python Web 代码成为可能。

通常情况下，除非网站是完全静态的，否则 Web 服务器需要一种方法来启动 Web 应用程序以处理接收到的动态数据。WSGI 服务器封装了处理 HTTP 响应、TCP 连接等操作的接口。开发者不需要自己实现接收 HTTP 请求、解析 HTTP 请求、发送 HTTP 响应等操作，也不需要专注于 HTTP 规范，就可以专心编写 ML 模型的处理逻辑了。

对于符合 WSGI 协议的 Web 应用框架,只需要定义一个带有两个参数的函数。一个最简单的符合 WSGI 协议的 Web 应用程序的函数如下:

```
def application(environ, start_response):
    status = '200 OK'
    response_headers = [('Content-type', 'text/plain')]
    start_response(status, response_headers)
    return [b'Hello world\n']
```

我们称这个函数为"可调用的",可调用意味着:

(1)可以理解请求,比如,可以理解和解析所有传入的 HTTP 首部信息、Cookies 及请求的 URL。此外,这些信息都来自 environ 字典。

(2)基于被请求的 URL 来构建一个适当的响应。Flask 定义的应用程序只需要为这个 URL 的请求实现业务逻辑并生成具体的响应结果,具体的业务逻辑在 application 函数中实现。

(3)调用 start_response,这个函数是由服务器提供的。start_response 有两个参数,一个参数是 HTTP 响应状态代码,另一个参数是以二元组表示的首部列表,如 start_response('200 OK', [('Content-Type', 'text/plain')])。

(4)将响应的实际结果作为可调用的对象返回,如[b'Hello world\n']。

以上是构建符合 WSGI 协议的 Web 应用程序所需的全部内容。从业者甚至可以仅依据这些知识在不使用 Flask 或 Django 的情况下,创建定制化的基于 WSGI 协议的 Python Web 应用程序。

需要注意的是,一般应用框架都会集成轻量级的 WSGI 服务器,主要是为了调试方便,比如,Flask 自带的 WSGI 工具包 werkzeug 就可以搭建 WSGI 服务器。但出于性能和稳定性的考虑,这些轻量级的 WSGI 服务器或工具包不能在生产环境中使用,只能用于开发环境,实际生产中需要使用更专业、高效的 WSGI 服务器。比如,可以使用 uWSGI、gunicorn 等性能更高的工具搭建 WSGI 服务器。像大多数应用服务器一样,uWSGI、gunicorn 都是与编程语言无关的,它们通常为 Python 应用程序提供服务。其中,uWSGI 是 WSGI 的一个具体实现,通过叫作 uwsgi 的更底层的协议与其他服务器进行通信。为了更好地理解,笔者觉得有必要对以下几个概念进行定义。

- **WSGI（Web 服务网关接口）**：是一种协议规范，定义了 Web 服务器和 Web 应用程序之间通信的接口规范。简单地说，它告诉我们应该实现哪些方法以在 Web 服务器和应用程序之间传递请求和响应。它基本上是一个用于标准化通信的 API 接口，是 Python 标准库的一部分。
- **uWSGI**：一种应用服务器，它与基于 WSGI 规范编写的应用程序进行通信，并通过兼容 WSGI 规范的协议（如 HTTP）与其他 Web 服务器进行通信。在大多数时候，它像一个中间件，因为它把来自传统 Web 服务器的请求翻译成应用程序可理解的格式（WSGI）。
- **uwsgi**：一个底层的二进制协议，可以实现 Web 应用程序与 Web 服务器之间的通信。uwsgi 是一个有限协议，由 uWSGI 服务器实现。从本质上讲，uwsgi 定义了 Web 服务器和实例（Web 应用程序）之间发送数据的通用格式。

通过上述定义，再来看整体情况就比较清晰了。我们的业务逻辑暴露在一个使用 Flask 的 Web 应用程序中。这个应用程序将使用 uWSGI 服务器实现与 Web 服务器间的通信。常见的 uWSGI 工具如下。

werkzeug

werkzeug 是 WSGI 的工具包，它为开发符合 WSGI 协议的 Web 应用程序提供工具，具体包含解析标题、发送和接收 Cookies、提供对表单数据的访问、生成重定向、出现异常时生成错误页面及提供在浏览器中工作的交互调试器等功能。它甚至提供了一个简单的 Web 服务器，但由于不高效、不具备可扩展性或不安全，该功能通常仅在测试时使用。

uWSGI

uWSGI 是一个成熟的 WSGI 服务器。它会接收一个 HTTP 请求并将其转换为 WSGI 请求，然后将该 WSGI 请求传递给 Web 应用程序进行处理并等待响应。

gunicorn

gunicorn 是一个模仿 Ruby 的 Unicorn 网络服务器的 WSGI 服务器，类似于 uWSGI，因为它也会接收 HTTP 请求并将其转换为可调用的 WSGI 请求。gunicorn 基于预分叉（pre-fork）worker 模式，这意味着会有一个中央主进程分叉出一系列的子进程（worker）并对它们进行管理。主进程不需要知道来自客户端的请求信息，所有请求和响应都完全由 worker 进程处理。收到请求后，worker 进程的作用是处理 HTTP 请求，将请求转换为符合 WSGI 协议规范的格式，并发送到该 worker 可以调用的应用程序端，然后等待响应。gunicorn 可以产生指定数量的子进程，并将应用程序加载到每个进程（worker）中，从而实现对 Python 应用程序的并行处理。gunicorn 启动的主进程在一定程度上起到了"负载均衡"的作用，比如，确保 worker 的数量与设置中定义的数量相同，如果任何一个 worker 在运行中出现问题，主进程会通过再次分叉自己来启动另一个 worker 进程。

这里需要注意的是，预分叉的"预"字意味着，主进程会在处理任何 HTTP 请求之前创建 worker，每个 worker 都是一个加载 Python 应用程序的 UNIX 进程，并且 worker 之间是不共享内存的。

gunicorn 的预分叉 worker 模式非常适合低延迟通信，可以轻松扩展 Flask 应用程序以动态地为同时在线的用户提供服务。它们在启动一个进程来处理每个请求时没有任何成本，因为这些进程已经启动。然而，它们在处理长连接请求和流量激增的场景下表现得并不是那么好，因为每个 worker 进程都被其请求占用，直到请求处理完成才可以继续被其他请求使用。在这些情况下，最好使用 Web 服务器的工具，如 Nginx。

6.5.3　Web 服务器

Flask 应用程序对象定义了不同的 URL 和适当的响应。然而，它实际上不能直接"服务"应用程序，因为它只是一个定义。需要一个单独的软件来为应用程序提供服务，我们称之为 Web 服务器。该服务器处理以下有关内容的详细信息。

- 网络连接（主机、端口等）。
- 通过网络接收请求。
- 通过网络发送响应。
- 复用用户。

该服务器首先监听来自主机和相应端口传入的连接，当它收到请求时，会解析请求和当前环境以获得以下信息：HTTP 首部信息（Header）、输入的表单数据、环境变量等。然后，它将请求信息发送给应用程序（如前面 predict 函数定义的内容）。Web 应用程序会构造 HTML 内容并将其返回给服务器，接着服务器将内容、标题和其他信息放在一起。最后，服务器通过网络将响应发送给请求者。

Web 服务器可以使用线程和缓冲区来处理多个并发请求，其中每个线程向自己的应用程序对象发送请求信息，并使用返回的内容响应请求。从严格意义上说，Web 服务器只负责处理 HTTP 协议，用于处理静态页面的内容。而动态内容需要通过 WSGI 服务器交给应用程序去处理。

常用的 Web 服务器有 Nginx、LVS（Linux Virtual Server 的简称，也就是 Linux 虚拟服务器）、HAProxy 等。而优秀的 Web 服务器在接收 HTTP 请求时，还可以做负载均衡和反向代理等工作。

通过上述介绍，读者可能还有一些疑问。比如，为什么我们需要 uWSGI 服务器（Flask 是否够用）？为什么 uWSGI 服务器前面需要另一个 Web 服务器（如 Nginx）？为了回答这些问题，笔者将以业界最流行的 Nginx 服务器为例进行说明。

Nginx 是一个反向代理工具，可以用于负载均衡，也可以作为 Web 服务器使用，因其高性能、稳定性、丰富的功能、简单的配置、低资源消耗而闻名。在生产中使用 Nginx 可以通过耗费较少的 CPU 和内存成本处理大量的连接（比如，一次性处理数万个连接），为静态资源提供（静态 HTML 文件、CSS 文件等）服务。对静态内容的处理，Web 应用程序本身很慢（Python 解释器是一个瓶颈），而在不调用解释器的情况下提供简单的静态内容会显著降低后端 Web 应用程序的负载，所以在理想情况下，只使用 Web 应用程序来响应动态内容，而将对静态内容的处理交给性能更高的 Nginx。

Nginx 在处理长连接请求时也更加灵活，因为它只会以后端可以承受的速度将请求发送给后端的 Web 应用程序。当 Web 应用程序返回结果时，Nginx 会按自己的节奏将结果提供给客户端。如果长连接请求产生阻塞，Nginx 会自动新建连接并向后端继续发送其他请求。

Nginx 的另一个用例是提供反向代理功能。假设在生产中使用同一个模型开启了多个模型推理服务，每个服务会使用不同的地址或端口，此时可以使用 Nginx 将任意的请求路由到空闲的模型推理服务，从而实现负载均衡。

在 ML 领域，尤其是在 ML 模型投产时，一个可行的方式为，首先由 Nginx 从客户端接收请求并将请求转发给 WSGI 服务器，WSGI 服务器使用 uWSGI/gunicorn 将传入的 HTTP 请求转换为 WSGI 可以识别的信息，然后将 WSGI 信息发送给 Flask 应用程序来进行真正的逻辑处理（特征变换及模型预测）。

需要注意的是，Nginx 不能直接向 Python 应用程序发送请求，它只支持转发 HTTP 请求信息并通过 WSGI 服务器将请求信息转换为 uwsgi 二进制协议的数据，然后由 WSGI 服务转发给 Python 应用程序进行处理。

此外，gunicorn 不支持接收 uwsgi 二进制协议的请求。当 Nginx 与 gunicorn 一起使用时，只需要将 HTTP 请求直接发送给 gunicorn（需要使用 proxy_pass 而不是 uwsgi_pass）即可。这可能是 gunicorn 与 uWSGI 之间最大的区别，因为 uWSGI 同时支持 HTTP 和 uwsgi。

总之，Flask 看起来是一个简单的 Web 应用框架，但要想让其满足生产可用，并不是那么容易。

6.5.4　使用 REST API 为模型提供服务

REST API 也被称为 RESTful API，是遵循 REST 架构规范的应用程序接口，支持与 RESTful Web 服务进行交互。REST 是 Representational State Transfer 的缩写，由计算机科学家 Roy Fielding 创建，这里的 Representational 有"代表"的意思，如在人大会议上人大委员代表着人民，在 Web 的世界里，我们用 URL 代表"资源"，Representational State 便是这种代表的状态，也就是服务器上资源的状态。比如，我们用/users 代表网站的注册用户，那么这个资源的状态可以是数据库内用户表当下的数据的状态，当我们新增、删除或更改用户时，资源的状态就发生了变化，以上表述可以帮助读者理解 REST 的含义。

如图 6-10 所示，客户端通过使用 GET、POST、PUT、DELETE 等 HTTP 方法向 Web 服务器发送请求，以 ML 模型推理服务为例（即部署在 Web 服务器后端的应用程序为模型推理程序），该请求的资源状态可以是模型推理服务对应的模型，在请求发生后，模型会对请求的资源进行处理并产生预测，资源状态就转换成了模型的预测结果，该结果由 Web 服务器发送给客户端。

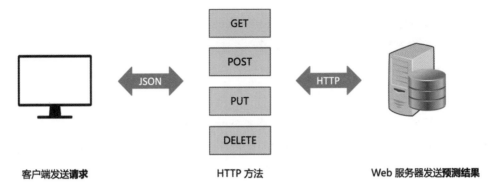

图 6-10　REST API 的应用流程

使用 REST API 为 ML 模型提供服务的优势如下。

- 可以为业务应用提供实时预测。
- 将模型环境与对应客户端的业务层解耦，以方便团队彼此独立工作。
- 不需要使用业务系统的编程语言重构模型的实现逻辑,这将大大降低数据科学家部署模型的难度。
- 可以在负载均衡工具的辅助下,部署多个模型服务来进行应用程序的扩展。

Python 中有多种工具和框架（如 Flask、FastAPI、Django 等）可用于创建后端应用程序，加载和服务我们开发的模型以进行预测。

6.6　基于 Docker 的模型应用程序部署

在生产环境中，训练和测试 ML 模型是 ML 生命周期的一个阶段。这些模型需要部署在生产环境的应用程序中才能发挥价值。

模型开发和部署中最头痛的问题之一是，不同版本的依赖库与环境发生冲突或崩溃。比如，你在开发环境中建模时使用的 Keras 版本是 2.2.6，当模型建完并部署到生产环境中时，需要将生产环境中的 Keras 升级到相应的版本，但当你这么做的时候发现生产环境中的 TensorFlow 1.13 突然不能用了。这个时候也不敢对 TensorFlow 进行盲目升级，因为有可能导致使用 TensorFlow 1.13 版本的项目受到影响，类似的情况在我们的实际项目中经常发生。

在本节中,笔者将讨论如何使用 Docker 把 ML 模型部署为微服务。随着 Docker 和 Kubernetes 在开发和部署应用程序领域占据主导地位，容器也成了该领域的标配，在 ML 领域更是如此。其中，由 Kubernetes 充当 Docker 运行时的管理层，提供了适用于生产级部署的必要的容器管理功能。

6.6.1　Docker 的定义

在这里首先定义一下容器。容器是一个标准的软件单元，它打包了代码及其所有依赖项，以便一个计算环境中的应用程序快速、可靠地运行于另一个计算环境。这意味着无论操作系统和硬件是什么，我们都可以在任何环境中运行相同的软件。

Docker 在过去几年非常流行，以至于它基本上成为容器的代名词。Docker 是一个用于简化容器部署的工具，允许用户使用容器来创建、部署和运行服务。Docker 运行在操作系统的内核之上，它可以共享底层的操作系统，而不像虚拟机那样"复制"操作系统，因此其更加轻便和便携。

此外，它还配备了一个非常强大的命令行界面（CLI）、一个适用于那些喜欢可视化方法的开发者的桌面用户界面（UI），以及一个供开发者上传和共享即用型容器镜像的 Docker Hub。

6.6.2　Docker 容器、Python 虚拟环境和虚拟机

模块化、隔离性、独立性和可移植性是优秀软件开发的关键原则。我们希望我们的代码能够在不与其他代码发生冲突的情况下运行，并且不依赖于那些在我们需要时可能无法使用的代码。

此外，我们还希望代码是可移植的，能够根据需要轻松地对其进行迁移。Docker 容器、虚拟机和 Python 虚拟环境旨在满足这些需求的不同部分。它们在功能上是重叠的，但通常又不能互换。那么它们都有什么不同呢？

具体地，Python 虚拟环境允许分离第三方 Python 包的集合，即像 TensorFlow、Keras、Matplotlib、Requests 等的 pip 安装包。这样，一个虚拟环境中可能有 TensorFlow 1.13 和 Keras 2.1.1，而另一个中可能有 TensorFlow 2.0 和 Keras 2.2.6，虚拟环境实际上是使用文件隔离的方式解决了 Python 环境的冲突。虚拟机是对整个计算机的模拟，它们有自己的"操作系统"，即在管理程序之上运行的客体操作系统。Docker 容器打包了运行一个软件所需的所有依赖项，使应用程序可以在

不同的计算环境中快速、可靠地运行。可以用最小的开销来实验不同的框架、版本和 GPU。此外，Docker 消除了开发和生产环境之间的差异，与虚拟机相比，主要的区别是，所有的容器都在同一个虚拟机或物理机上运行并共享操作系统，而每个虚拟机都运行自己的操作系统实例。所以 Docker 是更轻量级的，而且可以很容易地扩大或缩小规模。

6.6.3　构建 HTTP REST API

这里使用第 3 章构建的模型作为示例，构建一个简单的 REST API。在 Flask 框架下构建模型的应用程序，该程序将使用存储在 transformer.pkl 文件中的特征转换规则和存储在 model.pkl 文件中训练好的模型来预测流失。这里定义了简单的 HTTP 资源，被称为"predict"，以接收预测流失的特征，这些特征是以 JSON 格式传递的。这些特征可能包括用户性别、在网时长与月消费额等。示例代码如下：

```
from flask import Flask, jsonify, request
import pandas as pd
import pickle
import sklearn
app = Flask(__name__)

def load_obj(path):
    with open(path,"rb") as f:
        obj = pickle.load(f)
    return obj
model = load_obj('model.pkl')
transformer = load_obj('transformer.pkl')

@app.route('/predict', methods=['POST'])
def predict():
    data = request.get_json()
    df = pd.DataFrame(data, index=[0])
    X = transformer.transform(df)
    predicted_churn = model.predict(X)[0]
    predicted_proba_churn = model.predict_proba(X)[0][0]
    return jsonify({"predicted_churn":
str(predicted_churn),"predicted_proba_churn":str(predicted_proba_chu
rn)})
```

6.6.4 创建生产级的 Docker 镜像

前面介绍过，Flask 不是一个完整的生产就绪的服务器，投产时需要在 Flask 应用程序的外层搭一个 WSGI 服务器，这里选择使用 uWSGI，以暴露我们的 REST API，同时使用 Nginx 代理来转发 ML 模型服务的请求。相应的用例请求流程如图 6-11 所示。

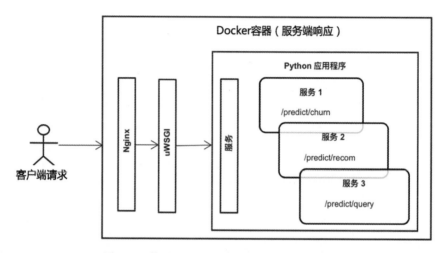

图 6-11 使用 Nginx 及 Docker 的用例请求流程

一旦创建了服务，接下来应该定义 Docker 镜像。构建 Docker 镜像最重要的部分是定义 Dockerfile 的内容，其中包括所有需要的依赖关系，以及将应用程序的内容复制到容器中。

在下面的 Dockerfile 内容样本中解释了每个步骤的含义。当构建容器时，要注意清理资源和调整 Docker 镜像的大小，应该尽可能地减小 Docker 镜像的大小。如果 Python 应用程序定义了 requirements.txt 文件，建议通过给出需求文件来运行 Python 的 pip 安装包安装。具体的 Dockerfile 定义示例如下：

```
# 在 Python 3.7 下使用基础镜像
FROM python:3.7

# 设置我们的工作目录为 app
WORKDIR /app

# 安装 Python 软件包 Pandas、Scikit-Learn 和 uWSGI
RUN pip install pandas scikit-learn flask uwsgi
```

```
# 复制模型目录和 server.py 文件
ADD ./models ./models
ADD server.py server.py

# 从容器中暴露 5000 端口
EXPOSE 5000

# 启动 Nginx 及 Python 应用程序
CMD service nginx start && uwsgi -s /tmp/uwsgi.sock --chmod-socket=666
--manage-script-name --mount /=server:app
```

6.6.5　构建并运行 Docker 容器

如果 6.6.4 节的内容编写正确，接下来可以回到终端，构建镜像，并指示 Docker 按顺序执行所有步骤。笔者将把这个镜像命名为 churn-model-production，并给它一个 1.0 标签，以区别于其他更新版本：

```
$ docker build -t churn-model-production:1.0 .
```

请注意，这可能需要一些时间，如果一切顺利，终端会显示以下日志内容：

```
Successfully built SOME_RANDOM_ID
Successfully tagged churn-model-production:1.0
```

接下来，是时候运行我们的容器并在其中启动我们的服务器了：

```
$ docker run --publish 80:8080 --name crm churn-model-production:1.0
```

这里需要注意如下两点。

- publish 参数将把容器的 8080 端口暴露给本地系统（生产环境）的 80 端口。基本上，每个转发到 server_ip:80 的请求都会被路由给容器的 8080 端口，这里的 8080 是 uWSGI 的监听端口。
- 一个规范的做法是，在容器运行时指定一个名字。否则，我们需要使用 Docker 的随机 ID 来指代容器，这对后续的管理来说可能比较麻烦。

如果容器成功执行，我们会看到相应节点上生成的 uWSGI 日志，接下来可以按照正常的 HTTP 请求进行测试。

6.7 模型即服务的自动化

以上部分从常规角度解释了模型即服务的手动实现步骤，为了真正实现模型即服务的自动化能力，需要在 ML 部署方面，充分抽象出可以通用的模块，比如，将模型的预测代码自动封装为 Web 应用程序，自动解析特征元信息、模型框架，持久化模型及自动打包为 Docker 镜像等，最终向用户（数据科学家）提供的是封装好的简单接口。功能充分模块化并辅之以良好的接口有助于可重复的、自动化的、即插即用的部署。一个设计良好的模块化和接口也可以让 MLOps 在运维管理环节更轻松地推出模型更新，对已经部署的模型进行版本控制等。

6.7.1 模型即服务的逻辑设计

ML 模型的边界由模型的输入（特征）和模型的预测输出组成。因此，一个构建良好的接口必须同时考虑输入的特征和输出的预测结果。

进一步地，在设计时应将能够抽象的环节尽量通用化，像电影《海上钢琴师》描述的那样，键盘有始有终，你确切知道 88 个键就在那儿，而音乐才是无限的，你能在有限的键盘上展现无限的音乐，这里的算法模型好比音乐，通用接口或模块好比钢琴上的按键。

如图 6-12 所示，笔者给出了一个可行的设计参考，模型即服务的核心引擎在抽象后由 AnalyzerHook（数据、模型元数据分析的钩子）和 ModelHook（模型操作的钩子）组件组成，MLOps 提供了 Project（项目管理）、Task（任务管理）、Build（Docker 镜像创建）、MLOpsServing（用户界面）、Repository（持久化）、ExtensionLoader（"按键"扩展）等细分组件（类）的集成。

具体地，可以通过 Project 组件创建 ML 项目，对该项目涉及的子任务进行管理和操作，Project 组件可以直接管理 Task 组件，可以将其理解为 Task 组件的容器，Project 组件包含以下信息。

- 元数据，具体包含项目 ID、项目名称、项目责任人及时间戳等。
- Task 对象的列表。

该组件可以通过 create_project、get_project 及 delete_project 等方法执行相关操作，这些方法也可以配合前后端设计，在前端 UI 上进行操作和管理，读者也可以根据自己的需要自行改进，这里只是提供示例参考（这一点对于后面的组件也是一样的）。

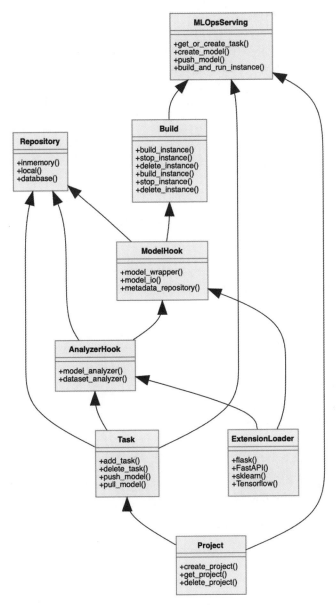

图 6-12　模型即服务的核心引擎内部组件的逻辑关系

　　Task 组件定义了具体要解决的 ML 问题，它就像一个模型的容器，每个模型都是为完成一个具体的任务而进行的训练。类似于 Project，Task 组件可以包含以下信息。

- 元数据，具体包含任务 ID、任务名称、任务责任人及时间戳等。
- Model 对象的列表。

同样地，类似于 Project 组件，Task 组件通过 add_task、delete_task、push_model、pull_model 等系列方法执行与任务和模型相关的操作。

Task 组件创建完模型任务后会将数据和训练好的模型交给 AnalyzerHook 进行分析、处理。其中，model_analyzer 主要负责确定模型类型、运行模型推理，以及将模型保存为一个工件列表（可能包含特征工程的工件），同时 model_analyzer 会对传递过来的模型对象进行识别，直到找到一个可以处理它的方法或框架（该方法或框架由 ExtensionLoader 组件提供）。dataset_analyzer 与 model_analyzer 类似，主要做三件事：将数据类型序列化和反序列化为 Python 对象、对自身进行序列化、返回该数据类型的字段规范。

AnalyzerHook 组件在将输入的数据和模型对象解析完成后会将解析结果打包并发送给 ModelHook 组件来进行进一步的部署和注册，ModelHook 组件装载 ExtensionLoader 组件构建的模型框架类，包括简单常见的 sklearn 框架（输出拟合好的模型）和复杂的 TensorFlow 框架（输出张量）等。甚至，不同的服务化方法，如 Flask 框架，也可以统一在 ExtensionLoader 组件内进行抽象，然后以插件的方式被相应的组件加载。

ModelHook 组件可输出以下信息。

- 元数据，具体包含模型 ID、模型名称、模型责任人和时间戳等。
- 输入和输出数据描述。
- 特征工程、模型的依赖项及模型工件。
- 模型封装类型，包括模型的保存、加载和运行对模型的推断。

ModelHook 组件持久化模型时，会抽象出库存储的两个复合体 metadata_repository 和 artifact_repositiry。metadata_repository 主要处理项目、任务和模型的元数据信息，该复合体的设计是可以使用 CRUD（增删查改）方法。artifact_repository 则主要处理二进制模型工件和数据集的存储，由 ModelHook 组件序列化的模型工件和模型开发时使用的数据集都会通过 Repository 组件存储到中央存储（可以是任何文件存储装置，如本地磁盘、S3、FTP 等）中。

随后由 Build 和 MLOpsServing 组件主要负责构建和运行镜像。在构建镜像时，Build 组件需要将模型元数据、模型的依赖列表、本地模型代码、环境变量等一起打包来创建一个镜像。最后将创建好的镜像交给封装好的 MLOpsServing 组件，进行参数操作和最终的部署。

6.7.2　模型即服务的通用接口定义

第 5 章定义了模型的标准接口，模型即服务的通用接口的设计也是一样的道理。从研发人员的视角如何看待 ML 模型的实际工作呢？抽象地说，一个模型接收输入的数据，并以某种方式处理该数据，然后返回结果。更进一步，模型对数据的具体处理可能非常复杂，比如，将卷积网络的前向传递应用于数据张量。但这些属于具体的项目实施细节，是个性化且多变的。在模块抽象的开发阶段，首要关注的是接口的设计和开发，而不是功能的实现方式。功能实现也是很重要的，但后期可以不断更新。

但是，在一个服务发布之后，要更新它就难多了，尤其是当服务是面向外部的时候。因此，在定义接口上投入的时间是值得的。网上关于模型部署方面的文章中通常会急于实现 Flask API 或直接使用作业调度程序，而我们将从更基础的层面开始。也就是从被称为软件各组件之间边界的软件接口开始。打个比方，一个组件是一块拼图，而整个软件则是一幅完整的拼图。如果设计得当，接口可以无缝连接不同的组件，从而实现大型的和复杂的项目。

具体地，MLOpsServing 组件封装了总接口（可以与其他组件统一封装成 MLOps 的客户端），将对项目、任务、数据、模型等的操作封装为一些具体的方法，如 get_or_create_task 负责创建项目和任务，create_model 负责解析特征、模型对象及 MLOps 体系下的模型创建，通过 push_model 进行模型的部署，最后通过 build_and_run_instance 进行 Docker 的封装和运行。

6.7.3　使用 SQLAlchemy ORM 重构 MLOps 的信息存储表

所谓 ORM（Object Relational Mapping），建立了由 Python 类到数据库表的映射关系，一个 Python 实例（instance）对应数据库中的一行（row）。这种映射包含两层含义，一是实现对象和与之关联的行的状态同步，二是将涉及数据库的查询操作表达为 Python 类的相互关系。

SQLAlchemy 是在 MIT 许可证下发行的软件包，为 Python 编程语言提供了开源 SQL 工具包及 ORM，是为高效和高性能数据库访问而设计的，以适配和简化 Python 在数据库上的操作。SQLAlchemy 可以被视为对原始 SQL 的封装，提供了全套的企业级持久化模式。

我们在第 4 章介绍了 ML 实验跟踪和模型注册的基础设计和实现示例，在本节中我们将介绍适配本章我们介绍的模型部署方案的实现方式，并使用 SQLAlchemy ORM 来简化用于存储 MLOps 的元数据信息的底层数据库的操作。

首先，加载 SQLAlchemy 的相关库，用于相关表结构的设计和表的创建：

```python
from sqlalchemy import Column, DateTime, ForeignKey, Integer, String,
Text, UniqueConstraint, Float
from sqlalchemy.ext.declarative import declarative_base
from sqlalchemy.orm import relationship
```

下面给出 Task 与 ModelHook 组件对应的表信息的设计示例，其他表可以按照类似的方式进行创建：

```python
Base = declarative_base()
class SProject(Base, Attaching):
    __tablename__ = 'projects'
    id = Column(Integer, primary_key=True, autoincrement=True)
    name = Column(String, unique=True, nullable=False)
    author = Column(String, unique=False, nullable=False)
    creation_date = Column(DateTime, unique=False, nullable=False)

    tasks: Iterable['STask'] = relationship("STask",
back_populates="project")

 class STask(Base, Attaching):
    __tablename__ = 'tasks'

    id = Column(Integer, primary_key=True, autoincrement=True)
    name = Column(String, unique=False, nullable=False)
    author = Column(String, unique=False, nullable=False)
    creation_date = Column(DateTime, unique=False, nullable=False)
    project_id = Column(Integer, ForeignKey('projects.id'),
nullable=False)

    project = relationship("SProject", back_populates="tasks")
    models: Iterable['SModel'] = relationship("SModel",
back_populates="task")
```

```
    pipelines: Iterable['SPipeline'] = relationship("SPipeline",
back_populates='task')
    images: Iterable['SImage'] = relationship("SImage",
back_populates='task')

    experiments: Iterable['TExperiment'] = relationship("TExperiment",
back_populates='task')

    datasets = Column(Text)
    metrics = Column(Text)
    evaluation_sets = Column(Text)

class SModel(Base, Attaching):
    __tablename__ = 'models'

    id = Column(Integer, primary_key=True, autoincrement=True)

    name = Column(String, unique=False, nullable=False)
    author = Column(String, unique=False, nullable=False)
    creation_date = Column(DateTime, unique=False, nullable=False)
    wrapper = Column(Text)

    artifact = Column(Text)
    requirements = Column(Text)
    description = Column(Text)
    params = Column(Text)
    task_id = Column(Integer, ForeignKey('tasks.id'), nullable=False)
    task = relationship("STask", back_populates="models")

    evaluations = Column(Text)
    class TExperiment(Base, Attaching):
        __tablename__ = 'experiments'

        id = Column(Integer, primary_key=True, autoincrement=True)
        name = Column(String, unique=False, nullable=False)
        author = Column(String, unique=False, nullable=False)
        sub_model_remark = Column(String, unique=False, nullable=False)
        nick_name = Column(String, unique=False)
        sub_model_sequence = Column(Integer, nullable=False)
        del_flag = Column(Integer, default = 0)

        creation_date = Column(DateTime, unique=False, nullable=False)
        task_id = Column(Integer, ForeignKey('tasks.id'),
nullable=False)
```

```
    task = relationship("STask", back_populates="experiments")
    model_metrics: Iterable['TModelmetric'] =
relationship("TModelmetric", back_populates="experiment")
    model_params: Iterable['TModelparam'] =
relationship("TModelparam", back_populates="experiment")
    best_result: Iterable['TBestresult'] =
relationship("TBestresult", back_populates="experiment")
```

可以看出，SQLAlchemy 方式使将 ML 实验跟踪与模型注册的存储关联到一起的操作变得非常容易，然后可以将所有操作都封装到接口 MLOpsServing 的类中，实现了操作和存储的统一。

6.8　在 MLOps 框架下实现模型部署示例

在本节中，我们将使用前面设计的模型部署方案来部署 ML 应用程序和模型的运行环境，具体包含以下内容。

- ML 模型和样例数据，用于解析模型元数据和模型对象，以进行模型的序列化和注册。
- Flask，应用最广泛的 Python Web 应用框架之一。
- Flasgger，Flask 的 OpenAPI（原 Swagger）扩展，用于暴露 HTTP 端点的模式和文档。
- uWSGI，在多个工作进程中运行 Flask 应用程序的服务器（提供通信协议）。
- Nginx 配置信息，用于处理负载均衡问题，以及将 HTTP 请求转发给 uWSGI 服务器。
- Supervisord，进程管理工具，用于维护模型推理服务的应用程序，在监听到模型推理服务的进程崩溃后，可以将该服务自动重启。

6.8.1　将构建好的模型进行注册

在模型即服务各模块封装成统一接口后，模型的部署操作就变得很简单了。使用 MLOpsServing 组件封装的接口仅运行 4 行代码即可实现将训练好的模型部署到 Docker 容器中并生成 REST API（或其他接口，仅需要在 ExtensionLoader 组件中扩展即可）。

具体地，预测的接口实例由模型创建，MLOpsServing 组件需要自动将 Web 服务框架（如 Flask）包裹在预测接口的外面，每个预测接口暴露的方法都会成为一个具有相同名称的 POST 端点，请求被反序列化为具有模型输入的数据类型（由 AnalyzerHook 组件负责解析），响应被序列化为带有模型输出的 JSON 字符串。在这一步中，使用者不需要再去编写 Flask 程序，因为这一步已经由 ExtensionLoader 组件抽象成标准组件了。

接下来，笔者将给出一个示例，该示例会使用第 3 章构建的模型并结合本章介绍的内容。首先加载保存的模型及特征转换规则，这一步骤可以在 MLOps 的研究环境中完成，具体的操作方法如图 6-13 所示。

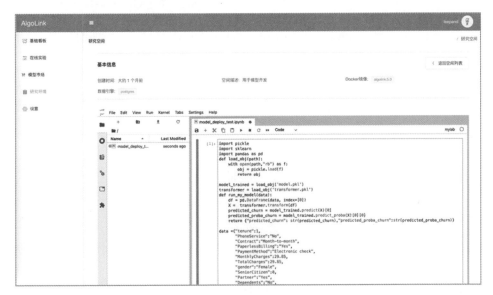

图 6-13　加载保存的模型及特征转换规则

接下来，使用脚本初始化 MLOps 环境，其中 db_uri 用于表示模型注册的中央存储的数据库地址（这里选用 PostgreSQL），artifact_kwargs 中的 path 则表示模型工件部署的位置：

```
init=MLOpsServing.custom_client(meta_kwargs={'db_uri':
'postgresql://postgres:postgres@localhost:5435/mlops'},artifact_kwar
gs={'path': '/your/models/path/remote'})
```

初始化 MLOps 环境后，需要创建模型项目和模型任务，其中模型项目对应某个具体的 ML 项目，在该 ML 项目下，实验和开发的模型都是在模型任务下执行的，使用脚本创建的方法如下：

```
# 创建项目及任务
task = init.get_or_create_task('Model-deploy ', Model-task')
```

这一步骤也可以在 MLOps 的前端进行操作，具体的操作方法如图 6-14 和图 6-15 所示。

图 6-14　模型项目的创建示例

图 6-15　模型任务的创建示例

创建好的模型项目和模型任务会展示在 MLOps 的前端界面上，可以用于后续的模型管理。模型任务列表如图 6-16 所示。

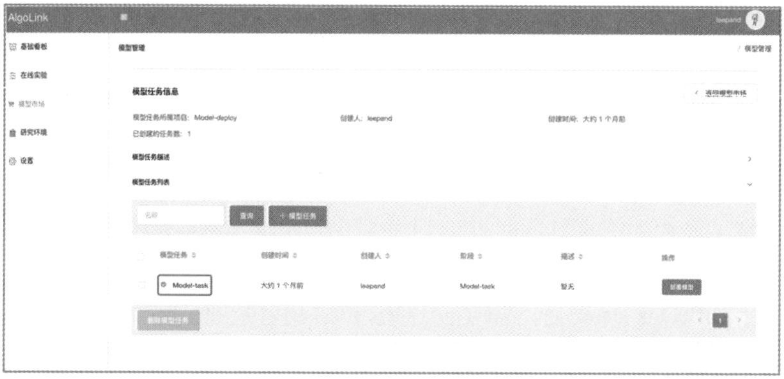

图 6-16　模型任务列表

在完成了以上任务后，就可以进行模型的解析和注册了，只需要 2 行代码即可实现：

```
# 模型的解析及注册
model = init.create_model(model, data, model_name='lr_model_1')
# 模型的序列化
task.push_model(model)
```

这里的 model 和 data 为提前加载的模型对象和样例数据，lr_model_1 为注册时指定的模型名称（已注册的模型信息如图 6-17 所示），然后使用 push_model 函数进行模型的序列化和模型工件的存储，该函数会自动地将序列化的模型推送到前面提到的 artifact_kwargs 的 path 位置。

图 6-17 已注册的模型信息

6.8.2 模型部署和服务化

这里使用 Docker 进行模型的部署，首先要创建模型镜像：

```
from mlops.extension import FlaskServer
   image = int.create_image(model, 'lr-model-image',
server=FlaskServer(), builder_args={'force_overwrite': True})
```

创建成功后会生成以下日志：

```
2021-11-08 16:22:09,419 [INFO] MLOpsServing: Skipped building image
mlops/flask:3.7.7: already exists
2021-11-08 16:23:16,430 [INFO] MLOpsServing: Built docker image
lr-model-image:latest
<MLOpsServing.core.objects.core.RuntimeInstance at 0x7f9a3f7628d0>
```

在模型镜像创建完成后，即可进行模型的服务化，这里仅需要 1 行代码即可实现：

```
instance = alink.create_instance(image, 'lr-model-instance',
port_mapping={9000: 9011}).run(detach=True)
```

通过 instance.is_running 命令查看服务是否运行成功，返回 True 为成功，否则为失败。

接下来，可以在模型详情页查看并测试具体情况。模型镜像和服务化后的推理服务详情如图 6-18 所示。

图 6-18　模型镜像和服务化后的推理服务详情

接下来可以点击"服务测试"进行推理服务的简单测试，具体的操作方法如图 6-19 所示。

图 6-19　模型推理服务测试

此外，如图 6-20 所示，模型工件也可以在 MLOps 的前端进行管理。

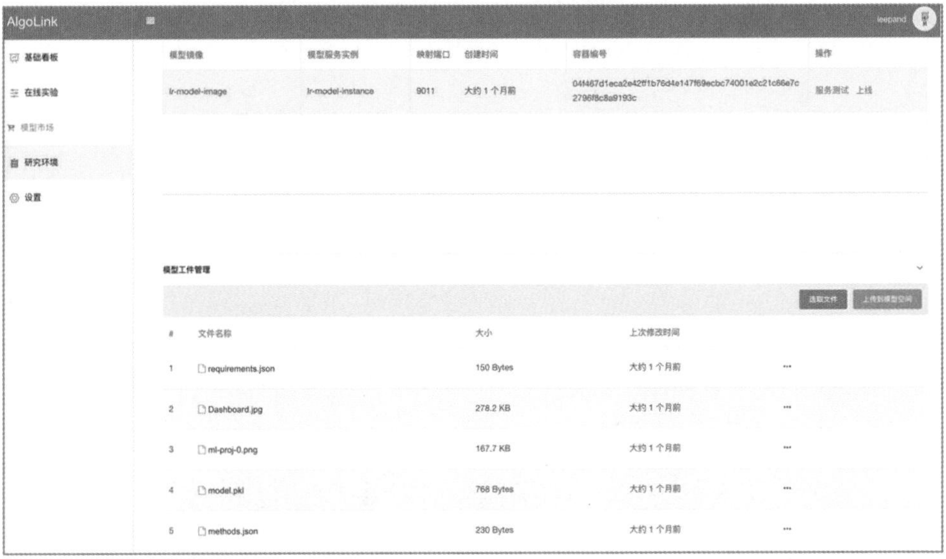

图 6-20　模型工件管理

6.8.3　ML 实验跟踪功能升级

使用 SQLAlchemy 方式后，对 ML 实验跟踪进行信息记录也相对容易，只需要一般的 Python 编码即可将模型实验信息插入相应的表中，这里给出实验表的操作示例，插入其他的信息也可以执行类似操作：

```python
import contextlib
from algolink.utils.log import logger
from sqlalchemy.orm import Session, sessionmaker
from sqlalchemy import create_engine
from sqlalchemy.exc import IntegrityError
from mlops.ext.sqlalchemy.models import Base,TExperiment
import time

class Experiment(object):
    def __init__(self, db_uri: str):
        self.db_uri = db_uri
        self._engine = create_engine(db_uri)
        Base.metadata.create_all(self._engine)
        self._Session = sessionmaker(bind=self._engine)
        self._active_session = None
    @contextlib.contextmanager
```

```
    def _session(self) -> Session:
        if self._active_session is None:
            logger.debug('Creating session for %s', self.db_uri)
            self._active_session = self._Session()
            new_session = True
        else:
            new_session = False

        try:
            yield self._active_session

            if new_session:
                self._active_session.commit()
        except: # noqa
            if new_session:
                self._active_session.rollback()
            raise
        finally:
            if new_session:
                self._active_session.close()
                self._active_session = None
    def _create_exp(self,obj):
        with self._session() as s:
            p = obj
            s.add(p)
            try:
                logger.debug('Inserting object %s', p)
                s.commit()
            except IntegrityError:
                raise error_type(obj)
            return obj
# 可以换成中央存储所在的目录
exp=Experiment(db_uri='postgresql://postgres:postgres@localhost:5435
/mlops')
exp._create_exp(TExperiment(name="mltracking",
                    author="leepand",
                    sub_model_remark="churn model experiment
tracking",
                    nick_name="churn_model_exp",
                    sub_model_sequence=1,
                    creation_date = datetime.datetime.utcnow(),
                    task_id=1))
```

执行上述代码后的信息记录结果如图 6-21 所示。

图 6-21 信息记录结果

此外，可以对同一个模型任务下的不同模型实验进行比较，查看不同实验的相关参数对比情况，模型实验比较的操作方法如图 6-22 所示。

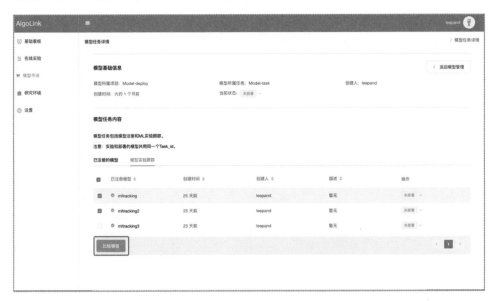

图 6-22 模型实验比较的操作方法

模型实验比较的详情分别如图 6-23 和图 6-24 所示。

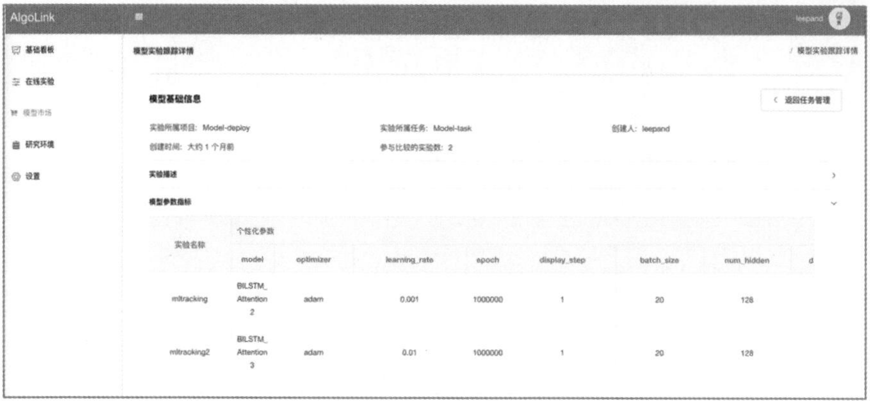

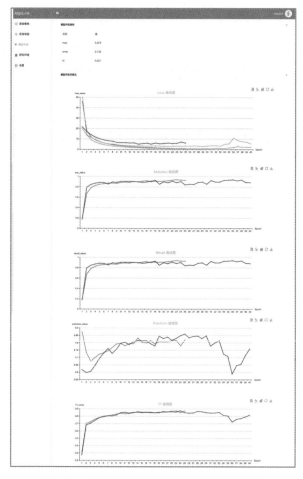

图 6-23　不同模型实验的参数信息

图 6-24　不同模型实验的评估指标和迭代信息

6.9 基于开源项目的模型服务解决方案

本章的目标是寻找一种方案，为数据科学家提供工具来部署越来越多的模型，并且每次部署都需要最少的工程和 DevOps 工作。模型服务的目标是解决预测阶段的工程问题，在选择方案时需要提前考虑以下事项（或条件）。

* 需要将预测代码自动包装为生产就绪的服务。
* 需要能够自动发送和加载转存的模型文件。
* 满足要求的可扩展性、吞吐量和延迟。
* 需要能够部署新的模型版本和回滚到旧的版本。
* 支持主流的 ML 框架，如 Scikit-Learn、TensorFlow、Xgboost、PyTorch 等。
* 可以让数据科学家轻松处理模型的部署过程。

当前市面上模型服务的开源解决方案比较多，其中比较有名且能满足以上条件的有基于 Kubernetes 的模型服务项目 KFServing、Seldon Core、BentoML 及 MLflow 等方案。

6.9.1 基于 Kubernetes 的资源管理项目 KFServing

KFServing 提供了基于 Kubernetes 的自定义的资源管理，用于在任意框架上提供 ML 模型，旨在通过为 TensorFlow、Xgboost、Scikit-Learn、PyTorch 等常见的 ML 框架提供高性能和高抽象的接口来解决生产模型服务方案。

KFServing 封装了自动缩放、网络、服务健康检查和服务配置等模块，为 ML 部署提供了前沿的服务能力。同时，它为 ML 服务提供了一个简单、可穿插和完整的版图，包括模型预测、模型服务的预处理和后处理等。

KFServing 正在被越来越多的大厂采用，包括谷歌、英伟达、微软和 IBM 等，可为常见的 ML 部署问题创建标准化的解决方案。

6.9.2 机器学习部署平台 Seldon Core

Seldon Core 目前是在 Kubernetes 上运行 ML 模型部署方面最受欢迎的项目之一。它来自一家 2014 年在英国创立的 AI 公司 Seldon，该公司的主要产品有 Seldon

Core、Seldon Deploy 和 Seldon Alibi。Seldon 也是 KFServing 的积极参与者，Seldon 的 CTOClive Cox 现在仍深度参与 KFServing 的特性设计。

Seldon Core 可以将 ML 模型的应用程序转化为可用于生产的微服务（以 REST 和 GRPC 方式提供），同时提供了开箱即用的高级 ML 功能，如模型性能指标显示、请求日志记录、异常检测器及 A/B 测试等。

Seldon Core 也提供了开箱即用的预打包模型服务器，可使用 Scikit-Learn、Xgboost、TensorFlow 等框架进行标准推理。同时，Seldon Core 还提供了一种机制，可以在使用者需要时为其自定义模型，创建并包装成模型服务。

此外，Seldon Core 提供了一个独特的功能，即推理图。推理图是将模型与模型、模型与前后处理的逻辑组成一个有向无环图（DAG）。推理图由 Transformer、Router 和 Model 等三个组件构成，Transformer 组件负责特征转换（特征工程管道），Router 组件负责将请求路由到后端部署的模型（部署多模型的场景）中的一个，Model 组件负责提供推理服务。

6.9.3 轻量级模型部署及管理平台 BentoML

BentoML 是一个简单而灵活的工作流程，可以使数据科学家持续交付预测服务、统一模型打包格式，并支持在任何平台上提供在线和离线服务，使用微批处理机制提供高质量的预测服务。

BentoML 创建预测服务的方法类似于 Seldon Core 和 KFServing 为自定义模型创建包装器的方法，要点是创建一个通用基类，开发者可以使用该基类实现预测代码。

BentoML 与 Kubernetes 项目的主要区别是，其缺乏可复用服务器的功能，为此 BentoML 在部署模型时要为每个模型构建和推送 Docker 镜像。另一个主要区别是，后者显然是基于 Kubernetes 平台构建的，而 BentoML 与部署平台无关，并提供了多种选择。

6.9.4 机器学习生命周期管理平台 MLflow

MLflow 是管理 ML 生命周期的开源平台，包括实验、再现性、部署和模型注册等功能，可以在本地笔记本电脑或云服务器上以相同的方式运行，帮助使用者对模型进行版本控制和对模型性能进行跟踪，并允许使用者打包和部署任何模型，以便客户端可以使用它们来进行预测，可通过 REST API 将模型预测结果返回给客户端，只需几行代码即可实现。

MLflow 提供了打包 ML 模型的标准格式，可服务于各种下游工具。例如，通过 REST API 实时服务或在 Apache Spark 上进行批量推理，该格式相当于一种约定，与其下游工具使用相同格式的模型。

与 BentoML 类似，MLflow 也提供了一个可部署单元（它可以是一个容器化的 REST API 服务或一个 Python 函数）。

6.9.5　ML 模型服务开源方案的总结

前面介绍的几个开源项目虽然都可以用于模型部署和服务化，但它们的侧重点有所不同。MLflow 侧重于对模型生命周期的管理，将模型训练部分的模型实验跟踪、模型注册和文件管理也纳入框架中，而在模型部署部分，使用者需要自己做好容器后发布到 Kubernetes 上进行服务的管理。BentoML 专注于模型推理功能的实现，倾向于提供便捷的轻量级的 ML 模型部署和服务化方案，此外，其也采用微批处理机制优化了批量推理服务。KFServing 则只负责模型部署和容器编排的处理和管理。Seldon Core 侧重于模型部署及之后环节的功能，包括多模型部署、容器化、A/B 测试及模型监控等。

这些方案各有优势和劣势，比如，KFServing 是基于 Kubernetes 创建的，其特点是生产化能力强，同时也是比较重型的，功能不易拆分。

业内在模型部署方面的探索相对比较成熟，使用者可以根据自己 MLOps 框架的设计选择适合自己框架特点的模型部署方案。

6.9.6　关于 ML 模型部署和服务方案的思考

目前的模型服务方案大致可以分为两类，一类方案着力于解决模型推理性能，提高推理速度和降低延迟，这类方案通常是基于 C++ 开发的，将数据科学家创建的模型转化为特定的形式，再使用 C++ 将其载入内存，并对外提供服务，以此来提供较高的服务性能；另一类方案除了提供模型部署及服务化功能，还会兼顾模型生命周期的其他环节，会对模型部署进行管理，如 MLflow、Seldon Core 及

BentoML。

业界之所以会出现这两类完全不同的设计思路，主要原因是业界在模型推理服务方面有不同的需求。

- 不同的业务场景和规模对模型推理服务的性能要求不一样。
- 从模型开发到模型部署和服务化过程中的工作量和效率要求不一样。

这两个需求有时候会互相牵制，假设我们从模型开发到模型部署和服务化过程的效率角度出发进行优化，最简便和快捷的方式无疑是在生产环节中也使用Python 语言来加载 Python 开发的模型，与数据科学家在模型开发阶段使用的编程语言保持一致，但使用由 Python 语言编写的预测程序构建的 Web 服务的性能可能需要想办法优化。而如果将模型使用的编程语言换成 C++语言后再将模型重构以提供服务，对训练好的模型进行转化，模型的转化和服务化都是额外的工作，这对 ML 生命周期的管理和运维无疑是重大的负担，模型的开发和应用也有脱节，其开发和迭代效率也需要考虑。

当然，也有一种折中方案。对性能要求不高的模型，可以直接使用 Python 框架进行部署，便于模型开发和部署之间的对接。对于性能要求高的模型，可以在模型侧和服务侧分别进行优化，比如，对模型处理过程中造成性能瓶颈的环节使用 C++语言进行模块化，编译后再替换和加载到模型处理过程中的相应位置，模型服务框架方面也可以采用类似方案优化（BentoML 已经这么做了），或者在负载均衡工具的辅助下创建多个节点的服务。

6.10 本章总结

到目前为止，我们已经完成了数据处理、ML 模型训练、序列化模型的介绍，并将模型注册到 MLOps 的模型注册中心。本章介绍了如何为我们一直在研究的业务问题自动化部署 ML 解决方案，探讨了如何在容器和通用推理模式下自动地对序列化的模型进行服务的构建及推理。我们已经了解了在生产中如何部署 ML模型，尤其是在线推理有哪些挑战，并探讨了各种部署方法和目标及其适用场景。

在通用推理模式的解决方案探讨中，我们看到了服务间通信使用 API 的优势。它的主要优点是为使用者的分析提供了一个非常干净且定义明确的界面，可以轻松地与任何应用程序集成，提供具备稳定性的接口，即算法或输入数据可以改变，但 API 端点将保持不变（在需求不变的情况）。它实现了数据科学的迭代环境与 IT 和软件的应用环境分开。模型和算法需要频繁更新，而运行它们的软件应用程序需要稳定、可靠和健壮。这种分开也意味着数据科学家可以专注于构建模型，而不必担心基础设施。

本章最后也提供了目前市面上比较常见的模型部署和服务化（模型即服务）方案，介绍了各自的特点和优势，读者可以根据需要选择自研或开源方案来实现 MLOps 的模型部署组件。在选择方案的时候，需要考虑组件与当前 MLOps 架构的适应性，以及与其他组件之间的"无痛"融合。

在第 7 章中，笔者将探讨构建、部署和维护由 CI 和 CD 支持的强大 ML 服务的方案，这将使 MLOps 的潜力得到进一步发挥。

第 7 章

MLOps 框架下的模型发布及
零停机模型更新

第 6 章介绍了模型部署的主要方案，部署是在生产基础架构上安装新版本模型服务代码的过程。当我们说部署了新版本的模型时，通常指的是模型正在生产基础设施中运行，已经准备好处理生产环境中的流量。但实际上可能没有收到任何流量，这是很重要的一点，因为在模型部署阶段不需要让真实用户接触到新版本的服务。与模型部署相对应的是部署后的发布环节，这一步才是真实用户真正接触到模型的环节，也是风险和收益并存的环节。

模型发布后并不意味着 ML 项目的终结，而是新的开始。前面多次讨论过，ML 项目的关键属性是持续迭代，所以模型发布后还要构建持续训练（CT）、持续集成（CI）和持续部署（CD）机制，这要求我们的基础设施具备为任何特定场景提供自动部署 ML 模型及具有与业务相适应的持续学习的能力，这对 ML 项目的成功至关重要。如果没有持续学习，所执行的 ML 项目将会以失败的 PoC 告终。

对于一名数据科学家来说，在模型的新版本投产的时候，内心通常是复杂的。一方面，对新版本即将产生的结果充满期待；另一方面，新版本也可能包含了一些缺陷，而这些缺陷只有在它们产生了负面影响之后你才能发现，对此又感到紧张。将新版本发布到生产环境中，会影响业务流程的核心决策逻辑。随着人工智能的应用率不断攀升，自动发布和迭代模型正在成为一项常见且频繁执行的任务，这也使得它成为数据科学团队最关心的问题之一。

本章将介绍模型部署后的发布策略、持续部署的方案，以及如何应用 CI/CD 的原则、实践和工具，以便最大限度地减少浪费，支持快速反馈循环，探索隐藏的技术债务，提高价值交付和维护，并改善现实世界 ML 应用的运营能力。具体地，本章将通过以下主题进行说明。

- ML 在生产中的 CI/CD。
- 模型服务的发布策略。
- 零停机更新模型服务。

7.1　ML 在生产中的 CI/CD

CI（Continuous Integration，持续集成）实践就是要经常测试每个软件单元的代码库，以及通过单元测试、集成测试、系统测试来测试不同软件工件共同工作的完整性。CI 简化了内部软件开发流程，使处理同一个应用程序的不同功能或模块的多个开发人员能够在完成更新时将自己负责的更新单独提交给共享代码存储库。对于 ML 模型，模型的代码及相关依赖也应被视为软件范畴，并作为软件工件对待。开发完成的 ML 模型、数据及代码在部署和发布前需要进行单元测试和集成测试，以确保新的"候选"模型在提交给模型注册表之前是有效的。

在传统软件工程领域，CI 的重点是确保代码库和组件（或模块）等构建的有效性。但在 ML 领域，CI 不仅要测试和验证模型代码及依赖组件的有效性，还要测试和验证数据、数据模式及模型的性能。

实际上，现有的 CI 原则不能直接应用于 ML 的应用场景，数据科学家和 ML 工程师不是按照原型规范来写代码的，所以写单元测试感觉不方便。然而，ML 代码仍然属于代码范畴，早期发现错误并快速改进仍然是一个重要的要求。在笔者看来，将 CI 应用于 ML 应该有两个关键目标，首先要确保代码的关键部分能够正常工作（可重复性），其次要评估历史数据上模型性能的表现。

为了避免混淆，在本书的实例中，CD 指的是持续部署（Continuous Deployment），是指模型开发人员将更新后的模型、模型代码（含预测代码）上传至中央存储，然后将其部署到生产环境中，以供用户使用。该过程最好是自动化且结果可见的，旨在解决模型开发和运维团队之间交付物的可见性及沟通成本较高的问题，以及因手动流程降低模型交付速度的问题。CD 的主要思想是设计一个 ML 自动化管道（流水线），不再仅关于一个单一的包或服务，它应该将模型预测所涉及的流程和依赖自动部署或更新到一个 ML 服务。这意味着模型开发人员对模型的更改在提交的几分钟内就能生效，这也为后面的零停机更新模型服务过程提供了良好的前期准备。

CI/CD 至少会涉及模型建立、将模型部署至测试环境及将模型部署至生产环境等三个管道。CI 阶段需要将模型工件的构建自动化，将构建好的模型工件持久化，最后需要运行基本检查操作。CD 阶段需要持续地将模型部署到测试环境和生产环境，其中部署到测试环境时需要运行测试以验证 ML 的离线性能和系统性能（如压力测试），该过程多为手动验证。

接下来就是将模型持续部署到生产环境，这个过程完成后将面临接收真实流量的考验，即模型发布。这时需要选择合适的发布策略，如影子模式、金丝雀模式、A/B 测试模式及多臂老虎机等，谨慎的发布通常需要先进行局部发布，模型运行一段时间没问题后，再进行全面发布。

7.1.1　模型在生产中持续迭代的挑战

在过去的几年中，ML 在各类企业的应用案例中显著增加，优秀的 ML 模型带来了更好的用户体验，可帮助提高业务决策效率，所有的这些应用都是实时的。需要注意的一点是，我们需要对模型开发和模型服务分别进行 CI/CD。模型在生产中持续迭代时通常会遇到如下挑战。

- 每天支持大量的模型部署，同时需要保持实时模型服务的高可用性。
- 大量的模型也增加了模型服务启动（或重启）时卸载和加载模型所需的时间，同时对于模型迭代频繁的场景还有零停机持续部署的挑战。
- 与模型的发布（推出）策略有关，ML 工程师可能会根据不同项目的目标选择通过不同的策略发布模型，如影子模式、A/B 测试模式等。

基于以上挑战，建立 CI/CD 管道对于保证增量方案使用的便捷性是必要的。例如，团队可以在一个简单的甚至手动的工作流程的基础上进行迭代，这往往也比设计复杂的基础设施要好得多。

对于初创企业或尝试 AI 转型的传统企业来说，他们通常没有科技巨头的基础设施条件和经验丰富的团队，而且很难预知部署会带来哪些挑战。在实际应用中，有一些常见的工具和最佳实践，但没有一个放之四海皆准的 CI/CD 方法，这意味着，最好的方法是从一个简单（但功能齐全）的 CI/CD 工作流程开始，并在质量或扩展挑战出现时引入额外或更复杂的步骤。

7.1.2　在 MLOps 框架中添加模型的发布流程

在生产中，我们除了需要在模型部署期间对模型服务的系统性能进行测试，还需要确保对自动化持续集成和部署过程高度信任。而新版本模型的部署和发布通常还会遇到以下问题。

- **代码变更后不兼容**，这个问题可能有两个症状，症状一是模型无法加载或无法使用新的模型文件进行预测；症状二是用户可能会受新版本模型的影响，其行为会随着新版本模型服务的发布而改变。症状二很难识别和修复。
- **依赖项不兼容**，由于新版本底层依赖项的变化，导致模型服务无法启动。
- **构建的脚本不兼容**，由于构建脚本的变化，导致新版本模型无法顺利运行。

如图 7-1 所示，为了解决上述问题，这里采用了一个三阶段策略来验证和部署新版本的模型：预演集成测试、选择发布策略及最终的生产发布。笔者也是在经过多次实践迭代后才得出了这个解决方案，以应对 MLOps 流程中模型持续迭代的挑战。

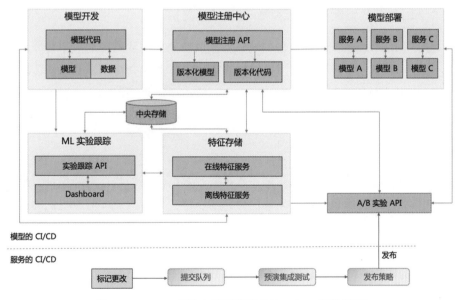

图 7-1　MLOps 架构中模型和服务的 CI/CD 高级视图

这里要说明一下，预演集成测试和发布策略是针对非生产环境运行的。预演集成测试是用来验证基本功能的。一旦预演集成测试通过，我们就可以选择发布策略，以确保模型服务的性能在生产中也没有问题。在确定生产中模型服务的行为不变后，以滚动部署的方式，逐步将该版本的实时预测服务发布到生产中，以接收所有的生产实例（流量）。

7.1.3　CI 阶段的实践

创建 ML 模型涉及大量编码，未来的趋势也是需要使用像 CI 这样的现代软件工程实践，笔者在与同行交流并讨论他们的 ML 团队使用了什么时，发现他们中的大多数人很少或根本不使用 CI。虽然大多数 ML 团队当前没有使用 CI，但大多数人或多或少地知道他们应该使用，只是现有的 CI 范式在 ML 应用中并不是很友好。

在笔者看来，将 CI 应用于 ML 领域应该有如下两个关键目标。

- 确保代码的关键部分能够正常工作（可重复性）。
- 评估我们在预测方面取得的进展（模型性能）。

在 ML 领域，CI 有时候可以叫作持续评估（CE），因为持续集成 ML 实际上也是对 ML 模型的持续评估，这种叫法可能更确切。

鉴于 ML 领域的 CI 实践与传统软件领域的差异，我们在这里主要介绍针对 ML 的持续集成方案，这些实践会影响新版本模型的安全投产。具体的方案主要包含三个方面的内容：（1）数据验证，（2）模型质量验证，（3）模型服务的压力测试。

（1）数据验证

一个好的数据管道通常从验证输入数据开始，常见的数据验证项目包括文件格式和大小、列类型、空值及无效值等。所以，在数据验证环节，我们的重点是检测用于模型训练（或持续训练）和服务管道的输入数据。不能低估这个环节在 ML 系统中的重要性，因为无论采用何种 ML 算法，数据中的错误都会严重影响生成模型的质量。ML 是否能成功在很大程度上取决于它的数据，需要数据验证来提前定位可能会由数据质量导致的风险。无论一个 ML 算法多么强大，在数据不足的情况下，它也达不到我们期望的效果。有时，随机噪声使我们很难从数据点中找到模式，某些类别变量在样本中很稀疏，以及数值的不正确，都会导致模型失败。正如一个流行的数据科学概念所说的"垃圾进，垃圾出"。因此，尽早发现数据错误至关重要。

验证过程只能识别出模型中的稳定性问题，但不能直接指出模型中的问题所在。此外，错误的代码（但仍然能输出结果）如果扩展到模型开发中，可能会导致特征计算过程中得到不精确的值，而这种情况在代码测试的时候不太容易检测出来。质量有问题的特征值会降低模型的性能，并在模型执行的过程中诱发相应的生产问题。

适当的数据验证对我们在模型建立过程中避免过拟合和欠拟合问题也会有帮助。为了使模型在生产中与业务产生相关性，训练数据集应该充分代表当前生产中的数据分布，尽量避免出现选择偏差或不相关的情况。

操作上，可以在 MLOps 框架中添加数据验证测试模块，以根据预期的模式自动验证输入数据，或者验证我们对其有效值的假设。例如，数据值是否落在预期范围内，或者是否有缺失值和异常值等。对于特征工程，可以编写单元测试来检验它们的计算逻辑是否正确。在启动模型训练管道之前，就应该对训练集进行相关测试，以确保其适合当前的任务。在这个阶段，可以提供用例中（训练集和测试集）数据描述的详细报告，如图 7-2 所示。

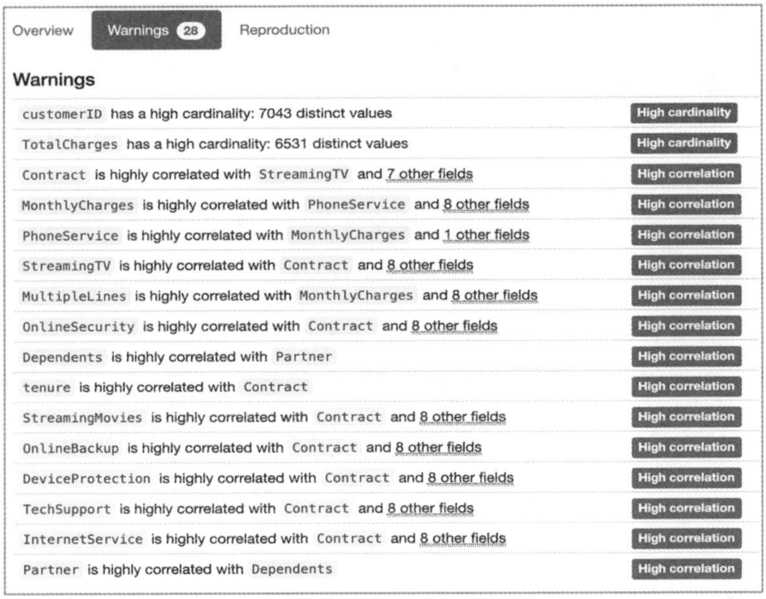

图 7-2　数据验证报告示例

（2）模型质量验证

在执行训练管道时，要确保模型的训练过程是经过质量验证的，如交叉验证。之后才可以将符合预期的模型作为"候选"模型提交给模型注册中心。如图 7-3 所示，即使模型训练管道是完全自动化的，也应该包含一个模型交叉验证的步骤。更精细的验证方式还会包含一个测试集，进行离线模型的终极验证。具体地，给定选定的验证方法，每次迭代的时候都使用预留的数据来验证正在拟合的模型的收敛性，并权衡模型在训练集和验证集上的性能，以降低过拟合的风险。典型的过拟合现象是模型在训练集上计算出的"损失"在降低，而在验证集上却在增加。

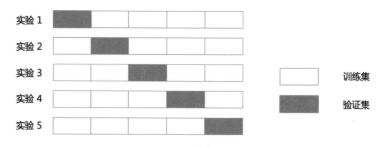

图 7-3　模型交叉验证

一旦模型质量验证完成，就需要实现测试自动化，通常采用单元测试和集成测试的形式，通过这些测试是部署和发布模型新版本的先决条件。ML 模型的测试比传统软件的测试要困难很多，因为没有模型能给出 100%正确的结果。这意味着模型验证测试在本质上是统计性质的，而不是二进制数表示的通过或失败两种状态。为了确定一个模型是否适合部署和发布，通常需要建立基线模型，如随机模型或简单的线性模型，而参与比较的模型的性能应该至少高于该基线模型的性能。在模型发布后，则需要通过监控模块来动态评估模型的实时性能，在性能指标低于预设阈值时，则触发模型迭代训练的作业。

最后，要查看当前测试环境的服务层的状态，如果服务层状态正常且与生产环境的服务层保持一致，则可以将新版本更新到测试环境的服务层，测试完成后再将模型部署到生产环境，并根据发布策略进行生产环境的服务层的连接和压力测试。

（3）模型服务的压力测试

变更模型或改变其预处理步骤，甚至是依赖代码包的改变，都会影响模型的运行性能。在许多场景用例中，如广告的实时竞价，增加模型服务的延迟可能会对业务产生巨大的影响。因此，作为模型 CI 过程的最后一步，应该对变更模型后的模型服务进行压力测试，以衡量请求方面的性能，如平均响应时间、超时率及吞吐量等，这类指标可以依据业务的现有流量或当前在生产中的模型延迟要求进行评估。

7.1.4　CD 阶段的实践

CD 阶段是实际部署模型代码、模型及相关数据以取代以前版本的过程。假设当前要将正在运行的模型升级到新版本，为确保顺利发布，通常需要考虑以下事项。

- 最大限度地缩短模型服务的停机时间（如果存在）。
- 以对用户影响最低的方式管理和解决突发事件。
- 以可靠、高效的方式处理失败的部署。
- 最大限度地减少参与人数和处理的错误数，以实现可预测且可重复的部署。

在实际场景中，模型的部署模式主要取决于具体的业务目标。例如，对于实时的应用场景，可能需要在完全没有停机时间的情况下发布更改，或者在正式发布某项功能之前，先对一个环境或一部分用户发布更改。

部署某项服务后，系统不一定会立即向用户展示该服务。通常情况下，只有在服务发布之后，用户才会在应用中体验到更改。有时，部署和发布会同时进行，在这种情况下，当新的模型版本部署时，便开始接收生产中的流量。

本书将部署和发布认为是两个不同的阶段，也就意味着 CD 实现的是在模型即服务的基础上持续地将新版本的模型部署到相应的环境，而真正接收流量的过程是在选择发布策略后逐步释放的。

7.2　模型服务的发布策略

在 ML 领域，与发布相关的概念还有"部署"、"交付"和"上线"，这些概念经常被广泛地使用，甚至可以互换。尽管我们在过去十年中已经从根本上改善了运维的实践和工具，但还没有很好地规范这些术语的使用。在本书中，我们将交付、部署和发布定义为独立的三个阶段。部署是指通过验收测试并确认部署的结果是正确的，其特征是将模型或模型应用程序"放置"到某个环境中。交付指的是接收方确认收到（如签收、同意），其特征是交付物或所有权的拥有者发生了转移。上线指的是在生产环境中可以看到并可以使用，其特征是一定要部署到生产环境中，也就是说上线等同于在生产环境中部署。而发布则指的是给集成（构建）出来的对象打上一个标签并对外提供，其特征是发布物有标签标识，并可以被生产环境的流量触及（在一些公司，发布阶段也常被称为 Rollout）。

当我们说发布一个模型服务时，意思是它开始负责为生产流量提供服务。在动词形式上，模型发布是将生产流量转移给新版本的过程。根据这个定义，对生产流量造成的体验变差及其他相关的风险都与新版本模型的发布有关，而不是部署。

7.2.1　传统软件工程的发布策略

在传统的软件工程领域，通常是通过"蓝绿"或"金丝雀"策略进行版本发布的，这是一种逐步推出版本的保守方法。首先，将变更发布到一个小的用例子集上，如逐步发布到服务的子集上。一旦确定功能运行良好，就将变更推广到所有其他服务。

将其思想应用于 ML 模型，模型服务发布的过程也应该是一个循序渐进的过程，利用生产环境的实时数据来验证模型的正确性和性能，确定没问题后，再启动真正的自动化决策，这样的评估通常也被称为"在线评估"，可对应于 CI 阶段实现的基于历史数据集测试的"离线评估"。

部署软件时采取正确的策略可能可以避免因测试不充分而造成的重大损失。这对于 ML 系统来说尤是如此，在生产中检测细微的数据混杂、特征工程或模型错误可能非常具有挑战性，特别是当生产数据输入难以精确复制离线模型的性能时。

7.2.2　部署即发布

这种情况涉及将模型的新版本推送到正在运行旧版本的服务器上，并启动新版本的模型服务，被称为部署即发布，也叫就地发布。使用我们上面的定义，模型的部署和发布是同时发生的：一旦新模型运行（部署），它就会占用旧版本一瞬间的所有生产流量（发布）。一个成功的部署就是一个成功的发布，而一个糟糕的部署会给你带来部分或全部的中断。

部署即发布通常用在新版本模型上线后，在运行期间需要周期性迭代模型的情况，比如，每个小时根据最新的数据自动迭代模型，并将最新的模型直接部署即发布为新的服务。但在较大改动的情况下，如增加新的算法或新的功能时，我们需要将模型的部署与发布分开执行。

ML 的开发过程和实验阶段的部署似乎很容易。然而，如果不仔细设计，部署和使用这些模型（发布）可能会是一个复杂的、耗时的过程，可能导致需要大量昂贵的资源来进行维护、改进和监测。所以，这里可以借鉴 DevOps 的成功实践，设计一套 MLOps 方案，将开发和生产环境无缝整合。

7.2.3　制定 ML 模型服务发布策略的必要性

首先，我们想象一个场景，假设一名在银行工作的数据科学家 A，正在构建新的信用风险评估模型。这个新的模型需要十几个额外的特征，而银行的其他信用风险模型都没有使用过这些特征，但银行决定，这些额外的特征带来了性能的提高，值得采纳。数据科学家 A 也对新模型的良好表现非常满意，并把它移交给ML 工程师同事，该同事在生产 ML 应用中优化了特征工程的代码并执行了特征工程步骤。所有的特征都是通过配置获取的，并且所有的测试都通过了。该模型被发布给客户，在客户端它开始评估贷款申请人的信用价值。

然而，该 ML 同事在优化特征工程代码时错误地创建了其中一个特征，这个错误可能来源于配置的失误，也可能是沟通时出现了纰漏。例如，ML 工程师在优化时没有使用区分学生贷款支付的关键特征，而是使用了一个没有区分能力的旧版本的特征。这使得银行客户的一个子集似乎在生活方式上花费更多，在使用新模型进行评分决策时，他们的信用评分略差，因此贷款利率比通常情况下略高（具体细节不重要，关键是有一个微妙的错误）。但模型并没有报错，所以没有发出警报。3 个月后的某一天，有人发现了这个错误。但此时，数以万计的贷款已经发放给了本应获得更好利率的人，这意味着银行对客户未来违约率的预测及对监管机构的承诺都变得不准确了。

以上是一个用来说明问题的虚构故事。它涉及一家银行的示例，但并不意味着这些是金融业的 ML 从业者才会面临的风险，许多使用 ML 进行重要预测的行业都面临类似的风险。比如，在医疗保健、农业、航运和物流、法律服务等领域中，这样的例子不胜枚举。但是，如果在模型上线之前，制定或选择了发布策略，这个故事可能会有一个非常不同的结局，而这些策略就是我们在接下来要考虑的内容。

此外，当我们听到在生产中进行测试时的第一反应一般是，"部署的模型服务已经在开发、沙盘、预生产环境中做过测试，为啥还要在生产环境中再来一遍？"在实际场景下，生产环境与测试环境通常还是有差别的。比如，非生产环境很难保持数据最新；考虑到成本，非生产环境也很难确保拥有与生产环境相匹配的基础设施。在实时 ML 系统的情况下，挑战更大，因为需要模拟模型的频繁更新及不断变化的数据输入。

7.2.4　影子测试策略与渐进式推出策略

影子测试策略是 ML 领域常用的发布策略，在该策略下，生产流量与数据同时被分发给部署的新版本的服务或模型和旧版本的服务或模型，而该新版本的服务或模型实际上没有向客户或其他系统返回预测结果。实际上，旧版本的服务或模型继续提供预测，而新版本的服务或模型只是被调用及用于存储结果，评估是否具备全面发布的条件。从广义上讲，使用影子测试策略有两个关键目标。

- 确保已部署的服务或模型按照预期处理输入。
- 确保已部署的服务能够承受实际场景的负载。

第二个目标更多的出于一般工程负载测试的目的，这是一个非常有价值且重要的测试目标，但通常我们更关注 ML 的问题，因此本节将重点关注第一个目标。

在应用程序级别，影子测试策略可以像更改代码一样简单，同时将数据输入传递给 ML 模型的当前版本和新版本，并保存两者的输出，但只向客户端返回当前版本的输出。对于提供实时预测或具有时间密集型算法的场景，在需要考虑性能的情况下，最佳实践是在新模型上异步传递数据输入并记录输出。

如图 7-4 所示，使用影子测试策略，监控服务应该在两组预测中持续运行一段时间，并持续监控两个模型，直到新版本模型足够稳定，然后升级为生产版本。一旦新版本准备就绪，监控服务就会向服务层发送信号，表示可以将现有服务升级到新版本服务。从技术上讲，这种"升级"可以通过在中央存储的缓存层上将该新版本的标签更新为"最新"，在发出信号后让服务层始终使用带有"最新"标签的模型版本工作（类似 Docker 镜像中"最新"的概念）。当然，也可以通过指定明确的模型版本来工作，但这需要服务层总是先检查该指定版本是否是生产就绪的，如果没有就绪则需要提前加载相关的版本，并使用它来进行预测。

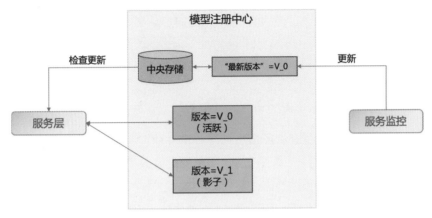

图 7-4　影子测试策略

进行具体的量化评估时可以使用统计学假设将新的影子版本与目前活跃的生产模型进行比较。这样的测试应该验证新版本的性能是否可以达到预期的效果，也就是在特定的统计功效下，两个版本性能指标的差异。举个例子，如果当前活跃的版本在过去一周保持的精确率为 80%，那么新的候选版本的性能不能低于当前的活跃版本，所以新版本的精确率将至少为 80%。

接下来，我们介绍一个来自 Uber 公司的解决方案，即渐进式推出策略。由于 ML 工程师可能会选择采用不同的策略推出模型，因此他们通常需要设计在一组模型之间分配实时预测流量的方案。渐进式推出策略是通过复制用户流量，并在一组已经部署好的模型中逐步改变流量分布的方式，来实现模型的安全和自动化发布的。

对于增添影子的过程，客户端将会复制初始（生产中使用的）模型的流量，并将其应用于新版（被影子遮挡的）模型。如图 7-5 所示，这是一组模型之间简单的实时流量分布示例，其中模型 A、B、C 动态参与渐进式推出策略，而模型 D 对模型 B 进行了遮挡（增添影子）。

为了缩短重复实现常见模式的工程时间，实时推理服务需要提供内置的流量分配机制，并添加自动阴影配置作为模型部署配置的一部分，开发者仅需要通过 API 端点设定遮挡关系和时长（或流量大小），并确保增添影子模型所需的功能，而非生产中正在使用的模型。

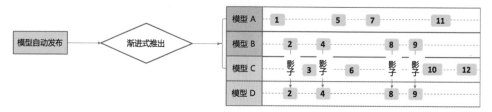

图 7-5　一组模型之间简单的实时流量分布示例

内置渐进式推出策略实现的功能可以带来以下好处。

- 大部分的生产模型和影子模型共享一组特征,实时推理服务仅需要从在线特征存储中获取生产模型即将使用的特征并共享给影子模型即可。
- 通过结合内置的预测日志采集逻辑和遮挡采样(分配给被遮挡模型的流量采样,也叫影子流量)逻辑,实时推理服务可以将影子流量减少到能计算出有效统计量的最小样本量。
- 当主服务(生产中使用的推理服务)受到压力时,可以将影子模型对应的推理服务作为二级服务,并使用暂停、恢复开关,以缓解负载压力。

7.2.5　竞争策略

一个稍微复杂的场景是,在生产中尝试多个版本的模型,就像 A/B 测试,希望找出哪个版本更好。这里增加的复杂性来自要确保流量被重定向到正确的模型所需的基础设施和路由规则,以及需要收集足够多的数据样本来做出有统计意义的决策,这可能需要一些时间。

一种流行方法是多臂老虎机,用于动态择优和评估多个竞争模型,这种方法需要定义一种方法来计算和监测与使用每个模型相关的回报,近些年这种方法在 ML 领域使用得越来越频繁。需要注意的是,由于需要根据用户的反馈动态调整分流策略,这种方法对用户反馈的时效性要求较高。

在很多 ML 场景中,模型的预测也会影响到它所处的周围环境。我们以一个推荐模型为例,假设每次用户访问电影网站时,前端向推荐系统请求推荐资源,推荐系统负责对需要给模型提供的前五部推荐电影进行排名。用户会对这五部电影做出反馈,比如,是观看其中一部推荐电影或是直接离开页面。在这里,模型的预测实际上影响了用户的行为,而用户的行为会进一步作用于收集到的数据。

在 A/B 测试的设置中，竞争策略如图 7-6 所示，对于当前生产中活跃的版本和新的候选版本，可以分别设定为模型控制组 A 和模型候选组 B，它们都有机会在生产中活动。每一个新的请求都会被特定的分流逻辑路由给其中一个模型，并且只有选定的模型被用于当前的请求（预测）。路由规则通常包括浏览器版本、用户代理、地理定位和操作系统等因素。

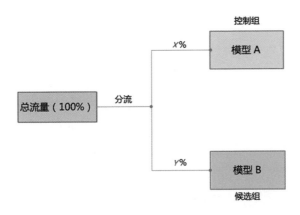

图 7-6　竞争策略

在一定的时间内进行预测，在此期间实时计算用于验证统计假设的统计量（如原假设为模型 A 的 KPI 指标至少和模型 B 一样好）与 p 值，通过统计量和相应的 p 值对不同测试组模型的性能进行判断。

与影子测试类似，A/B 测试策略要测试的 KPI 可以是性能、稳定性或其他一些代理指标。需要注意的是，日志系统需要向 A/B 测试模块提供实时或准实时的用户反馈信息，这种方法的成功与否高度依赖于能否正确、谨慎地划分 A/B 测试组。在 KPI 指标、测试组和每个组的曝光系数（比例）确定后，任何新请求都应该有 $X\%$（如 10%）的机会被新版本的模型服务，直到测试完成。通常情况下，新版本模型的曝光系数相对较低，因为新版本模型刚上线且还没有积累足够多的数据，对新模型的线上表现没有先验信息可以参考，为了不会大规模影响现有用户的体验，在发布测试阶段须谨慎地设置新版本模型的曝光系数，在新版本模型效果稳定且显著好于旧版本模型后，才可以大规模释放流量，如果在规定时间内的效果尚未显著超越旧版本模型，新版本模型可能还需要经继续优化以后才可以正式发布。

对于测试组 A/B 配置，也可以推广到 A/B/C 配置等，即同时比较多个模型。需要注意的是，由于测试次数较多，对几个模型同时测试可能会增加假阳性结果的概率。

A/B 测试最适用于衡量应用中功能的有效性，在 A/B 测试中，可以控制新功能的目标受众群体，并监控用户行为方面的统计显著性差异。

7.3 零停机更新模型服务

在模型部署时，我们的通常做法是将模型工件封入实时预测服务的 Docker 镜像，并与服务一起部署。但随着需要部署模型的规模快速增长，这个繁重的过程很快就成了模型迭代的瓶颈。实现单次完整的模型部署和上线流程已不容易，而当模型需要频繁迭代、更新时，还要在服务运行中、不停机的情况下对后端模型进行实时的动态更新，这无疑更增加了模型应用的复杂性。由于 ML 具有天生的迭代属性，这使得动态更新模型是 ML 应用领域绕不过去的话题。我们知道生产应用中的模型经常会更新，尤其营销类的模型变化更快，更新频率经常是小时级的，甚至是分钟级的，那么模型的热部署（零停机）和版本的自动切换会显得非常关键。

零停机更新模型是当前模型投产模式中在线推理模式的挑战之一，尤其是对于与应用端交互且需要频繁更新模型的场景。虽然模型的持续训练可以通过脚本和作业调度实现自动化，但创建新模型后更新旧模型的过程比较棘手。在传统的软件开发中，更新由版本控制系统实现，如果出现任何问题，它有助于将状态回滚到软件的旧版本和稳定版本。然而，更新 ML 模型更为复杂，如果数据科学家创建了一个新版本的模型，它很可能增加了新的特征和大量的其他附加参数。为了解决这个问题，我们需要一个解决方案，让系统在不破坏现有服务的情况下持续更新我们的模型，将模型的动态加载与模型服务的开发周期解耦，从而加快生产模型的迭代速度。

容易想到的方案是，从 POST 请求向后端发送指令来实现新模型的加载，这听起来合理，但深究细节时就会发现其在生产中不具备可行性。

本节将以部署 Flask 应用程序为例，讲述在服务不停机的情况下将模型更新到生产环境的解决方案。首先考虑直接将 POST 方案用于基本的 Flask 应用程序。

接下来，我们将模型部署在 Web 服务器（WSGI）上后，发现了 POST 方案的不足。然后我们提出最终的解决方案，即为模型更新添加进程锁，以确保我们在应用程序后端进行模型更新时能够继续提供模型响应。对于多节点的应用，可以通过 Kubernetes 将给 WSGI 添加进程锁的解决方案扩展到多个服务器。

7.3.1　生产中 Flask 的局限性

Flask 是最流行的 REST API 框架之一，可以用于托管 ML 模型。该选择在很大程度上受到了数据科学团队在 Python 方面的知识积累及使用 Python 构建的训练资产的可复用性的影响。也正因为如此，业内数据科学团队广泛使用 Flask 来提供各种 ML 模型的服务化。

但是，在 Flask 应用程序投入生产之前，需要考虑工程问题。尽管 Flask 自带了工具包 werkzeug，可以搭建 Web 服务器，但它并未针对**安全性**、**可扩展性**和**效率**进行开发和优化。Flask 本身也不支持并发，每次只能在每个进程中运行一个请求。当我们的应用程序从本地开发扩展到每秒数百个或数千个请求（rps）的生产负载时，这就会成为问题。所以，要想将 Flask 应用程序生产化，第一步是将它放在可以生成和管理线程和进程的 WSGI 服务器的后端。WSGI 服务器解决了许多 Flask 本身没有办法解决的问题。

- **进程管理**：WSGI 服务器可以处理多个进程的创建和维护，因此我们可以在一个环境中实现应用程序的并发，并且能够扩展到多个用户。
- **集群**：可以在一个实例的集群中使用。
- **负载均衡**：平衡不同进程的请求负载。
- **监测**：可以实现开箱即用的监测功能，以监测性能和资源利用率。
- **资源限制**：可以通过配置，将 CPU 和内存的使用限制在一个特定点上。
- **配置**：有大量的可配置选项，使我们能够完全控制模型的安全运行。

7.3.2　关于 GIL、线程和进程的入门知识

Python 使用全局解释器锁（GIL）来保护对 Python 对象的访问，防止多个线程同时执行 Python 字节码，以确保线程安全。GIL 会在 I/O 操作上释放，包括等待 Socket 和文件系统的读/写。在这些情况下，线程可以在一定程度上提高性能。但如果一个操作不是重 I/O 的，太多的线程会导致 GIL 瓶颈。在这种情况下，Python

中更高的并发性通常是通过使用多个并行进程实现的。

将 Flask 应用程序放在 WSGI 服务器的后端，可以通过进程或线程来提高并发性。根据第 6 章的介绍，WSGI 服务器可以通过 uWSGI（也可以通过其他框架来搭建，如 gunicorn 和 Gevent）来搭建，实际应用中 uWSGI 会根据配置中声明的线程和进程的数量来部署 Flask 应用程序。因为 ML 的预测性能通常不会从线程中得到提升，所以我们设置 threads=1，并通过设置多进程来获得并发性。不过运行多进程确实会带来副作用，我们需要为每个进程保留内存以加载应用程序，而且进程之间不能显式地相互通信，也不能共享内存。也正是这一点，导致 POST 方案在生产中更新模型变得不可用。

7.3.3 从单线程的 Flask 到 uWSGI

首先，回顾一下第 3 章的例子，我们从在 Flask 中构建的示例应用程序开始，通过将其部署在 uWSGI 服务器后端，从而实现多进程的扩展。假设模型的应用程序文件为 app.py，该文件包含一个预测函数，可实现加载一个全局模型到内存，并开放了一个预测端点/predict。此外，我们采用 POST 方案来新增一个模型更新端点 update-model：

```
from flask import Flask, jsonify, request
import pandas as pd
import pickle
import sklearn
app = Flask(__name__)

def load_obj(path):
    with open(path,"rb") as f:
        obj = pickle.load(f)
    return obj
model = load_obj('model.pkl')
transformer = load_obj('transformer.pkl')
categories = ['PhoneService', 'Contract', 'PaperlessBilling',
            'PaymentMethod', 'gender', 'Partner',
            'Dependents', 'MultipleLines', 'InternetService',
            'OnlineSecurity', 'OnlineBackup', 'DeviceProtection',
            'TechSupport', 'StreamingTV', 'StreamingMovies']
numerical = ['tenure', 'MonthlyCharges',
'TotalCharges','SeniorCitizen']
@app.route('/predict', methods=['POST'])
```

```
def predict():
    data = request.get_json()
    df = pd.DataFrame(data, index=[0])
    X = transformer.transform(df)
    predicted_churn = model.predict(X)[0]
    predicted_proba_churn = model.predict_proba(X)[0][0]
    return jsonify({"predicted_churn": str(predicted_churn),
"predicted_proba_churn":str(predicted_proba_churn)})

@app.route('/update-model', methods=['POST'])
def update_model():
    new_path = request.args.get('path')
    load_model(new_path)
    return jsonify({'状态': '模型更新成功!'})

if __name__ == '__main__':
    app.run()
```

要通过 uWSGI 部署，首先通过 pip 安装 uwsgi 包：

```
pip install uwsgi
```

uWSGI 的配置可以通过 uwsgi.ini 文件在命令行中实现。在端口 9001 托管多进程 uWSGI 服务器的示例配置文件可能如下：

```
[uwsgi]
socket = 0.0.0.0:9001
protocol = http
module = app:app
threads = 1
processes = 4
```

我们用下面的命令运行服务：

```
uwsgi uwsgi.ini
```

需要注意的是，uWSGI 模块并未作为主要的 Python 应用程序运行，所以可能需要一些重构来加载初始模型。比如说：

```
# 用 pre-fork 模式加载模型，所以每个 uWSGI 进程都有一个模型副本
model_path = os.environ.get('MODEL_PATH')
load_model(model_path)
if __name__ == '__main__':
    app.run()
```

这可以让一个简单的 uWSGI 部署启动和运行，此时通过 uWSGI 可以将模型部署为多进程模式。如图 7-7 所示，我们将采用 Flask 框架编写的模型部署在 uWSGI 服务器的后端，并开启了四个进程。

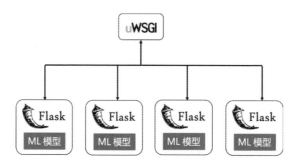

图 7-7　简单的 uWSGI 将 Flask 应用程序部署在四个进程中

7.3.4　模型更新条件检查

此时，Flask 运行在 WSGI 服务器的后端，吞吐量随着运行的进程数量增加而线性增加。假设我们已经训练了一个新的模型并想更新当前正在运行中的服务，那么可以通过 POST 端点发送指令，将新模型加载到内存中。需要注意的是，Flask 的请求是阻塞的，这意味着将新模型加载到内存的 POST 请求（可能需要几秒或几分钟）会阻塞其他请求的执行。把模型的应用程序放在 WSGI 服务器的后端可以部分解决这个问题。比方说，我们用 p 个进程进行部署，其中有一个进程通过 POST 请求来更新模型，其他 p-1 个进程都继续响应着来自客户端的请求，这个过程只减少了一个进程的吞吐量。

但问题出来了，因为 Python 的进程之间不共享状态，也不共享内存，因此当我们现在有一个进程完成了模型的更新，该进程在下一刻接收到请求时，返回的是新模型的预测，而其他进程仍然服务于旧模型。现在的问题是，我们怎样才能有效地更新所有的进程？能否在有序更新所有进程的同时，仍然保留 p-1 个进程的最小吞吐量？

7.3.5　动态更新模型方案

本节提供了一个有效可行的动态更新模型的方案，该方案是通过实现 uWSGI 中间件并结合缓存和进程锁定来实现的。

确保所有进程都更新到最新模型的第一步是，引入缓存机制（如 Redis 缓存）来跟踪最新的模型。我们在/model-update POST 请求期间更新缓存的模型的散列值（用于识别模型变化）和模型位置。对于每个传入的请求，应用程序对进程中的模型的散列值和缓存的散列值进行比较，如果有差异，则更新这个进程。使用 Redis 缓存（在本地主机上运行）的实现可能如下：

```
import redis
from flask import g

@app.route('/update-model', methods=['POST'])
def update_model():
    _cache = get_cache()
    new_model_path = request.args.get('model_path')
    load_model(new_model_path)
    _cache.set('model_hash', model.hash)
    _cache.set('model_location', path)
return jsonify({'状态': '模型更新成功!'})
@app.teardown_request
def check_cache(ctx):
    _cache = get_cache()
    global model
    cached_hash = _cache.get('model_hash')
    if model.hash != cached_hash:
        model_location = _cache.get('model_location')
        load_model(model_location)
def get_cache():
    if 'cache' not in g:
        g.cache = redis.Redis()
    return g.cache
```

接下来，我们的应用程序将更新所有的进程为新的模型。但由于我们的进程之间没有协调机制，这导致我们不知道在某一时刻有多少进程在更新。最坏的情况是，我们可能在同一时间更新 p-1 个进程。这意味着吞吐量减少到只有一个进程在正常提供模型预测服务，这就和我们单线程下的 Flask 应用程序没区别了。

为了管理这些阻塞的更新进程，我们在上述缓存框架中引入了加锁机制。如果进程检测到模型推理服务的后端模型需要更新到最新，在模型更新的过程中需要从缓存中获得加锁信息，那么检查当前模型推理服务的所有进程中是否有锁，这个锁就像一个"忙"信号，用 busy_signal 来表示。如果当前 busy_signal 的值是 1，那么我们知道有其他进程正在运行更新，此时进程需要等待 busy_signal 为 0

的时候才继续更新模型。如果 busy_signal 的值为 0，那么可以知道当前没有其他
进程在更新，此时可以安全地继续更新模型。让我们把这个信号添加到前面的函
数中：

```
@app.route('/update-model', methods=['POST'])
def update_model():
    _cache = get_cache()
    new_path = request.args.get('model_path')
    busy_signal = int(_cache.get('busy_signal'))
    if not busy_signal:
        _cache.set('busy_signal', 1)
        load_model(new_path, _cache)
        _cache.set('busy_signal', 0)
    return jsonify({'状态': '模型更新成功!'})
@app.teardown_request
def check_cache(ctx):
    _cache = get_cache()
    global model
    cached_hash = _cache.get('model_hash')
    if model.hash != cached_hash:
        busy_signal = int(_cache.get('busy_signal'))
        if not busy_signal:
            # 若进程空闲，则将 busi_signal 设置为 1，然后更新模型
            _cache.set('busy_signal', 1)
            model_location = _cache.get('model_location')
            load_model(model_location, _cache)
            _cache.set('busy_signal', 0)
def get_cache():
    if 'cache' not in g:
        g.cache = redis.Redis(decode_responses='utf-8')
    return g.cache
```

有了这个变化，我们就有办法让每个进程检查 busy_signal 信号，以确保没有
更新同时发生。这意味着运行的非阻塞进程的最小数量可以确保是 $p-1$。图 7-8 说
明了如何通过 POST 请求来有序更新模型的原理。

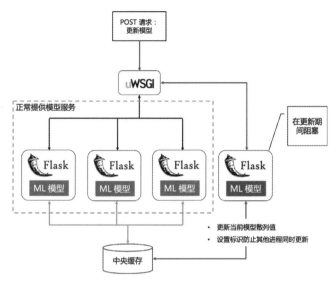

图 7-8　进程加锁方案下有序更新模型的 POST 请求原理

　　不过，这里还有另一个问题。在请求钩子 teardown_request（每次请求后运行）的作用下，也就是在每次请求后执行检查缓存中的模型更新信号，Flask 会在返回响应之前执行 check_cache。这意味着程序正在执行 busy_signal 检查，并有可能以阻塞的方式进行完整的模型更新。虽然这只会影响到每个模型更新的 $p-1$ 个总请求，但我们不希望任何请求必须等待阻塞过程完成。由于 Flask 是一个 WSGI 服务器后端的应用程序，因此它不能从根本上处理返回响应对象之外的任何内容。为了构建和修改响应之外的内容，我们可以向 WSGI 服务器的后端应用程序添加中间件层。比如，创建一个中间件层并返回一个 ClosingIterator（给返回的迭代器添加回调函数）来执行我们的函数，并在响应返回后执行回调操作。具体的中间件代码如下：

```
class AfterResponse:
    '''中间件的应用程序扩展的封装
    '''
    def __init__(self, app):
        self.callbacks = []

        # 安装扩展
        app.after_response = self

        # 安装中间件
        app.wsgi_app = AfterResponseMiddleware(app.wsgi_app, self)
    def __call__(self, callback):
```

```
        self.callbacks.append(callback)
        return callback
    def flush(self):
        for fn in self.callbacks:
            fn()
class AfterResponseMiddleware:
    '''WSGI 中间件返回`ClosingIterator`与回调函数
    '''
    def __init__(self, application, after_response_ext):
        self.application = application
        self.after_response_ext = after_response_ext
    def __call__(self, environ, after_response):
        iterator = self.application(environ, after_response)
        try:
            return ClosingIterator(iterator,
                            [self.after_response_ext.flush])
        except:
            return iterator
```

为了将其合并到主代码中，我们需要做的是在 Flask 应用程序中注册中间件，并为任何需要在响应被送回请求方后执行的函数添加一个装饰器。因为这些操作发生在 Flask 上下文之外，这里可以使用 werkzeug 本地上下文来保持我们的 Redis 连接，而不是使用 Flask 的全局上下文 g 函数：

```
from werkzeug.local import Local

app = Flask(__name__)
AfterResponse(app)
local = Local()
@app.after_response
def check_cache():
    _cache = get_cache()
    global model
    cached_hash = _cache.get('model_hash')
    if model.hash != cached_hash:
        busy_signal = int(r.get('busy_signal'))
        if not busy_signal:
            # 如果空闲，我们将更新并第一时间将信号变量设置为 1
            _cache.set('busy_signal', 1)
            model_location = _cache.get('model_location')
            load_model(model_location, _cache)
            _cache.set('busy_signal', 0)
def get_cache():
    cache = getattr(local, 'cache', None)
```

```
if cache is None:
    local.cache = redis.Redis(decode_responses='utf-8')
return local.cache
```

以上逐步升级的操作确保了在我们的服务更新期间不会阻塞任何请求。对于每个请求，缓存检查和模型更新发生在已经给出的响应之后。

7.3.6　基于 Kubernetes 的扩展方案

在本节中，我们将简单介绍在 Kubernetes 集群中部署 uWSGI 应用程序的方案，但使用时需要对前面介绍的单节点方案做一些微调。

在单节点方案中，我们创建了一个可以通过进程管理和 WSGI 中间件执行非阻塞模型更新的单节点组件，在让单个 WSGI 节点正常工作后，将该服务扩展到多节点就是复制和微调的事情。具体地，可以创建 Docker 容器来启动一个 uWSGI 服务器，并通过 Kubernetes 扩展副本。具体的 Dockerfile 定义如下：

```
# 在 Python 3.7 下使用基础镜像
FROM python:3.7

# 设置我们的工作目录为 app
WORKDIR /app

# 安装 Python 软件包 Redis、Pandas、Scikit-Learn 和 uWSGI
RUN pip install redis pandas scikit-learn flask uwsgi

# 复制 server.py 文件和 uwsgi.ini 配置文件
COPY server.py ./server.py
COPY uwsgi.ini ./uwsgi.ini

# 声明 ENTRYPOINT
ENTRYPOINT ["uwsgi", "uwsgi.ini"]
```

在使用 Kubernetes 部署后，将会暴露一个服务端点，并将流量路由给每个 uWSGI 服务器，具体的部署方案如图 7-9 所示。

这里要注意的关键部分是，如何使用中央缓存管理进程锁。对于传入的 POST 请求，我们希望使用中央缓存中的全局键对新模型进行更新。对于没有收到请求的节点或进程，仍然可以通过查询全局 model_hash 进行对比。但是对于 busy_signal，最好不要让所有的节点共享一个全局密钥，因为如果是这种情况，一次只能更新一个进程，这对于逐个更新多个节点来说会非常缓慢（具体取决于部署规模）。但对节点内部，我们希望的是一次更新一个进程，这意味着我们需要为每个单独的节点提供独立的 busy_signal，如 busy_signal_a、busy_signal_b。

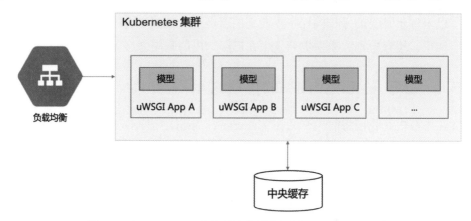

图 7-9　在 Kubernetes 中使用共享缓存部署 uWSGI 应用程序

以这种方式管理我们的进程锁将确保每个节点内至少有 $p-1$ 个活动进程，在整个集群中活动的总进程数量即为 num_replicas$\times(p-1)$，其中 num_replicas 是节点的数量。

总之，我们从部署在 uWSGI 服务器后端的单线程 Flask 应用程序开始，实现了一种使用进程锁来处理在生产中不停机的情况下实时更新模型的方法。

7.4　本章总结

在本章中，我们讨论了通过持续集成（CI）和持续部署（CD）实现 ML 服务的持续更新。其目的是维护用于模型训练的源代码并对其进行改版，使触发器能够并行地执行必要的工作，持续构建模型工件并将其反序列化后部署到 ML 服务中。在 CI 和 CD 的辅助下，ML 系统还需要有持续学习的能力，这对 ML 系统的成功至关重要。没有持续的学习，一个 ML 系统注定会以失败的 PoC 告终。

对于 ML 模型向业务提供服务的最常见的方式是 REST API，但使用这种方式通常首先要将模型加载到内存中，在这种情况下更新模型通常需要将服务停掉后重新加载新版本的模型，而这对于需要频繁更新模型的场景显然是不现实的。为了解决这个问题，业内常见的做法是将同一个服务部署在多个节点上，使用负载均衡的方式提供服务，在需要更新模型时只需要分别停机更新即可，而其余的节点正常提供服务。这种方式虽然可行，但效率不高也不易维护。基于此，本章提供了使用进程锁的单节点和基于 Kubernetes 的多节点部署方案，这两种方案都不需要将运行中的服务停机后再更新模型，每次更新模型时只更新加了锁的进程内部的模型，其他进程的模型正常运行即可。在被锁的进程内的模型更新完毕后，自动将该进程的模型状态标记为已更新，然后继续更新其他进程，直到所有模型全部更新完成。这里模型更新的信号通常由模型监控组件提供，我们将在第 8 章中深入研究 MLOps 框架中模型监控的概念，模型监控为模型持续训练提供依据和触发信号，最终可实现 ML 项目的闭环和健康迭代。

第 8 章

MLOps 框架下的模型监控与运维

通过前面的章节，已经基本讲解完 ML 项目从开发到投产的各个管道涉及的细节，如 ML 在运行时的属性，搭建模型开发与部署间的信息传递机制，以及模型服务化的模式（如批量和在线实时服务）。但实际上 ML 模型生命周期中产生价值的阶段仅在其投入生产后才真正开始。此外，考虑到在现实场景中模型投产的主要挑战来自迭代，故这要求我们对部署到生产中的模型进行实时的监控。

监控是一项真正的跨学科工作，但"监控"一词在数据科学、软件工程和业务中可能意味着不同的含义。比如，与传统软件工程不同的是，生产型 ML 的复杂性跨越了模型生命周期的多个阶段，包括特征工程、模型实验、超参数调整、推理服务、离线批处理等。这些阶段中的每一个都涉及潜在的不同系统和广泛的异质工具，这使得监控生产型 ML 很困难。一旦模型和特征的数量增加，监控就会变得更加复杂。

在本章中，我们将描述在生产环境中应该监控什么，以及何时和如何更新模型。监控使我们能够以定性和定量的方式分析和展示 MLOps 的性能详情。本章将围绕生产中 MLOps 模型监控的原则、模式、实践和技术等进行介绍，具体需要监控的内容包括推理服务的健康度、模型漂移、离群点等，理想情况下，正确的监控应该帮助你尽快发现模型出现的问题，并确定问题的来源。

8.1　ML 模型监控简介

ML 模型已经逐渐成为当今大规模部署的新型软件工件，虽然训练和部署模型已开始逐步商业化，但监控和调试 ML 仍然是一个难题。由于部署模型后输入数据的变化，模型性能可能会随着时间的推移而衰退。因此，需要持续监控模型以确保其在生产中的保真度。

　　ML 模型的监控是我们从数据科学和运维的角度跟踪和了解生产中模型的性能变化的方式，不充分的监控会导致不准确甚至有误的模型在生产中运行，这些模型不会增加商业价值，反而会造成商业损失。对以 ML 为业务核心驱动力的公司来说，如果未及时捕捉到模型的错误或衰退，是极度危险的。正确的做法是，一个已部署的模型必须被不断地监控。监控有助于确保模型的推理服务是正确的，并且使模型的性能保持在可接受的范围内。

　　在实际的场景中，我们常见的做法是，数据科学家在模型构建完成后，将模型交给工程团队上线，并给出收集反馈和迭代的需求，然后模型的创建者就开始启动新的项目。运维团队会定期重新访问模型以进行基本的健康检查，而忽略中间发生的事件，而业务运营人员通常是从用户侧发现模型出了问题，然后开始各种"灭火"。

　　也有一些升级版的做法，即为重要的模型定制模型监控器（可视化看板），为了全面了解模型指标的变化情况，每个模型还有一个自定义的监控界面。而传统的做法通常是定期统计业务 KPI 指标的变化和数据分布的变化，如果业务团队需要深入了解模型，这将意味着还需要定制自定义的脚本和耗时的分析工作。业界很多 ML 监控实践是依赖抽查和人工审查的做法来执行这些常态化且相对标准的任务的，这些零碎的解决方案在现代数据科学世界里非常普遍，这种现象侧面反映了缺乏实时监控是 ML 生产化环节里的常见痛点。

8.1.1　模型的监控场景

　　ML 模型监控是我们从数据科学和运维的角度跟踪和了解我们的模型在生产中的性能表现的方式。

　　与软件中的大多数情况一样，ML 模型监控的真正挑战在于可维护性。在 Flask 中部署和提供一个 ML 模型应用并没有太大的挑战，难点在于如何以可复制的方式进行，尤其是在模型频繁更新的情况下，如图 8-1 所示的流程是在实际场景中 ML 模型的典型更新场景。

　　第一种场景是简单地部署一个全新的模型；第二种场景是我们用一个完全不同的模型取代生产中的模型；第三种场景（最右侧），也是最常见的场景，在这种情况下只对当前生产中的模型进行局部优化。比如，我们有一个已经投产的模型，随着时间的推移，业务系统升级了系统版本，对个别特征进行了调整，而我们生产中的模型还是沿用之前的特征，这个时候就需要重新训练和部署模型。或者，数据科学家在不停的探索中发现了一个非常有效的特征，经过离线评估发现这个特征对预测效果能起到较大的提升，想将该特征作为一个额外的输入，并重新部署模型。

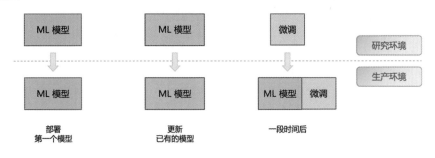

图 8-1　ML 模型的典型更新场景

无论哪种场景，监控是确定模型在生产中发生的变化是否符合预期效果的良好方式，也是我们最终关心的问题，这个规则的唯一例外是影子部署。但在我们深入研究监控的具体细节之前，值得讨论一下监控在 ML 系统中的重要性和固有的一些挑战。

8.1.2　为什么监控很重要

想象一下，我们第一个 ML 项目上线的场景。我们的第一个 PoC 模型在线下经过烦琐的特征工程并不断地测试不同的算法，历时 1 个月终于候选了几个达到预期的离线模型，最后交给开发工程师实现了模型的服务化，部署为一个 REST API。在做完压测后交给前端工程师，感觉像完成了 ML 项目的最后一步。而事实上，对于模型来说，它的生涯才刚刚开始，前面属于"十月怀胎"的孕育阶段。投产后的模型运维、模型更新、反馈日志收集等一系列工作都需要关注，而这些内容通常超出了很多从业者的经验范围。

ML 现在的发展让人感觉它已经很成熟了，而实际情况是，除了少数以 ML 为生的科技巨头，大多数行业才刚刚使用 ML，缺乏现实场景下应用 ML 的经验，通常在忙于开发 ML 模型的时候对很多未知的步骤感到不知所措，并急于部署。数据科学家负责从数据清理到 A/B 实验（测试）创建的所有工作，模型运维工作往往都是事后才会考虑，甚至只是偶尔手动查看一些指标。对于这些行业来说，一个关键的但经常被忽视的组成部分是监控，而这种忽视的原因是缺乏成熟度。

本杰明·富兰克林说过："1 盎司的预防胜过 1 磅的治疗。"对于天生具有迭代属性的 ML 技术，模型迭代永远不会达到终点。在训练中，模型研究的是历史行为，一旦将模型发布到生产环境，它就会处理新数据：这些数据可以是用户点击流、产品销售或信用卡申请。随着时间的推移，这些数据会偏离模型在训练中接触到的数据，即使是最准确和经过仔细测试的模型也会开始衰退。

在模型的研究环节，通常可以将业务目标转化为优化问题，并通过历史数据拟合模型以达到预期的模型准确性。但在生产环节，模型通常部署在一个混合系统中，并有一堆其他需要处理的标准。这些标准可能是稳定性、公平性、可解释性、用户体验或边缘情况下的性能等，不能简单地把目标归结到误差最小化的目标，而这些标准的保持需要持续的监控。

总而言之，当前很多企业对模型实验的记录和部署管理都不是最佳实践，MLOps 是一个逐步解决这种混乱局面的新兴实践，它的特色是从实验阶段的记录到最后阶段的监控都在统一平台上进行全流程的管控。

8.1.3　ML 监控与传统软件监控的区别

在软件工程领域，监控并不是什么新鲜事儿，所以很多人认为软件工程领域的经验可以直接应用于 ML 领域。这有一定的道理，部署的模型也可以看作一种软件服务，我们需要跟踪推理服务的健康指标，如延迟、内存利用率和正常运行时间等。但除此之外，ML 有其特有的问题待处理。比如，在 ML 领域有两个要素需要考虑，即数据依赖和模型。这两个要素是与传统软件系统相比最核心的不同点，一个 ML 系统的行为不仅受代码中指定的规则支配，而且还受从数据中学习的模型行为支配。

首先，数据的加入增加了额外的复杂性。在 ML 领域，我们应该担心的不仅是代码，还有数据质量及其依赖关系，ML 模型比传统软件具有更多的依赖组件、更多的潜在故障模式。通常，这些数据源完全不受我们控制，即使对数据及建模管道做到了完美的维护，环境的变化也会导致模型性能下降，甚至是发生巨变。比如，新冠肺炎疫情对我们的生活方式就产生了巨大的影响。在 ML 监控中，这个抽象问题需要得到重视，需要量化数据分布的变化情况，这与检查服务器负载是完全不同的任务。

其次，模型也会经常悄悄地发生性能衰退，甚至失败。想象一下，前面我们讨论过的依靠 ML 来预测客户流失，在实际场景下模型有可能会达不到要求，因为我们可能需要数周的时间才能了解客户流失的原因或注意到客户流失对业务 KPI 的影响（如季度续订率下降）。通常在这种情况下，我们才会觉得系统需要健康检查，而这个过程中的模型都是正常工作的，在模型领域没有监控手段的情况下，这种无形的停机时间是令人担忧的。为了挽救这种局面，需要尽早做出反应，比如，结合业务特点，在数据和模型响应方面同时设定监控指标。

再次，通常情况下，ML 领域内"好"与"坏"之间的区别并不明确，一个意外的异常值并不意味着模型出了问题并需要紧急更新。同时，稳定的精度也可能会产生误导，模型可能会在某些关键数据区域局部变差。比如，从转化率角度看，整体的转化率在变好，但某些高价值用户的转化率却在下降。

最后，在 ML 领域，没有上下文的量化是无意义的，可接受的性能、模型风险和错误成本因具体的用例而异。比如，在贷款模型中，业务可能更关心公平的结果；在欺诈检测模型中，通常不能容忍漏报；在营销模型中，可能更关注优质细分市场的表现。

所有这些细微的差别都反映了我们的监控需求、需要关注的特定指标及解释它们的方式等。因此，ML 监控介于传统软件和产品（业务）分析之间，除了关注模型服务本身的工程健康指标，我们还需要关注模型本身的性能指标，如准确度、平均绝对误差等。但我们的主要目的是检查 ML 所实现的决策质量，比如，模型是否令人满意、公正及符合我们的业务目标。

ML 监控是一个独特的领域，需要特定的实践、策略和工具。

8.1.4　谁需要关注 ML 的监控结果

每个关心 ML 模型对业务产生影响的人都会对模型的监控感兴趣。对于建好的模型，一旦离开实验室进入生产环境，它就会成为公司产品或业务流程的一部分，模型投产后就不仅是一些技术工件了，而是与用户和利益相关者息息相关的实际服务。

建好的模型可以将输出呈现给外部客户，如电子商务网站上的推荐系统，或者是当作一种纯粹的内部工具使用，比如，为制订需求计划建立的销售预测模型。通常情况下，都会有一个需求方依靠模型来交付成果，如产品经理或业务线的团队，还有一些其他角色也会关注模型，比如，模型团队中从数据工程师到开发支持等角色。

对于数据科学团队来说，模型监控关乎效率和影响，每个数据科学团队的成员都希望自己创建的模型被企业采用，并能帮助业务做出更优的决策，还会希望运维无忧。通过充分的监控，数据科学家可以根据需要快速检测模型的衰退情况并更新模型。

对于业务和领域专家来说，监控最终归结为信任。当采用模型预测支持决策时，需要有理由相信它们是正确的，这就要求数据科学团队在前期的探索中大致了解模型可能存在的缺陷和弱点，还需要在模型投产后持续验证模型的价值，并确保风险得到控制。

如果是医疗保健、保险或金融业务，这种监控就会变得更加正式，合规部门会审查模型的偏见和漏洞。由于模型是动态的，不是一次性的测试，因此必须不断地对实时数据进行检查，以了解每个模型的运行状况。

8.1.5　生产中导致模型衰退或出错的原因

在操作层面，监控应该被设计为对生产中的模型问题提供及时预警。当我们谈论监控时，我们专注于后期的处理和分析技术，目标是检测出我们部署的 ML 模型在生产中的行为与我们的期望相冲突的变化。

一般来说，对于监控，我们倾向于在三个层面进行衡量：网络、机器和应用程序。应用程序指标通常是这三者中最难的，但也是最重要的。从这个角度讲，我们可以将 ML 系统出错的方式分为如下两大类。

- 数据科学问题（涉及应用程序的应用监控）。
- 运维问题（涉及网络及机器的系统监控）。

具体地，对于数据科学问题，可能导致生产中的模型出现问题的因素如下。

- 新训练集质量不高，用于更新模型的新训练数据使模型性能变差。
- 数据漂移或概念漂移，生产中的实时数据分布发生了变化，但没有及时更新模型。
- 特征修复，数据工程师修复了特征提取代码中的错误，但没有更新模型。
- 依赖资源改变，生成特征所需的资源发生变化或变得不可用。

额外的训练数据并不总是有益的，为改进模型而自动收集的数据可能是有偏的。有时，生产中的数据分布会逐渐改变，但模型并不适应。它仍然是基于较早的数据创建的，而这些数据与最新的数据已经不是同分布的了，这种情况叫概念漂移或数据漂移。

在推理服务正常运行的过程中，数据工程师修复了特征提取代码中的某个错误，并将修改后的特征提取代码更新到了生产环境中。在特征提取代码更新后，如果没有通知数据科学家更新生产模型，模型的性能可能会以不可预测的方式改变。即使特征提取代码和模型是同步更新的，一些资源（数据库连接、数据库表或外部 API）的消失或改变也可能会影响到特征提取代码生成的一些特征。

对于运维问题，监控 ML 系统的计算性能也很重要，这在传统工程领域是标准的监控功能。当然，在我们的案例中，主要针对的是部署的 ML 模型。当使用量的波动看起来异常时，要进行监控并发出预警。

监控生产 ML 模型并不是一项简单的任务，由于多种原因，具体模型监控任务的细节通常无法正确设计。原因之一是定义错误并不容易，因为根据定义，很多 ML 模型给出的是概率结果。另一个原因是，可能无法计算真实世界数据的评估指标，因为真实标签通常不可用（至少不是实时可用的）。此外，ML 仍然是一个相对年轻的技术，数据科学与 DevOps 之间的桥梁也仍在构建和发展中。

8.2 数据科学问题的监控

现实世界中的数据是不断变化的，社会趋势、市场转变和全球事件影响着每一个行业。这些反过来又可能影响到被输入给模型的数据的分布，并进一步影响模型的性能，从而使我们所训练的模型的数据随着时间的推移变得越来越不相关。

在一个没有任何变化的静态世界中，预测标签的分布将大致等于观察到的标签的分布。当模型被很好地拟合时，这一点尤其正确。如果你观察到的不是这样，那么模型就表现出了预测偏差。后者可能意味着训练数据标签的分布和生产的当前类别分布是不同的。如图 8-2 所示，左边的图表示最新收集到的数据情况，右边的图是这些新数据的分布情况。正如我们所看到的，该数据集中就出现了明显的数据漂移（分布图中黄色和蓝色部分）的情况。

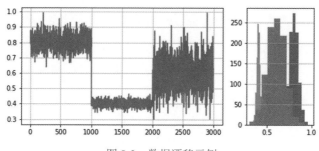

图 8-2　数据漂移示例

在离线评估的时候，准确率、精确率和召回率是监测的良好候选指标，但在生产中，有一个指标对于测量随时间变化的模型漂移特别有用，即预测偏差。

为了全面了解模型的性能，我们需要监测随着时间的推移每一个相关的组成部分的变化，从原始数据开始，到设计好的特征，再到模型性能，监控的任务就是定位这种变化的原因，自动定位问题的来源，并做出必要的调整或触发相应的指令。

8.2.1　模型漂移

前面讨论过生产中导致模型衰退或出错的原因主要有新训练集质量不高、数据漂移或概念漂移、特征修复、依赖资源改变等，而这些因素里面漂移是持续的，通常周期性出现，其他几个因素一般是脉冲式的，不会持续出现，这是由 ML 的迭代属性决定的。生产中的模型通常是基于一定时间周期内的历史数据构建的，其预测能力会随着时间的推移而衰减，即发生了漂移。

从广义上讲，模型可能会通过两种方式衰减，即数据漂移或概念漂移，统一称为模型漂移。

当 $P(X)$ 随着时间变化时，导致该变化的原因可能是数据结构发生了一些变化，如在表格数据中添加了新的数据列，或现实世界发生了变化，如市场上加入了新产品、季节变化等，我们称这种情况为数据漂移。

在数据漂移的情况下，数据随着时间的推移可能会引入以前看不见的各种数据和所需的新类别，但对先前标记的数据没有影响。

当 $P(y|X)$ 随时间变化时，该变化也可能是由数据结构的变化或现实世界的变化引起的，我们称这种情况为概念漂移。概念漂移如果不加以修复，可能会无限

地影响预测质量。例如，当竞争产品进入市场时，特定产品的广告点击率可能会发生巨大变化。

概念漂移的本质是相同数据的标签随着时间的推移而发生分布上的变化，这导致新数据的决策边界与根据早期数据及标签构建的模型的决策边界不同。对随机采样的新数据进行评分，可用于检测概念漂移。

开发者可以在历史数据上训练模型，然后根据当前数据对模型进行评估。如果预测结果与历史数据上的预测结果有显著不同，则模型可能正在经历数据漂移或概念漂移。

需要注意的是，现实世界中的突发事件和新的趋势可能会导致模型不再像预期的那样表现。例如，新冠病毒的出现影响了世界各地的各个行业，这其中也包含了许多在生产中运行的 ML 模型。比如，在新冠病毒刚流行的时期，各大电商网站上搜索词靠前的有卫生纸、面罩和洗手液等物品，这些物品在新冠病毒大流行之前明显没有那么受欢迎。

8.2.2 决策边界的改变

概念漂移可以看作决策边界随着时间的推移而发生的改变。如图 8-3 所示，在这个示例中，我们模拟了二分类的场景。可以看出，在t_1时期，直线$y = x$几乎完美地分开了两个类别，并有一些良好的间隔。我们在这个数据上训练一个分类器，得到的模型决策边界与用数据模拟的决策边界完全一致。一段时间以来，预测的性能都在目标范围内。

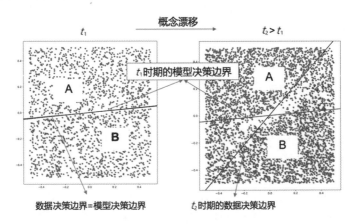

图 8-3　概念漂移可以通过模型和数据决策边界的分歧来辨识

在稍后的t_2时期，新数据进来了，我们对其进行手动标注（这是测试预测是否仍然良好的一种方法）。所有标注都是按照我们对数据的理解进行的，这是关键点。我们将t_2时期本应该属于 A 类别却被误分类的数据标注为 A，同时把本应该属于 B 类别却被误分类的数据标注为 B。

在t_2时期，经过重新标注，新数据有了一个明显的决策边界，与建立在类似数据的旧解释上的模型决策边界不一致。基于旧模型的预测将在标记的区域内出现错误。

数据决策边界的不断迁移是概念漂移的关键。当然，检测它的唯一方法是努力在常规基础上至少标注（可以是手动标注或用户自动反馈）一些新数据，并寻找模型预测能力衰退的指标。当我们觉得这种衰退不再是可以容忍的时，将需要根据对当前数据的理解，使用重新标注的数据重建模型。

8.2.3　模拟漂移与模型重建修正

我们继续讨论一个类似的问题，图 8-4 模拟了数据漂移及模型重建的过程，通过模型的性能衰减到一个预设的阈值来触发模型重建信号。

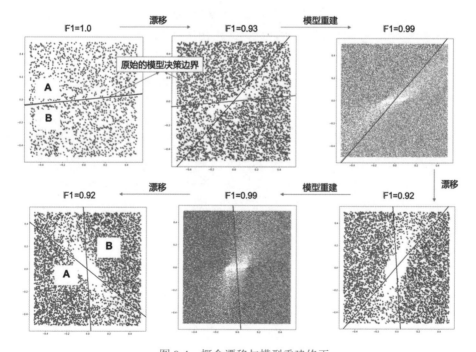

图 8-4　概念漂移与模型重建修正

为了简单起见，这里的数据决策是线性的。从图 8-4 可以看出，在初次建模时收集的两个类别的边界与最初训练的模型边界一致，此时的F1分数达到了 1.0。在新的一批数据到达后，为了更好地拟合新的样本，分类器的决策边界需要逆时针旋转一定角度才能达到更好的分类效果。如果此时还用旧的分类器进行预测，会发现此时的F1分数已经降到了 0.93。如果设置的阈值高于 0.93，将触发重新标注和重新训练模型的任务。

随着数据决策边界的旋转并偏离模型决策边界越来越远，模型预测性能也在不断变差。当采样数据的F1分数下降到 0.92 左右时，我们就按照当前的数据决策边界对所有的数据进行重新标注。从简单的几何学角度看，本例中只有两个特征且采用的是线性模型决策边界，很容易弄清楚被错误分类的数据。

在概念发生漂移后，模型需要使用更新的标签进行重新训练，以恢复预测能力。图 8-4 也模拟了预期的结果，在漂移发生了几轮后，每次都可以在模型性能恶化到预先设定的阈值时通过模型重建来重新回到模型高性能状态。

总的来说，漂移是实体相对于基线的变化，定义为数据分布的变化。其中，数据漂移和概念漂移是模型衰退的主因。数据和概念也可能同时漂移，这样会使问题进一步变得棘手。这在生产环境下表现为实时生产数据相对于基线数据集（如训练集）的变化，为模型重新训练提供了依据和信号。

8.2.4 数据科学问题监控的常见指标和方法

监控可以让我们对被放弃或重新利用的数据源保持警惕。在实际场景中，数据科学团队与数据工程团队通常各自为战，这就会造成一类问题，即数据侧的一些数据库表中的列可能已被弃用，一系列数据定义或格式也可能已发生改变，这些信息如果没有被及时同步给数据科学团队，会造成未调整的模型仍然使用以前的定义和格式。为了避免这种情况，必须监控从数据库表中提取的每个特征值的分布是否有明显的变化。

具体地，我们可以实施全面的统计测试来比较变量的分布，而采用的统计方法取决于变量的分布。如果变量是正态分布的，可以使用 t 检验或方差分析，如果不是正态分布的，则使用像 Kruskall Wallis 或 Kolmogorov Smirnov 这样的非参数检验更合适。如果检测到明显的分布偏移，则须向利益相关者发出预警。此外，监测以下值有助于及时且快速地发现不理想的变化。

- 预测的最大值和最小值变动。
- 给定时间范围内预测值的中位数、平均值和标准偏差等。

还有一类监控，如对具体业务指标的监控，这块我们建议单独进行处理，比如，在 A/B 在线实验模块中实现。这类监控在营销场景下比较常见，如在推荐领域，模型向网站或应用程序的用户提供推荐。监测点击率（CTR）可能是有用的，即对推荐内容产生点击行为的用户数与该模型推荐曝光的总用户数的比值。如果 CTR 下降，就需要更新模型。

值得注意的是，在提醒过于保守与经常提醒利益相关者注意指标的微小变化之间，存在着一个权衡问题。如果提醒得太频繁，利益相关者可能会对接收提醒感到厌烦，而选择忽略它们。对于非关键任务，在设计上可以允许利益相关者定义他们自己的阈值来触发预警。

除了实时监控，重要的是还要记录数据、记录监控的事件，这样整个过程就可以被跟踪。对于可视化的模型性能分析，监控模块的用户界面应该提供可视化，显示模型的衰退是如何随时间演变的。此外，事件日志的记录在 A/B 在线实验模块中也同样适用。

8.3　运维问题的监控

运维问题的监控是一个相对更成熟的性能监控。其中，微服务的可靠性工程也是运维问题监控的重要监控对象。当然，在我们的案例中，我们主要采用运维问题监控的方案来解决部署 ML 模型服务（这里指的是模型推理服务）的系统性能的稳定性。ML 系统的运维问题的监控主要包括以下几个方面。

- 监控正在运行的 ML 模型服务的性能，即延迟。
- 识别潜在的瓶颈或 ML 模型服务运行时调用的异常波动。
- 监控 ML 模型服务的系统性能，包括 I/O、内存使用率及磁盘使用率等指标。

在软件工程中，当我们讨论运维问题监控时，通常指的是事件，这些具体的事件可以包括但不限于以下内容。

- 接收 HTTP 请求。

- 发送 HTTP 400 响应。
- 一个用户登录。
- 从网络中读取数据。
- 从内核请求更多的内存。
- 将数据写入磁盘或数据库。

这些事件也都有上下文。例如，一个 HTTP 请求一般会包含请求方的 IP 地址、被请求方的 URL、设置的 Cookies 及发出请求的用户信息等。拥有所有事件的所有上下文对于系统调试和了解系统在技术和业务方面的表现非常有用。

8.3.1　运维问题的监控与可观察性

这里的可观察性是指通过观察系统外部的信息来回答有关系统内部发生的任何问题的能力。可观察性应用中的四大支柱如下。

- 监控。
- 预警与可视化。
- 分布式系统跟踪基础设施。
- 日志聚合与分析。

根据这个定义可以看出，可观察性是监控的超集，它提供了监控工具可能不具备的某些优势和洞察力。与众所周知的以故障为中心的监控不同，可观察性不一定与系统中断或用户投诉密切相关，它是更好地了解系统性能和行为的一种有效方式，即使在可以视系统正常运行的情况下也是如此。

监控和预警是相互关联的概念，它们共同构成了监控系统的基础。监控系统负责存储、聚合、可视化，并在值满足特定要求时启动自动响应。

在监控 ML 系统时，结合可观察性的支柱，可以用指标来定义 ML 运维问题监控需要注意的事项。指标可以被定义为，在整个系统中观察和收集的资源使用信息或系统使用行为的测量值。例如，ML 模型服务每秒提供的请求或特定预测的延迟时长。与日志生成和存储不同，指标的传输和存储具有恒定的开销。

8.3.2　运维问题监控的指标定义

根据前面关于指标的定义可以看出，指标非常适合我们监控 ML 系统的运维问题。

- 每秒请求数与每个请求 ML 模型服务 API 端点时的延迟。
- 执行 ML 模型服务预测的内存及 CPU 使用率。
- 模型服务请求的成功、错误代码等。
- 磁盘使用率。
- 自定义应用指标。

从可观察性的角度，通过对指标的监控，我们可以可视化每个模型服务的上述指标，实时查看模型服务的多个属性的状态。一方面，可以对模型服务的健康情况进行监控，以确保对模型进行最佳处理。另一方面，借助可视化展示的实时运维信息，还可以方便开发者对与分配的资源和预期请求相关的进程和线程进行动态设置。在具体的操作上，可以将上述指标实例化为时间序列的滚动计算，并结合预设的阈值给出相应的预警信号，比如：

- 实时监控推理服务数量，并与前一天计算的相关值进行比较。可以设置阈值，如果推理服务数量变化了 $X\%$，则触发预警机制，这个阈值可以根据具体的使用场景进行调整，避免产生过多的预警。
- 监视每天的模型活跃数，并与一周前计算的相关值进行比较。如果每天的模型活跃数变化了 $X\%$或更多，则触发预警机制，同样需要有阈值调整方案。

对这些指标的监控和可视化操作很重要，因为它们能够映射底层 ML 模型的运作模式，大的延迟高峰值可以根据模型的基本要求进行诊断和解释。同样，在 ML 模型部署模块标准化为服务模式后，模型的一些错误也被抽象为简单的 HTTP 错误代码。

8.4　在 MLOps 框架内增加监控功能

对于 MLOps 来说，模型监控是整个 MLOps 生命周期的最后一个环节，也是下一轮迭代的起点，其对于 ML 项目有效迭代、及时发现错误和保持健壮性起到了关键作用。如图 8-5 所示的红色箭头所连接的环节，模型监控模块对 A/B 实验 API 对应服务（或者是直接发布的模型推理服务）的健康情况进行监控，同时从特征存储及中央存储获取已记录的数据，通过一系列的监控规则、统计指标和提前设定的阈值，向触发器发送持续训练指令，同时会在前端展示预警信息。

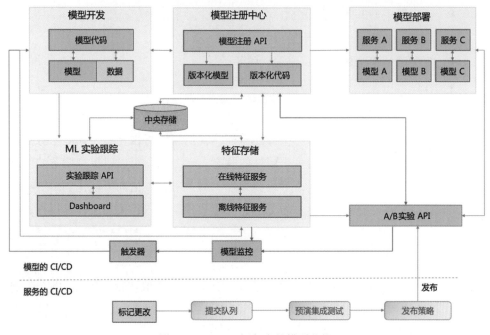

图 8-5　MLOps 框架中的模型监控

8.4.1　ML 的日志信息记录

事件日志（通常简称为"日志"）是随着时间发生的离散事件的不可变并带有时间戳的记录。日志的优点是：（1）非常容易生成，因为它只是一个字符串、一个 JSON 字符串或键值对；（2）事件日志在提供有价值的洞察力和全面的上下文方面表现出色，可以提供平均值和百分位没有的细节信息；（3）通常情况下，指标显示服务或应用程序的趋势，而日志则侧重于特定事件，目的是尽可能多地保留与特定事件相关的信息，这些信息可用于事件查询、原因分析及 A/B 在线实验闭环（补充用于计算转化指标所需的信息）等。

模型监控的基础是后台记录的日志，记录足够多的信息以在未来的分析中重现任何不稳定的系统行为是至关重要的。如果模型被提供给终端用户，如网站访问者或移动应用程序的用户，那么在模型提供服务的那一刻就需要将用户的上下文信息记录下来。这里的上下文信息可能包括网页的内容（或应用程序的状态）、用户所在的位置、访问的时间戳、用户在该 session 内还点击了什么等。

此外，日志记录的内容包括模型输入，即在上下文中提取的特征，以及产生这些特征所消耗的时间。日志还可以包括如下内容。

- 模型的输出，以及产生输出的时间。
- 提供给用户的新环境信息。
- 一旦将模型输出曝光给用户，用户对模型输出的反馈。

用户的反馈是观察到模型输出后的直接行动，比如，点击了曝光的内容（模型输出），以及用户的反馈是在模型输出曝光后多长时间内完成的。

在有千万级甚至亿级用户的大型业务系统中，每天要向每个在线用户提供数百次模型，记录每一个事件可能会非常消耗资源，在这种情况下做分层抽样会更实用。首先决定要记录哪些组的事件，然后只记录每个组中一定比例的事件，这些组可以是用户组或情境组。用户组可以按用户的年龄、性别或在网年限划分（新客户与存量客户）。情境组可以按发生在清晨、工作日或深夜的互动进行划分。

此外，从数据隐私的角度，当在日志中存储用户的活动数据时，用户应该知道被存储的内容、时间和方式。营销类型的数据应该被脱敏或汇总，而又不失去效用。对敏感数据的访问必须被限制在只有那些被指派在特定时间段内解决特定问题的人，避免让任何分析员访问敏感数据以解决不相关的业务问题，而后者可能导致法律问题。

8.4.2　使用特征存储简化模型监控

首先回顾一下特征工程，特征工程通常会将原始数据转换成模型的输入。如果没有特征存储，就必须为要部署的每个模型建立一个单独的特征工程管道。重复的管道不仅会导致不必要的计算成本和工程努力，而且会导致数据线的"噩梦"。比如，在一个管道中，A 可能会聚合从周日开始的每周交易，而在另一个管道中，B 可能会聚合从周一开始的每周交易。在模型训练完几个月后，还要弄清楚哪个管道（可能是几百或几千个管道）是用来训练哪个模型的。类似这样的情形在实际场景中非常普遍，这也是让数据科学家头痛的问题。

特征存储的出现在一定程度上消除了管道的混乱，它是一个单一的、位于中央的特征库。所有用于分析的数据，无论是来自数据仓库的批量插入，还是每秒更新多次的实时管道，都会被送入特征存储。在这里，特征被设计、版本化（这样使用者可以识别过去的值），并可以在多个部署的模型中被共享。如果你想知道几年前用什么数据训练了一个模型，特征存储可以重建当时使用的精确训练集，即使该模型是在许多不同来源的数据上训练的。

在 MLOps 框架中，监控模块专门用于监控生产中的 ML 应用（为 ML 模型服务）。有几个因素在 ML 系统中起作用，如应用性能（吞吐量、延迟、服务器请求时间、失败请求、错误处理等）、数据完整性、模型漂移及不断变化的环境。

监控模块应该从前面记录的日志中捕捉重要信息，以跟踪 ML 模型和系统的健壮性。特征存储在与 ML 预测的可扩展、可搜索及持久存储配合使用时，会特别有用。一种越来越流行的做法是，将来自特征存储的输入特征和 ML 模型的输出预测存储在单个数据库中，由于训练特征、服务特征和模型预测都是相互关联的，因此这种做法可以比以往更轻松地监控从训练到部署的数据漂移。

有时，由于用于训练模型的数据不再与生产中的数据同分布，从而导致模型出现偏差。如果我们可以实时捕获特征向量和预测，以及其统计信息，然后将其作为"生产"特征集再次存储在特征存储中，那么可以自然地实现以下功能。

（1）通过比较训练特征的统计量和实际特征的统计量，实时识别数据漂移。

（2）用新数据重新训练我们的模型。这允许我们将特征向量与特征存储中的预测一起存储以用于训练目的。这意味着我们已经准备好重新训练最近的生产数据。

（3）可以生成显示特征向量及其统计数据的实时可视化仪表盘，用于监控和故障排除。

此外，对于 A/B 在线实验的分流过程中产生的元数据，包括实验名称、模型组、每次请求时对应的唯一标识 ID，可以记录在特征存储中，并将用于匹配的唯一标识 ID 存储于在线层。前面介绍过在记录日志的同时可以将相应 ID 的信息通过 A/B 在线实验的转化接口存储至特征存储，以实现 A/B 在线实验用户反馈转化情况的实时计算。

8.4.3　A/B 在线实验闭环

A/B 在线实验（测试）在本书中多处提到，比如，在 ML 实验跟踪的时候、模型服务发布的时候，都用到了 A/B 在线实验的功能。借助前面记录的日志信息和特征存储，可以通过 A/B 在线实验 API 的反馈接口实现闭环。

A/B 在线实验 API 分为两个部分，第一部分是分流接口，负责分流的网络请求，在该请求发生后会同时记录用户的 ID、访问时间、实验名称、实验分流后指定的组，以及其他自定义信息等；第二部分是反馈接口，用于跟踪和处理 A/B 测试预设 KPI 的计算，这个部分可以是实时或准实时的，取决于反馈信息接入的及时程度。需要说明的是，这里实验转化的调用是独立和异步的，不会对分流接口产生性能上的影响。

下面给出一个示例，示例中的 experiment.participate 实现了用户的分流，对每个模型的分流比例可以在前端或配置中进行设置，通过 exp_name 参数查找对应的实验，通过 models 参数设置和使用该实验定义的需要测试的模型组，通过 kpi 参数设置要测试的业务 KPI，而 session.convert 实现了反馈的处理和预设 KPI 的计算。这里可以根据不同 KPI 的指定实现流量的复用，比如，在分流的时候同时指定 KPI 指标为 CTR 和 CVR，在转化的时候根据用户的反馈情况在转化接口中进行指定，如果两个指标都发生了，则将 kpi 参数定义为列表["CTR", "CVR"]即可。示例代码如下：

```python
from MLOps.abtest import Experiment

experiment = Experiment()
# 实验分流
experiment.participate(
  exp_name = "churn-model-test",
  models = ["model-1", "model-2"],
  kpi = "CTR"
)
# 实验转化
session.convert("churn-model-test", kpi = "CTR")
```

在功能设计上，所有与 A/B 在线实验的互动都可以通过 HTTP GET 请求完成。记录的标识会接收一个唯一的 client_id（由客户端按需传入，比如可以是用户 ID 或 session ID），该标识将分流与转化联系了起来。

8.4.4　模型衰退检测

模型衰退的检测可以通过两个角度来进行。第一个角度是数据，检测实时积累的数据分布与训练集的分布之间的"距离"是否有统计意义上的漂移。第二个角度是从记录的反馈日志计算模型的性能指标，如 F1 分数，查看其是否低于预设的阈值。

对于数据漂移的检测，可以使用开源工具 evidently 来轻松比较训练集的数据分布与生产中实时数据的分布，并给出两个分布的统计显著性判断：

```
import pandas as pd
from sklearn import datasets
from evidently.dashboard import Dashboard
from evidently.tabs import DataDriftTab


churn_df_test = churn_df[["tenure","MonthlyCharges","TotalCharges"]]
churn_data_drift_report = Dashboard(tabs=[DataDriftTab])
churn_data_drift_report.calculate(churn_df_test[:1000],churn_df_test
[1000:], column_mapping = None)
churn_data_drift_report.save("reports/churn_data_drift.html")
```

这里使用第 3 章流失模型的数据做了一个简单的测试，从图 8-6 可以查看不同特征在指定时间周期内的数据漂移情况。

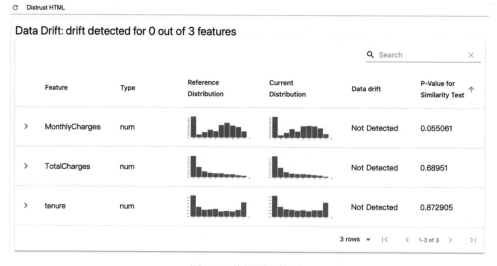

图 8-6　数据漂移检测

从模型性能角度，可以借助特征存储的能力实时计算生产中实际的性能指标值，当性能指标值低于预设的阈值时，发出预警。图 8-7 显示了模型性能在概念漂移时的衰减，并在重新标记和重建模型后恢复。当模型的决策边界离新数据的决策边界越来越远时，模型的F1分数就会受到影响，并在重建模型时得到恢复。

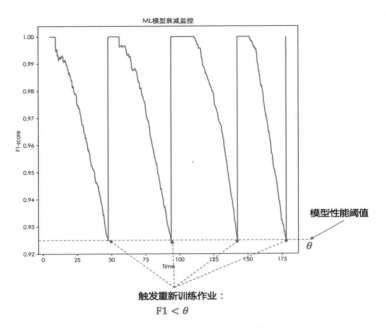

图 8-7　判断模型衰减的阈值设定

鉴于需要对旧数据进行重新标记（可以来自用户的反馈），如果是手动标记的情况，概念漂移导致的模型衰减的恢复成本可能很高。漂移可以通过全局性的措施来检测，如采样的新数据的F1分数恶化。我们可以在这里对所有的数据进行全面的重新标记，因为在很多的实际场景下标记不是手动的，而是由用户反馈驱动的。

最后，在实施层面，可以将这些计算逻辑固化在 MLOps 的框架里，与作业触发器和模型生命周期的其他环节建立关联，使用共同的特征存储和中央存储。

8.4.5　模型维护

在监测出生产模型性能衰减的信号时，通常需要对模型进行更新，更新的频率取决于如下几个因素。

- 模型出错的频率和错误的严重程度。
- 新的训练数据生成周期。
- 重新训练一个模型需要的时间。
- 部署和发布模型的成本。

在具体的应用场景中，对模型是否要更新及更新频率的设定，除了参考模型监控的预警信息，还要考虑模型本身更新的时间和成本。比如，对一些本身不需要高频更新模型的场景，仅在模型监控发出预警时，通过人工判断去决定是否需要更新模型，其他时候则按照正常的频率更新即可。而有些场景，如新闻网站上的推荐，则对模型更新的频率要求较高，甚至会高于监控预警的频率。

当一个模型第一次被部署到生产环境中时，它就进入了迭代周期。因为，该模型不可避免地会出现预测错误、预测性能衰减、数据分布发生漂移等，甚至其中一些可能是关键的，所以模型需要更新。随着时间的推移，一个模型可以变得更加稳固，需要更少的更新。然而，有些模型应该不断地更新，可以说是永远"在路上"，要时刻保持新鲜度。

模型的新鲜度取决于业务场景和用户需求。如果用户利用模型来获取新闻网站上推荐的内容，那么模型可能需要每天甚至每小时进行更新。而对于另一些模型，如语音识别、合成模型或机器翻译模型，可以不那么频繁地更新。

新训练数据的可用性速度也会影响模型的更新频率。即使新的数据来得很快，如一个受欢迎的网站上的评论流，也可能需要时间和大量的投入来获得标注数据。有时，标注是自动的，但会有延迟，比如，在流失预测中，用户决定留在或离开服务的时间发生在未来的某个不确定的时刻。

有些模型需要大量时间来建立，特别是在需要计算不同超参数设置时的模型表现的情况下，等待几天甚至几周才能得到新版本的模型是很常见的。较优的方案可能是使用可并行的 ML 算法和 GPU 来加快训练速度。如果你不能忍受等待几天或几周的时间来获得一个更新的模型，那么使用一个不太复杂（不太准确）的模型可能是你唯一的选择。

如果模型的更新成本很高，可能需要考虑降低模型的更新频率。例如，在医疗保健领域，由于法规、隐私问题和昂贵的医学专家，获取有标签的样本是复杂而昂贵的。

并不是所有的模型都值得部署。有时，有潜在的商业增益远小于投入成本的情况，比如，在商场使用计算机视觉技术识别用户信息，试图辅助商场的运营，这类项目可能花费上千万元甚至更高的成本而最后却只收集到一堆根本无法商用的信息，甚至还会存在数据隐私安全问题，这类模型和投资就需要谨慎对待。当然，对于大部分业务导向的 ML 项目，如果对用户的干扰是可控的，而且模型部署成本不高，那么从长远来看，即使是一个小改进也是值得的，可能带来重大的商业成果。

8.4.6　模型自动持续训练

一旦我们部署了一个稳定的 ML 模型，并完成了重新训练模型且再次部署它的过程，就需要实现该过程的自动化了。在某些情况下，数据变化非常迅速，可能值得尝试风险更大的在线学习方法，使用这种方法，只要有新的用例可用，在线模型就会更新。如图 8-8 所示，这里有两种常见的更新模型的方式。

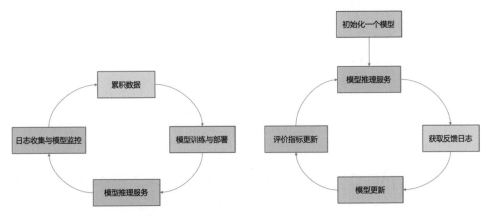

图 8-8　两种常见的更新模型的方式

图 8-8 中的左图展示了对新数据进行持续训练的常见做法，该做法需要在模型监控模块中提前设置模型衰退的性能阈值和模型持续训练自动运行的作业，即当监控的性能指标低于该阈值时自动触发模型持续训练机制。右图则显示了在线模型学习的做法，在该做法下通常需要提前初始化一个模型或模型框架，该模型将模型推理与更新分离，即模型推理和更新是异步的，并且动态存储模型权重（如存于缓存中），当收到新的用户反馈日志时，使用预设的评价指标异步计算最新的模型权重，先从缓存中获取旧的模型权重，计算完毕后将最新的模型权重覆盖旧的模型权重。

8.4.7 API 缓冲

在实际的应用场景中，经常会出现应用程序的突发流量远远超出应用程序的正常承受范围的情况。当这种情况发生时，应用程序就需要扩展了。具体来说，如果一个设计为每秒处理 100 个请求的应用程序在 1 秒内收到 500 个请求，这显然超出了当前服务能承受的范围，以至于出现应用错误或超时。从用户的角度来看，一个请求延迟 5 秒并不是致命的，但肯定会影响用户体验。

队列提供了一个很好的方法，即增加一个队列缓存器，该缓存器负责将客户端发送的请求按顺序存到一个队列中，任务处理器负责监听这些写入的内容，通过向其他服务端推送协议并提醒服务端，让其尽可能快地执行这些任务。

8.5 本章总结

本章讨论到，从应用程序视角看，模型在投入生产后才算其生命周期真正开始，部署到生产中的模型必须被持续监控，目标是确保模型的服务是正确的，并且模型的性能保持在可接受的范围内。

生产中的模型可能会遇到各种各样的问题。比如，额外的训练数据使得模型性能变差；生产数据的分布发生了变化，但模型没有及时更新；特征工程的代码被大幅更新，但模型没有做适配；生成特征所依赖的资源发生变化或不可用。

在 MLOps 框架中，要实现模型的持续迭代和自动化，必须计算并监控对业务至关重要的性能指标，如果这些指标的值发生重大变化或低于阈值，则向相应的利益相关者发出预警。此外，监测需要体现分布漂移、数值不稳定和计算性能下降等情况，并根据设置的模型性能变化的阈值触发模型持续训练。

ML 模型的监控还是一个尚未完全开发的新兴领域，我们已经看到有各种方法来监控生产中的模型和数据、检测潜在问题并及早确定问题根本原因。使用这些方法开发的模型来监控模块（系统），将帮助使用者及时了解生产中的数据管道是否健康、是否需要训练新模型，或者是否可以安全地开展下一个项目。

为实现有效监控和 A/B 在线实验的闭环，重要的一点是要记录足够多的日志信息，以便在未来的分析中重现任何不稳定的系统行为。如果模型是提供给终端用户的，那么在提供模型的那一刻，记录用户的环境很重要。此外，模型的输入，即从上下文中提取的特征，以及产生这些特征所花费的时间，也是很有用的。该日志中还可以包含从模型中获得的输出，产生输出的时间戳，用户观察到模型输出后的反馈。

　　最后，对于模型的更新频率，需要综合考虑监控预警和模型本身的特点，比如，重新训练和部署模型的成本有多高及服务的业务对模型新鲜度是否有要求等。

## 第 9 章

对 MLOps 的一些实践经验总结

前面的章节从细节处讨论了 MLOps 框架的搭建过程，在本章中，我们将主要探讨在搭建 MLOps 框架过程中的实践经验，介绍一些市面上已经相对成熟的产品，以及一些可能会用到的工具。本章会介绍在 MLOps 领域中可能涉及的工具或框架，以及实践中应该如何使用它们，试图帮助读者充分了解情况，以做出正确的选择，更重要的是，充分利用你选择的工具。至于 MLOps 的实践，有很多方法可以创建你自己的 MLOps 工具链，可以通过购买一个涵盖大部分（如果不是全部）需求的平台，或者结合使用开源工具来建立一些定制的功能，甚至是根据自己的业务特点进行自研。

最后，给出 MLOps 框架的成熟度评估体系，便于读者评估自己所搭建的 MLOps 框架的成熟度情况。成熟度评估体系显示了生产级 ML 应用环境的创建和运行的持续改进，读者可以将其用作建立衡量 ML 生产环境及相关流程成熟度所需的渐进要求的指标。

9.1 ML 和 MLOps 平台比较

比较 ML 和 MLOps 平台是非常棘手的，因为相关产品非常复杂。一般来说，只有通过实际用例的测试才能充分认识平台之间的差异。这些平台的营销信息非常相似，所以要获得明确的差异是很困难的。

比较平台的一个常见方法是比较功能。很多平台在基础功能上大多相同，但实际工作中的功能却大相径庭。因此我们选择在平台的定位上进行比较。

9.1.1 聚焦传统 ML 与聚焦深度学习

如图 9-1 所示，专注于传统 ML 的产品是为处理结构化数据（SQL、Excel 等）

和使用 Spark 等高效框架而构建的。这类平台还可能提供额外的能力，如用于可视化工具的数据分析和数据操作。

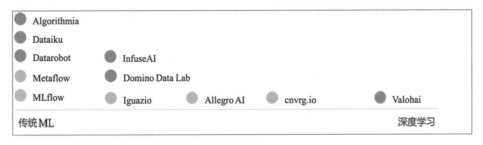

图 9-1　聚焦传统 ML 与聚焦深度学习

另一方面，用于深度学习的 MLOps 平台是为处理海量的非结构化数据（如图像、视频或音频）而构建的。这类平台显著强调利用强大的 GPU 机器，因为相关模型即使在最强大的硬件上也可能需要好几天的时间来训练。

9.1.2　聚焦分析探索与聚焦产品化

如图 9-2 所示，一般来说，MLOps 作为一个概念，专注于 ML 生产。聚焦分析探索的平台强调数据分析、实验跟踪和在笔记本电脑上工作，而聚焦产品化的平台主要侧重于 ML 管道、自动化和模型部署及后续的在线评估与管理。

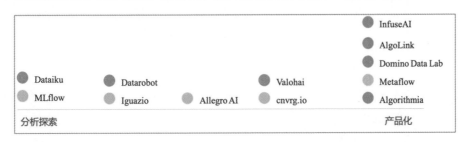

图 9-2　聚焦分析探索与聚焦产品化

Algorithmia、Domino Data Lab 和 Metaflow 在产品化方面做得比较深入，不过它们在产品化方面的侧重点也有差异，Domino Data Lab 和 Metaflow 专注于构建生产管道，而 Algorithmia 仅用于模型版本管理和模型部署，没有提供模型训练的功能。另外，MLflow 更专注于模型训练实验跟踪和模型版本管理，Dataiku 则在数据分析方面有很多优势。

成立于 2018 年的 InfuseAI 旗下的 PrimeHub 平台最初仅提供建模环境（Jupyter

Lab），后期才慢慢增加了模型部署和管理等功能，其在训练侧对 Jupyter 做了更进一步的集成，比如，探索阶段在 Jupyter 环境下进行，而将训练阶段在自己的 UI 上实现可视化。其产品功能与 Domino Data Lab 比较相似，但以 PaaS 模式提供服务。

9.1.3　面向平民化数据科学与面向数据科学专家

如图 9-3 所示，平民化数据科学更多面向的是业务和分析专家，而不是技术专家。一些 MLOps 平台服务于这类用户，因为它们主要为工程专业知识较少的团队提供构建和部署 ML 模型的能力。这些平台专注于可视化工具和通过 Web UI 访问进行操作。

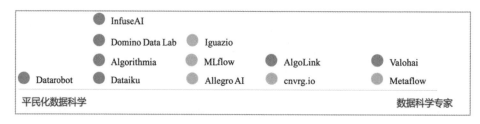

图 9-3　面向平民化数据科学与面向数据科学专家

在另一端，我们还有面向具有工程专业知识的数据科学专家或包含大量数据科学和工程专业知识的团队的平台。这些平台倾向于尽可能地避免专有和重复的代码，并专注于支持尽可能多的现有语言和框架。Web UI 可能不是重点，因为专家用户在将平台与现有工具集成时，往往会选择命令行界面（CLI）或 API。

Datarobot 根植于平民化数据科学，尤其强调 AutoML，而 Metaflow 和 MLflow 等开源平台更适合具有深厚工程和 DevOps 技能的大型专业数据科学家团队。大多数托管平台介于两者之间，不需要像开源平台那样的 DevOps。另外，InfuseAI、Valohai、AlgoLink 和 cnvrg.io 更强调保持技术不可知和互操作性。

9.1.4　专业化平台与端到端平台

如图 9-4 所示，本节列出的大多数 MLOps 平台都是从端到端的角度来处理 MLOps 的，这意味着用户应该能够在一个平台上自动训练、评估、部署和管理模型。为了真正地比较孰优孰劣，那些具有专业化方法的平台应该被排除在外，但我们列出了一些在 MLOps 平台评估中经常出现的相关产品或组件。

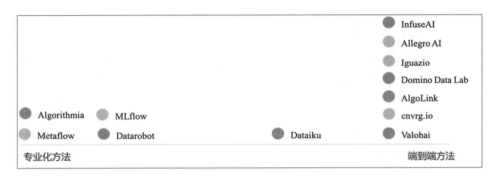

图 9-4　专业化平台与端到端平台

专业化平台有一席之地，但一般需要与其他产品相互补充，形成一个端到端的 MLOps 平台。据了解，InfuseAI 的端到端思路是以建模环境为中心逐步向模型服务、管理、监控及版本化等功能进行扩展的，逐步形成了完整的 MLOps 生态。

Algorithmia 和 Metaflow 在这次比较中专业化方面比较突出，因为它们在管道或部署方面都具有细分化特征。除了 AutoML 用例，Datarobot 并不是真正意义上的端到端平台，MLflow 也只是开始向端到端方向发展。

此外，来自保加利亚的 Teachablehub 也是一家以 MLOps 为目标的初创公司，此前笔者与其创始人兼产品负责人沟通并了解到，其产品目前正在开发与调研阶段，当前的建设目标也是端到端的实现。

9.2　自研 MLOps 平台

建立一个 ML 工作流程需要公司的战略调研和投资。不过，我们认为在目前的情况下，管理团队不可能不对数据科学家进行前瞻性的支持。ML 的专业知识需求量很大，而且价格也很高，浪费任何投资资源都是不负责任的，因为这不仅是对战略资源的浪费，还会消耗管理层对这个方向的信任，所以为 ML 生产化搭建正确且资源投入合理的 ML 系统至关重要。

MLOps 是构建全栈 ML 系统的正确路径，是简化管理 ML 生命周期的新兴实践，从名字也可以看出其是为生产而建的。本节将介绍 MLOps 在实践中积累的经验和总结，试图为相关人员和企业提供有价值的参考，避免一些不必要的弯路。

9.2.1 自研 MLOps 平台的经验总结

在过去的几年里，笔者一直在致力于开发 AlgoLink，AlgoLink 最初的定位是 ML 部署平台，命名也经过几次变化，从 BigR 到 BigLab 再到今天的 AlgoLink。在这段时间里，平台经历过多次重构和优化，在这个过程中，由于实际场景的不断变化，笔者也不得不多次改变构建思路。一开始，对 ML 生态系统的理解并不总是准确的，这也反映在 AlgoLink 的各种改变中。

随着对 MLOps 的兴趣不断增强，笔者认为在这个过程中获得的一些关键的经验教训是有用的，这些经验教训也铸就了 AlgoLink。

如果你正在开发生产型 ML 系统，构建 ML 基础设施，或者设计你自己的 MLOps 工具（平台），希望以下内容（不分先后）对你有用。

（1）生产型 ML 在云端运行

当 AlgoLink 还在构思阶段时，我们最常讨论的问题之一就是它是否应该支持内部部署。当时，我们担心的是，由于隐私和成本的原因，ML 生态系统的很大一部分将无限期地保持在内部部署。在过去的两年里，情况发生了变化。生产型 ML 几乎全部转移到了云端。这样做有下面两个原因。第一个是转移到云端的标准原因——可扩展性。随着生产型 ML 系统变得更加强大，其负责了更多的功能，工作负载也增加了。如果需要在高峰期自动扩展到几十个 GPU，云计算具有明显的优势。第二个是各大云厂商对 ML 专用产品的投资，现在各大云厂商都提供了 ML 的专用软件和硬件。例如，谷歌和 AWS 都提供了大幅提升 ML 性能的 ASIC（分别是 TPU 和 Inferentia），而且都只在各自的云上提供。云正在成为部署生产型 ML 系统的唯一现实途径。

（2）端到端 MLOps 工具为时尚早

我们在搭建 AlgoLink 的早期所持有的另一个错误观念是，AlgoLink 需要一开始就成为一个包罗万象的、端到端的 MLOps 平台，将你的管道从原始数据到部署模型都实现自动化。在 MLOps 的生命周期内，若从一开始就一步到位地建立全面的平台，显得太早。生产型 ML "剧本"的每一页都在不断地被改写。例如，在过去的几年里：

- **"大"模型的概念实现了爆炸性增长**。我们曾认为拥有数亿参数的模型正在触及"太大"的边界,无法部署。现在,像 GPT-2 这样的 Transformer 模型的参数量级高达数十亿,人们仍然用它们来构建应用。我们曾经以为确定的概念正在不断地被革新。
- **训练模型的方式也在不断地发生变化**。我们拥有比以往更多的技术和工具来高效设计、训练和优化模型。

ML 工具箱发展迅速。在 TF Serving 首次公开发布后不久,PyTorch 就在 2016 年迅速发布了,而不久后 ONNX 在 2017 年问世。一个端到端 MLOps 平台需要支持的框架、语言和功能都在不停地变化着。

AlgoLink 在开发和应用时也经历了多次迭代。我们提供了一个无缝的体验,包括语言、管道和框架,甚至是团队结构,我们几乎总想着以"一个功能的距离"来适应任何给定团队的堆栈,然而在投入实际场景中使用时才发现这是不现实的,最后平台会变得极其复杂而丧失了原本该承担的责任。

所以,我们建议在开始准备搭建 MLOps 时,向着端到端的方向设计。但具体搭建时,建议不要在开发第一个版本时就想做到完美(实际情况也是很难一步做到完美的),而是从一个简单可用的最小化可实行产品开始,先实现 MLOps 对模型生产化的支持,之后再逐步完善和深化端到端的打造,这样会更加高效和实用。

(3)数据科学、ML 工程和 ML 基础设施有所不同

在搭建 MLOps 时,我们首先要搞清楚以下三个概念。

- **数据科学**:关注算法理论、算法与业务的结合及模型的开发,从探索数据,到进行实验,再到训练和优化模型。
- **ML 工程**:关注模型的部署,从生产化模型,到设计推理管道,再到编写推理服务。
- **ML 基础设施**:关注 ML 平台的设计和管理,从资源分配,到集群管理,再到性能监控。

在理论上,这些都是很好划分的概念,有明确的交接点。数据科学创建的模型,由 ML 工程变成推理管道,并部署在由 ML 基础设施维护的平台上。

但是,以上是对 ML 组织中的理论职能的概述,而不是对实际角色的。通常

情况下，数据科学家也会做 ML 工程工作，ML 工程师也会负责管理一个推理集群。为这些不同的用例构建一个工具会变得很复杂，因为针对一个角色的界面的最佳工程学可能与另一个角色的有很大的不同。

这里的启示是，如果你正在构建 MLOps 平台，请始终聚焦你的受众，而不仅仅是停留在理论层面，因为这会直接影响对功能的设计。比如，如果受众是业务人员，就需要将底层算法封装到他们可以理解的场景，如果直接以此为目标来搭建 MLOps，会极大地限制 MLOps 的扩展性。市面上有很多创建"拖拉拽"的 ML 平台的方式，用于解决这个问题，这显然不现实，因为对于一个毫无数据科学背景的业务人员来说，即使是将 ML 算法充分封装，MLOps 的"说明书"也并不容易理解，这种情况通常适合在 MLOps 外层单独提供封装的场景。而如果这种"拖拉拽"方式的受众是数据科学家，又会显得低效或鸡肋，因为数据科学家在前期算法模型实验时通常会试验各种方法，可能会远超"拖拉拽"所能提供的有限方法。

（4）MLOps 或许是生产 ML 的最大瓶颈

为了建立一个具有成本效益、高效、版本化、可复制和可管理的系统，需要通过大量的工程化来抽象出丰富的功能。而一个单一的功能，如自动缩放已部署的模型，可能就是一个长达数月的项目。在成本方面，除了建立基础设施所需的初始投资，维护也需要投入持续的成本。

此外，训练、持续训练模型及将模型部署到生产中也并不便宜，并且数据科学团队是否发布了与现有平台不兼容的重要更新？正是这些构建和部署生产型 ML 系统的高昂成本和实践中碰到的各种"坑"阻碍了团队使用 ML。

这些成本使得 ML 对大多数公司来说是不可企及的。当然，对于有强大资金实力来组建团队并实现其涉及的功能的企业来说，这不是问题。然而，对于大部分企业来说，尤其是数字化转型中的公司，盲目投入大量资金和团队来做这件事是冒险的。

值得一提的是，MLOps 本身并不是 ML 的内在本质，通过 MLOps 可以解决 ML 生产化的问题（不需要 ML 研究的突破）。随着 MLOps 生态的成熟，新的工具将继续抽象和加强 MLOps 所涉及的各个部分的功能，以降低 ML 团队在生产中使用先进模型和算法的成本，甚至是可能性。

9.2.2　MLOps 框架或平台的搭建原则

基于 ML 的软件组件与传统软件组件相比，ML 系统在不同环节之间的依赖关系将导致组件间的边界比较模糊，实现 ML 组件之间的松耦合可能更加困难。例如，某个 ML 模型的输出可以用作另一个 ML 模型的输入，并且这种交错的依赖关系可能会在训练和测试期间相互影响。通过前面介绍的在搭建 MLOps 时的经验和踩过的"坑"，我们也总结了一些搭建 MLOps 的原则供读者参考。

（1）需要提供协作能力

像 DevOps 一样，成功的 MLOps 需要团队成员一起协作完成，可能参与协作的角色包括数据科学家、ML 工程师、业务分析师和 IT 运维人员等。MLOps 应该使 ML 模型的整个过程（从数据提取到模型部署和监控）透明化。

（2）需要具备可扩展性

在进行 MLOps 架构设计时，需要考虑灵活性和足够强大的扩展性，因为你的应用可能会不断增加。换句话说，你的架构应该允许以一种灵活的方式控制资源。在实际的应用场景中，我们永远不知道各个管道在未来会占用多少资源。因此，MLOps 的架构及相应的基础设施应该总是可以适当（自动）扩展的。这可以让你的管道处理波动的数据量和请求数，也可以避免在未来出现不必要的调整或重构。此外，对于未使用的资源会自动关闭，因此不必担心为未使用的资源付费（如果使用云服务的话）。

（3）需要具备安全性

生产中的 MLOps 基础设施的一个非常重要的特征是，对数据的处理和运维需要是安全的，比如，将数据上传到云端与使数据不离开公司服务器。一些公司甚至会认为这是他们选择尝试 ML 项目的关键特征，因为隐私法规已经变得越来越严格，（敏感）数据泄露可能会让你的公司陷入不堪。在使用 MLOps 对外提供可调用服务的时候同样需要考虑安全性。

（4）需要力求模块设计的标准化

MLOps 基础设施最容易被忽视的一个方面是，它为你提供了标准化部署管道的机会，与常规的软件部署（DevOps）不同。在软件工程中，团队内部如何编写代码是遵循设计模式的，部署迫使团队一起彻底测试和检查代码，从而及早发现错误，提高整体质量。

标准化的部署带来了 ML 代码编写、发布和维护的便利。MLOps 基础架构为你的团队提供了一个框架，以固定的方式编写代码，使其在不同的应用中保持一致，这大大提高了质量，改善了工作流程。

标准化的部署和监控是模型生产自动化的前提：在上传模型与代码并通过测试后，新的管道会被自动部署到生产中，并与监控模块产生关联。这对于那些需要时常使用最新数据进行（重新）训练的 ML 项目来说可能会很方便，省去了每天定时手动部署管道的麻烦。

（5）需要具备数据整合的能力

MLOps 基础设施应该能与现有的数据管道和存储灵活地集成。在大多数情况下，将数据迁移到模型训练管道中和从模型训练管道中迁出的次数越少越好。将数据存储在处理特征的地方（第 4 章提到的特征存储），不仅可以节省时间和金钱，还可以将数据泄露的风险降到最低。MLOps 基础设施应该可以很容易地被集成到你现有的数据工程管道中，而且它应该提供足够多的选项来连接你的存储。

（6）需要具备监控和维护的能力

就像在模型训练管道时记录模型性能参数很重要一样，在生产过程中监控其性能对于保持结果的准确性也至关重要。这里指的不仅仅是 ML 指标，如准确率和 F1 分数，还有基础设施的性能指标，如延迟（处理请求时因基础设施而增加的时间）和错误，以及业务指标，如转化率、购买率等。

在搭建监控模块的时候，需要考虑所有管道是否都可用及是否有错误？如果处理一个请求所需的时间突然从 0.01 秒上升到 50 秒，那就说明出了问题。数据科学团队和 IT 团队应该可以访问 MLOps 的监控模块，因为这两者在维护一个健康的系统时都会发挥作用。此外，在监控到问题时还需要提供可以对出现的问题进行维护的功能或流程。

（7）需要提供灵活的建模环境

如果你选择接受基础设施提供商提供的服务，请检查他们支持哪些建模平台和框架。没有什么比被提供商锁定后才发现基础设施不支持你选择的软件包或语言更令人沮丧的了。你的代码应该决定基础设施，而不是相反。需要考虑基础设施的建模环境是否只支持提供商预先选择的包，还是在 Python 语言或 R 语言之间切换就像点击按钮一样简单？

此外，当前市面上成熟的 MLOps 商业平台大部分提供的是建模空间而不是算法，比如，cnvrg.io 和 Domino Data Lab 都提供了集成便利的 Notebook 供使用者建模，就像钢琴只提供 "88 个按键" 而不是 "音乐"。这种方案对于具有编码能力的数据科学家或 ML 工程师来说是便利和灵活的，因为 MLOps 的目标是为 ML 生命周期的管理提供便利，而不是聚焦在算法上。

（8）需要具备零停机更新模型的能力

很多现实场景需要频繁地更新模型，如推荐领域。每次都在下线现有服务后手动更新模型和重新上线服务是不现实的，因为实时的应用程序不允许出现任何停机时间，所以需要具备零停机更新模型的能力。这听起来有点难度？但对于一个设计良好的 MLOps 基础设施，这是可以实现的。

一种容易实现的方式是，MLOps 基础设施允许多个相同的环境并行运行模型服务，线上的模型服务将在生产环境中运行，同时可以对测试环境中运行的模型进行测试和调整。然后，当最后期限到来时，部署新版本只是切换环境的问题，可以完全没有停机时间。这同样适用于管道内的持续训练模型。基础设施应允许你只将旧模型换成经过重新训练的模型，其余的模型保持原样，而不中断不断通过管道的数据流。

还有一种方式是在模型服务层放置 "钩子"（具体可以参考第 7 章的方案），通过进程锁和缓存技术来控制多个进程中的模型依次更新，每次更新一个进程中的模型并对其加锁，而其他进程正常使用旧模型提供的服务，最终实现零停机所有进程中模型的更新。

（9）需要具备版本化的能力

这一点与监控你的管道（包括数据工程管道、模型训练管道和模型部署管道等）或模型性能有关（原则 6），但两者是有区别的：监控可以让你看到性能是否及何时下降，版本控制与数据线程的跟踪可以让你准确地指出是哪个模型版本或哪批数据造成的性能下降。由于 ML 应用程序经常将代码、模型和数据交织在一起，所以对代码、模型和数据都要进行跟踪，也就是说 ML 应用程序的版本化会包含代码的版本化、模型的版本化及数据的版本化等。此外，版本化能力将使并排比较模型的版本变得更加容易。

为了具有可重复性，一致性的版本跟踪是必不可少的。在传统的软件工程中，版本化控制代码就足够了，因为所有行为都由代码来定义。而在 ML 中，除了要跟踪代码，我们还需要跟踪模型版本、用于训练模型的数据及一些元数据信息，如训练模型时的超参数，即将每个经过训练的模型与所用的代码、数据和超参数的相应版本联系起来。模型和元数据可以在 Git 等标准版本控制系统中进行跟踪，但数据通常太大且易变，使用 Git 来版本化数据可能不太现实。理想的方案是构建专门的工具，但到目前为止，市场上还没有明确的共识，大多数工具会基于文件、对象存储和元数据数据库，对于数据的版本化可以说目前比较流行的方案算是特征存储了。

具体实现中，版本化能力需要模型监控、特征存储、模型注册及 ML 实验跟踪等多个模块的配合。

（10）需要提供可视化操作

优秀的 MLOps 基础架构的一个关键原则是，它是否将复杂的（云）基础架构抽象化，这样即使对基础架构没有太多了解的人也能轻松部署和管理模型。而且，它也不应该是一个"黑盒子"，以至于当错误发生时，无法判断是什么地方出了问题，为什么出问题，洞察和管控基础设施的内部流程对于调试问题是必要的。

因此，在透明度和复杂性之间取得适当的平衡是至关重要的。如果你的 ML 基础设施依赖于外部服务提供商，请检查该设施是否有一个日志系统，这样可以便捷显示内部发生了什么。

（11）需要提供低延迟的模型服务

这一原则需要根据你的实际用例来决定。比如，如果需要实时预测，就不能有 15 秒的预测延迟。在基础设施中部署的模型服务的预测延迟通常取决于模型管道的内部是如何实现存储和计算、如何检索数据及如何再次反馈结果的。此外，在生产应用程序时一定要检查基础设施在你的应用程序上的附加延迟，因为在不同的服务之间附加延迟可能有很大的差异。

9.2.3　MLOps 的架构参考

如图 9-5 所示，这里给出了一个可行的 MLOps 架构设计，它是通过前面章节

的知识从零搭建起来的，红色虚线左侧包围的部分属于 ML 的范畴，剩余的部分
属于 Ops 的范畴。读者也可以根据自己的业务在此基础上进行相应的修改，最终
设计一套符合自己业务场景的 MLOps 架构和功能。

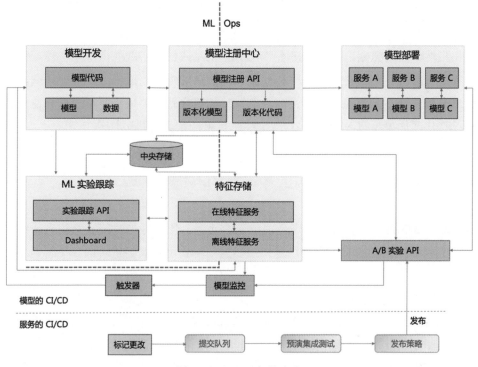

图 9-5　MLOps 架构参考

　　该架构适用于任何工程团队，并且几乎可以容纳任何 ML 用例。特别地，对
于以下情况的团队会很有帮助。

- **ML 研究团队**：该团队知道应该使用 MLOps 的最佳实践，但是不确定如
  何开始，并且缺乏构建自己的架构的工程能力。
- **ML 初创公司**：为了快速验证创业想法，这类公司通常需要快速发布试验
  的 PoC，且必须是可扩展的。决策人知道 Docker 可以解决当前的部署和
  环境问题，但不具备太多专业知识，通过将这些工程化的工具封装在
  MLOps 内部，可以降低使用者的使用难度。
- **个人 ML 从业者**：个人 ML 从业者通常是在自己的笔记本电脑上进行模
  型实验的，并且在这个过程中他们会将大量的时间和精力浪费在重复性的
  工作上。对于他们来说，也需要一种更简单、更快速的方法来跟踪实验和

管理数据管道，并将模型封装在 API 中。

- **大型企业的 ML 团队**：预先构建的解决方案对这类企业来说不够灵活。对于大型企业来说，依据该架构可以迅速搭建起一套可用的平台。
- **ML 学生**：如果想从学术界跳到工业界，可以通过该架构设计简单的实现方案，并遵循我们的指南来提前试水。

虽然一些研究团队仍然在没有 MLOps 工具或最佳实践的情况下工作，但我们相信 MLOps 正在逐步成为几乎所有 ML 团队的重要组成部分。除非团队非常小或只处理微不足道的问题，否则关于 ML 的研究就需要可重复、协作、监控和持续迭代，如果没有 MLOps，实现这些目标将非常具有挑战性。

9.3 MLOps 架构的成熟度评估

ML 模型的运维一直是一个至关重要的问题。特别是当决策者意识到传统的软件工程不能解决当前问题时，越来越多的创新公司开始尝试转向 ML。但由于不熟悉 MLOps 的工作流程，很多公司的 ML 项目停留在数据科学团队的探索实验阶段。由于对 ML 的嵌套复杂性知之甚少，团队很快意识到他们需要一个专门的 PoC 来探索和验证 ML 系统的商业价值和技术可行性。有了 PoC 的良好结果，数据科学团队就能够激励决策者进一步投资 ML。而真正的挑战也开始了，诸如"如何托管我们的 ML 模型？"和"如何监测模型的性能？"这样的问题开始出现。

当前业界的实践也表明，MLOps 是在 ML 系统部署后进行生产和管理的重要实践。但当企业开始建设 MLOps 时，如何判断自己搭建的 MLOps 处于怎样的成熟度水平呢？这就需要有一个评估成熟度的标准。

根据 DevOps 学科的领导者、微软首席云计算倡导者 Donovan Brown 的说法，DevOps 可以被定义为人员、流程和产品的结合。由于 MLOps 是 Ops 系列的一部分，也受到了 DevOps 概念的启发，因此我们将通过三个要素（人员、产品或工具和流程）的标准来分析 MLOps 框架中涉及的步骤。对于每个步骤，我们将定义三个成熟度等级：低等成熟度、中等成熟度和高等成熟度。

9.3.1　对业务需求的定义

对业务需求的定义是每个 ML 项目的起点，在这一步需要定义项目的目标、成功的标准及项目开展所需的资源。这类项目的参与方通常包括业务人员、数据科学家、数据工程师、ML 工程师及决策者。业务需求定义阶段的成熟度标准如表 9-1 所示。

表 9-1　业务需求定义阶段的成熟度标准

	低等成熟度	中等成熟度	高等成熟度
人员	仅包含业务人员	业务人员/数据科学家	业务人员/数据科学家/C 级管理人员
工具	人工智能的文化适应研讨会	头脑风暴和已有使用案例的分享	范围研讨会和启动会议
流程	在这个成熟度水平上，人工智能不是企业的一部分，企业可能会质疑这种对他们来说未知的技术。企业有时将人工智能视为潜在的威胁，而不是潜在的帮助。或者相反，企业将人工智能视为能够解决所有问题的神奇工具	已经启动了对人工智能的适应过程，但人工智能并没有被看作系统的变革载体	人工智能是公司战略的核心，并被系统地用于新的相关项目。C 级管理人员信任人工智能，并在公司的每个领域投资了人工智能。每个项目都有一个 C 级赞助人，他将为项目提供资金和开展项目的决策

9.3.2　数据准备

数据准备是 ML 运维的先决条件。**可靠且可访问的数据是成功创建强大模型的关键之一。**数据准备包括收集、清理、格式化、标注、存储等许多步骤。数据准备阶段的成熟度标准如表 9-2 所示。

表 9-2　数据准备阶段的成熟度标准

	低等成熟度	中等成熟度	高等成熟度
人员	业务人员/数据科学家	数据库管理人员/IT 开发人员	数据库管理人员/IT 开发人员/数据架构师/首席数据官
工具	具有不同格式（文本、Excel 表、SQL 数据库等）的分散文件	统一存储方式，如数据库存储	统一数据存储与特征存储

续表

	低等成熟度	中等成熟度	高等成熟度
流程	数据以异构的格式分散在不同的业务流程中,数据科学家自己收集数据并进行数据准备。数据通常以更适合模型训练的新格式存储,而不是以帮助数据版本控制或模型持续训练的角度考虑的	数据工程师将数据集中存储在统一的数据中心,数据是版本化的	将数据作为数据服务分发,借助数据字典,数据科学家可以轻松访问数据。提供丰富的数据类型,如批处理或流的方式。此外,特征存储可以让不同团队重复使用数据科学家创建的特征

9.3.3　模型实验

严格来说,模型实验阶段是 MLOps 周期的第一步。在此阶段,数据科学家将**探索和测试多个模型、多个超参数、多个特征**。因此,使用的流程和工具至关重要,因为存在重复进行相同实验、结果松散或无法重现结果的风险。模型实验阶段的成熟度标准如表 9-3 所示。

表 9-3　模型实验阶段的成熟度标准

	低等成熟度	中等成熟度	高等成熟度
人员	初级或刚毕业的数据科学家	初级或中级数据科学家	初级数据科学家/中级数据科学家/高级数据科学家/领域专家
工具	数据科学家主要使用 Jupyter Notebook 进行编码。在基础设施方面,他们通常使用本地计算机或难以获取和设置的服务器	代码可进行版本控制和单元测试,运行时使用虚拟环境或容器化代码,运行过程中记录日志	代码可进行版本控制和单元测试,模型实验时始终使用代码模板中组织的脚本、虚拟环境或容器化代码、配置文件等工具与环境,采用集中和标准化的方式记录结果日志,并将模型实验信息统一存储在中央存储
流程	可用的工作环境混乱且难以设置和管理。模型的实验信息很少被记录或记录在文本文件和表格中。结果很难重现	由于使用了定义好的环境,可以重现实验。结果存储在统一的数据库中,但不是以集中和标准化的方式存储的,这使得资本化变得困难	数据科学家拥有可根据要求在定制的基础架构上适应其需求的环境。模型训练过程中产生的日志和结果被系统地记录并集中化,以简化模型训练和重现的需求,实现协作和模型的快速迭代。模型是版本化的,这些过程可以真正加快模型实验的速度

9.3.4　模型部署

模型部署是 ML 项目中最重要的一步,之前的所有步骤都是为了这一步做准备。这一步是 MLOps 生命周期中投产的第一步,如果成功,它将为企业带来投资回报。然而,这一步经常被低估,因为很多投产经验欠缺的企业或团队往往更重视建模阶段，而忽视投产的重要性。此外，在模型部署的过程中往往会产生沟通摩擦，并且由于存在效果不佳的不确定性，经常会导致项目周期延长。模型部署阶段的成熟度标准如表 9-4 所示。

表 9-4　模型部署阶段的成熟度标准

	低等成熟度	中等成熟度	高等成熟度
人员	数据科学家/IT 开发人员	数据科学家/IT 开发人员/数据工程师	数据科学家/IT 开发人员/软件工程师/ML 工程师
工具	IT 团队没有适当的工具来适应模型约束，并且由于基础设施条件的不足，通常不可能将 ML 模型投入生产。问题可能与编程语言（与 Python 相比，IT 团队通常更习惯使用 C、Go 或 Java）或架构（例如，当模型服务需要扩展时，需要 Kubernetes 集群）有关	由于缺乏敏捷或安全的工具保障，在生产或预生产环境中部署模型都需要大量的时间	高度抽象的模型部署工具，可以满足模型部署相关的配置、可扩展性和安全标准，部署是通过持续部署管道执行的。同时，可以自动将模型发布为模型服务，并可以选择不同类型的发布策略，如影子模式策略或金丝雀模式策略
流程	部署模型是非常困难的，因为生产环境与数据科学家的研究环境之间有太大的差别。这种情况经常发生在模型的第一次工业化中。IT 部门和数据科学家有时会因为使用不同的工具集和难以理解每个人的利害关系而相互不信任	通常情况下，数据科学家开发完成的模型并不具备直接部署的条件，模型部署需要重要的代码重构，这种重构通常是由 ML 工程师或开发工程师完成的	数据科学家生成的代码已经符合工业化标准，如遵循代码模板、代码测试和记录。部署过程已经建立，并满足数据科学家、IT 开发人员、软件工程师和 ML 工程师预先制定的需求规范。部署与使用的平台无关，可以本地化部署，也可以在云上部署

9.3.5　模型监控

模型监控通过验证输入数据、模型的预测性能是否与模型训练期间的性能相比发生了变化，并根据模型训练期间记录的内容（包括训练数据集和模型性能）来确保生产环境下的模型维护。模型监控阶段的成熟度标准如表 9-5 所示。

表 9-5　模型监控阶段的成熟度标准

	低等成熟度	中等成熟度	高等成熟度
人员	数据科学家/业务人员	数据科学家/业务人员/软件工程师	数据科学家/业务人员/软件工程师/ML 工程师
工具	没有监控工具，采用不规范、不系统的人工监测	日志记录及处理	可以聚合与排序日志，提供面向数据科学家、ML 工程师和业务人员的定制仪表盘

续表

	低等成熟度	中等成熟度	高等成熟度
流程	没有自动监控，监控有时会在随机测试中发现错误	数据科学家和运维工程师已经实施了支持监控的日志系统，这种监控既耗时又乏味，因为必须手动收集指标	业务和技术人员负责模型监控，尤其是前期定义的 KPI，这些指标使得模型的验证成为可能。不同级别的指标用于不同的监控目的，如漂移指标负责监控模型性能的漂移，A/B 测试指标负责监控模型的实际业务效果，系统健康指标负责监控服务的健康度等。该成熟度等级将自动和系统的监控与关键指标的预警系统相结合

9.3.6　模型的持续训练

ML 模型的迭代属性要求模型具备持续训练的能力，因为模型性能会随着时间的推移而衰退，也就是我们第 8 章所说的模型漂移。可以使用 MLOps 的模型监控功能通过输入数据与训练数据的分布对比来解释和预警。模型的持续训练阶段的成熟度标准如表 9-6 所示。

表 9-6　模型的持续训练阶段的成熟度标准

	低等成熟度	中等成熟度	高等成熟度
人员	数据科学家	数据科学家/数据工程师	数据科学家/数据工程师/ML 工程师/业务人员
工具	没有用于模型持续训练的特定工具，如果有模型需要持续训练，则手动完成	设置作业以定期启动模型持续训练脚本	CI/CD 管道和编排工具
流程	在该成熟度等级，缺少模型持续训练，这也与缺乏模型监控有关，数据科学家不能实时获取模型需要持续训练的预警信息，数据科学家通常在定期手动统计模型和业务性能指标后，才决定是否进行模型的重新训练	当模型性能下降时安排模型重新训练，数据工程师可以帮助数据科学家执行这种重新训练	持续训练流程清晰且明确，其触发可以是手动或由事件驱动的。其中，手动方式通过业务或数据科学家提醒；而事件驱动方式则是当模型性能下降到一定阈值时自动触发的。持续训练的管道是自动的，但新模型的启用和发布通常需要人工检查和验证

9.3.7　关于 MLOps 架构成熟度评估的思考

通过前面叙述的成熟度评估体系，我们注意到 MLOps 架构的成熟度越高，数据科学家的工作就越集中在他们的核心能力上，即实验和探索性能最好的模型，以满足前期定义的业务需求。然后，其他专家帮助数据科学家执行上游和下游任务。例如，数据工程师在上游进行数据准备，ML 工程师在下游验证、部署及发布模型。尽管如此，这种任务的分配也需要数据科学家关心部署所需的重要标准，如准备生产的代码或具有合理权重和推理时间的模型。如果数据科学家仍然是 ML 项目的中坚力量，那么 ML 工程师就是他们的得力助手，ML 工程师通过监控和持续训练来帮助提升数据科学的工作质量并确保其连续性。

总的来说，数据科学是想法，MLOps 是执行。只有执行了，才能成功。

9.4　本章总结

读者可能作为数据科学家在阅读本书，并想知道，我为什么要关心 MLOps？我已经做出了模型，把它们带到生产中不是 IT 团队的工作吗？这对于拥有独立 IT 或数据科学部门的大公司来说，可能是正确的。但对于大多数刚开始接触数据科学的公司来说，现实情况是，设计算法的人也将是部署和管理算法的人，这使得具备丰富的 MLOps 知识变得非常宝贵。

此外，很有可能对方对你的模型开发流水线及如何将其部署到生产中并没有你了解的那么多，让对方跟上进度需要付出很多努力，而从一开始就设计一个好的 MLOps 架构的共同努力，将为两个部门节省时间，还可能避免很多的挫折感和摩擦。

在设计或选择 MLOps 基础架构时，有很多需要考虑的因素，一开始可能会让人不知所措。但同时也要记住，没有一个业务案例是完全相同的，不同性质业务的侧重点可能是 MLOps 生命周期的不同方面。对于具体的应用程序来说，快速运行比始终可用更重要。

此外，本章也给出了用于判断 MLOps 成熟度的评估体系，读者可以根据自己当前的业务特点，参考该 MLOps 成熟度评估体系来对自己的 MLOps 实际建设情况进行补足和优化。

无论你的团队是处于 ML 应用产品化的起步阶段，还是已经有了基础架构，想想你的基础架构是否能让你的工作变得轻松（或者至少不会比现在更难）总是好的。最佳的 MLOps 基础设施应该适应你的需求，而不应该让你的需求适应基础设施。MLOps 基础设施服务提供商的市场还在不断扩大，当你的 MLOps 基础设施不符合要求时，再进一步看看和多加思考总是好的。对于自研 MLOps，本书也提供了一些经验和设计参考。